生存危机分析

王嘉谟　著

中国原子能出版社

图书在版编目（CIP）数据

生存危机分析 / 王嘉谟著. -- 北京 ：中国原子能
出版社，2024. 11. -- ISBN 978-7-5221-3688-2

Ⅰ. B824.5

中国国家版本馆 CIP 数据核字第 2024BZ5259 号

生存危机分析

出版发行	中国原子能出版社（北京市海淀区阜成路 43 号　100048）
责任编辑	张　磊
责任印制	赵　明
印　　刷	北京厚诚则铭印刷科技有限公司
经　　销	全国新华书店
开　　本	787 mm×1092 mm　1/16
印　　张	19.5
字　　数	310 千字
版　　次	2024 年 11 月第 1 版　2024 年 11 月第 1 次印刷
书　　号	ISBN 978-7-5221-3688-2　　　　**定　价　78.00 元**

人类进步最朴素的标志是，
让生存环境再延续万千年。

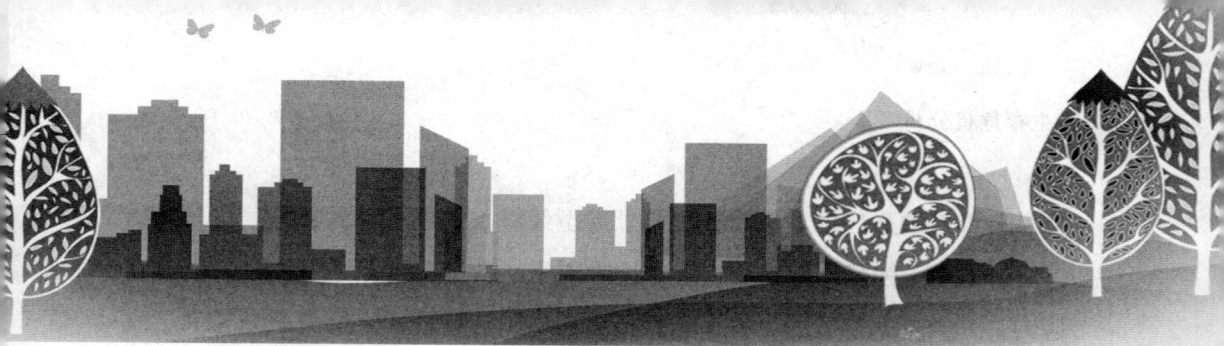

前 言

生存危机问题是现代社会人们关注的核心问题。社会发展越来越复杂，正是这种复杂性激发了人们探讨社会存在的问题。进入到信息化时代，科学技术进步带来了无尽的可能性，引发了人们的担忧。世界自然基金会（WWF）提出："我们是第一批意识到自己对世界产生负面影响的人，也可能是最后一批有机会挽救它的人。"联合国在 2015 年通过的《2030 年可持续发展议程》中强调："我们决心为所有人创造更美好的未来，成为消除贫困的先锋，也许可能是有机会拯救地球的最后一代人。"这些言辞表明，"我们正面临着重大的挑战，意味着我们有机会采取行动改变现状。如果我们不能实现这些目标，将失去拯救地球和人类生存的机会。"这些论述表明，我们所面临的生存危机是当务之急。不重视这一现实是对人类不负责任的行为。

我们将本书的内容概括为以下几点：

第一，构建生态系统投入产出模型。分析该模型得出结论：一般情况下，数亿年形成的生态系统是处于动态稳定的。破坏生态系统稳定性的主要因素是人为制造的外部因素：工具、资本、科学技术、人口。这些因素都是推动经济发展的生产因素。也就是说，随着人类社会经济越发展，对生态系统稳定性的影响越严重。人类与生态系统的关系是唇齿相依的关系。说明人类社会发展经济不可以无制约的发展。需要照顾到对生态系统的影响。

第二，资本社会的失序性。人们都了解，在经济系统中，金融和货币与经济系统的关系属于松散耦合关系，需要政府予以严格监管。它表明资本社会具有天然的失序性。资本社会是外向型经济。混淆了世界（全局）与国家（局部）概念，强行向世界推广其先进的工业产品、先进的科学技术及其货币，达到其扩大资本积累的目的。导致世界人口迅速增长，经济大国相互争夺世界市场。这些都是破坏生态系统和生存环境的外部因素。外部因素发展失序，造成经济系统失序，导致生存环境全方位的破坏。误导了人们的物质和精神生活，导致人类社会失序发展。它说明人为因素，造成了地球上第六次生存危机。由此说明，资本社会并不代表人类社会的进步，它是人类社会的畸形发展，至今这种发展模式从未改变，人类社会进步发展的唯一标志是，减少和控制人为制造的外部因素对生态系统的影响。人类与生态系统需要保持有序的发展，让人类与生态系统生存再延续万千年。

第三，解决社会发展失序问题的焦点是，构建世界统一货币体系。资本失序是造成这个世界混乱局面的根本原因。构建世界统一货币体系是解决世界混乱局面的焦点。集中体现在治理世界混乱局面等许多方面。有的国家有许多优势，可以协助联合国构建世界统一货币体系。它将是对人类社会做出的最真实的、挽救人类生存危机的贡献。

本书在创作过程中参考了相关领域的诸多著作和论文，谨此向这些作者表示诚挚的谢意和敬意。特别感谢张磊同志，他为本书做了大量有价值的补充。由于本书内容涉及范围广，探讨层面较深，作者在撰写过程中难免有不足之处，恳请各位前辈、同行以及广大读者批评指正。

目　录

第一部分　理论基础

第二部分　危机的表现

第三部分 深层反思与未来展望

第一部分　理论基础

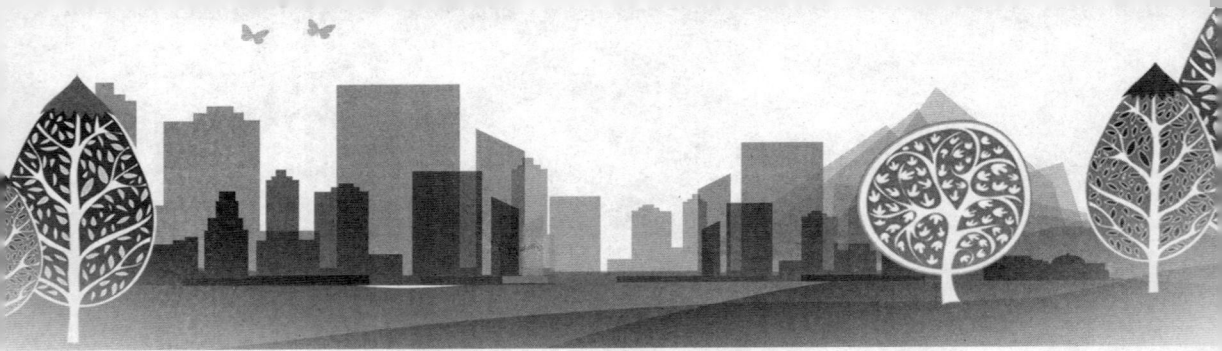

第一章 绪 论

第一节 敬畏地球母亲

自从人可以从太空观看地球之后，不少宇航员都发出同样的声音，地球太美了，人类需要珍惜这颗璀璨的星球。美国宇航员鲁斯坎贝尔说："作为人类，我们应该感到庆幸，因为地球的一切刚好适合人类"。以距离地球最近的星球而言，月球无水，金星窒息，火星冰冷，太阳过热。其他星球到地球的距离，都是以光年计。迄今为止，人类所知的只有地球具备完美的生存环境。在长期的自然作用下，地球形成了协调、圣洁的自然景观。无论是鸟类、动物还是鱼类，他们的形态都是那么美妙。青山、绿水、大海、森林和草原等自然景观，都是大自然的杰作，任何时候、任何人都会为之流连忘返。这具体体现了人是来源于土地，源于生态系统的本质。这是人类本源的决定。客观环境表明，地球作为人类居住的星球是多么珍贵。不珍惜地球生存环境的人，究竟该如何评价呢？

一、生态系统的形成

1. 生态系统的定义与重要性

生态系统（ecosystem）是地球生命存在和发展的基本单位。它由生物群落与其所处的无机环境通过物质循环和能量流动相互作用而形成的一个复杂的生态系统网络。无论是茂密的亚马逊热带雨林，还是广袤的非洲大草原，亦或是深邃的海洋，都属于不同类型的生态系统。每个生态系统内部的物种之间以及物种与环境之间都存在着相互依存、相互制约的关系。这些关系决定了生态系统的稳定性和持续性。了解生态系统的形成和发展过程，不仅有助于我们理解自然界的运作规律，更能让我们意识到保护这些系统对于地球生命延续的重要性。

2. 地球的形成与生态系统的演变历史

地球的形成距今大约 45.5 亿年。在这漫长的历史中，地球逐渐演变出适合生物生存的环境。大约 35 亿年前，原始生命开始在地球上出现。这些早期生命形式通过光合作用改变了地球大气的组成，逐渐为复杂生物的进化奠定了基础。特别是在最近的 5 亿年中，地球环境变得越来越适合生物的繁衍，生物种类越来越丰富，我们能够通过清晰的化石记录来计算物种数量和评估生物多样性。

地球生态系统的形成经历了数十亿年的演变历史。在此期间，地球经历了五次重大灭绝事件，这些事件改变了生物的生存环境，导致了生物的大规模灭绝。根据考古学家的研究，前四次灭绝事件分别发生在 4.35 亿年前、3.7 亿年前、2.5 亿年前和 2.05 亿年前，主要是由于强烈的火山爆发导致气候和大气构成的变化，从而破坏了生物的生存环境。第五次灭绝事件发生在 6 500 万年前，可能是由一颗直径大约 10 公里的巨型流星撞击地球引发的。这次事件导致了恐龙和其他许多有机体的灭绝，标志着白垩纪的终结。

尽管这些外部因素导致了地球上大量生物的灭绝，但地球适于生物生存的环境并未遭到彻底毁坏。相反，地球逐渐恢复了生物多样性，并开始孕育新的生命形式。至今，地球进入了第六个生命周期，这一周期已经运行了约 6 500 万年。

3. 生态系统的基本组成与功能

每个生态系统都是由多个组成部分构成的，其中最为重要的部分是生产者、消费者和分解者。生产者通常指植物，它们通过光合作用将太阳能转化为化学能，为整个生态系统提供能量基础。消费者是依赖于生产者或其他消费者的生物，例如草食动物和食肉动物。分解者则包括细菌和真菌，它们负责分解死去的生物体，释放出营养物质，使其重新进入生态系统循环。

生态系统内部的能量流动是通过食物链和食物网实现的。食物链描述了能量从生产者通过多个消费者传递的过程，而食物网则展示了更为复杂的多种食物链交织在一起的情况。能量在每一层级的传递过程中会逐渐减少，这也意味着生态系统的能量流动是自下而上进行的。

除了能量流动，生态系统中还存在物质循环，例如碳循环、氮循环和水循环。这些循环确保了生态系统中的物质可以在生物群落和无机环境之间不断地交换和循环，维持生态系统的平衡和稳定。

4. 生物多样性与生态系统的稳定性

生物多样性是指一个生态系统中不同种类的生物数量和变异性。它是衡量一个生态系统健康状况的重要指标。多样性的高低直接影响着生态系统的功能和稳定性。一般来说，生物多样性越高，生态系统越能够应对环境变化和外部冲击。

例如，珊瑚礁生态系统因其极高的生物多样性而被称为"海洋中的热带雨林"，它们为无数海洋物种提供了栖息地和食物来源。然而，珊瑚礁目前面临着全球变暖、海洋酸化和人类活动的威胁，这不仅影响了珊瑚礁本身的生存，也对依赖珊瑚礁的物种产生了连锁反应。

同样，热带雨林也是地球上最为多样化的生态系统之一。热带雨林的植物种类繁多，为许多动物提供了食物和栖息地。这些复杂的生物关系使得热带雨林在遭受一定的环境压力时，仍能保持一定的稳定性。然而，当这种压力超过生态系统的承受能力，如大规模砍伐和土地开发，生态系统的平衡就会被打破，导致不可逆的损害。

5. 生态系统的自我调节与平衡机制

生态系统并非静态存在，而是一个动态平衡的系统。它们通过各种自我调节机制来维持平衡，从而确保系统的长期稳定性。这种平衡主要通过负反馈机制实现，即当某一因素发生变化时，系统会通过调整其他因素来抵消这

种变化的影响。

例如，在森林火灾后，尽管树木和植物被大面积摧毁，但生态系统会逐渐通过自然恢复过程实现再生。新生的植物开始生长，动物逐渐返回，土壤中的营养物质重新分配，整个系统逐步恢复到火灾前的状态。类似的，在受到污染的水体中，微生物和植物的作用也有助于污染物的降解和清除，恢复水体的自净能力。

然而，人类活动对这些自我调节机制构成了严重威胁。过度砍伐森林、大规模农业生产、工业排放等都打破了生态系统的平衡，使得自然恢复机制难以生效，导致生态系统的退化甚至崩溃。

6. 人类文明的发展与生态系统的互动

人类是很晚才在地球上出现的物种，距今大约 1 200 万年。自此，地球上的第六个生命周期与人类的出现息息相关，直至发展到今天。人类能够制造和使用工具的历史，距今大约 180 万年。这意味着在距今 180 万年之前的1 000 多万年历史时期中，人类与其他生物处于平等地位，依靠自身适应自然的方式生存、繁衍。在这段时间里，生态系统基本上未受到严重的外部因素干扰，处于稳定的运行状态。

然而，自从人类能够制造和使用工具以来，人类与其他生物的关系发生了根本性变化。对于生态系统来说，工具的出现是一个外部因素，它改变了人类对自然资源的利用方式，使人类对生态系统的影响变得更加直接和强烈。随着工具的使用，人类开始在生物链中占据顶端位置，逐渐主导了生态系统的运作。

工具的出现和使用使得人类能够更有效地获取食物和资源，但这也意味着生态系统的稳定性开始受到威胁。这一点类似于经济系统中虚拟化货币的出现，虚拟化货币作为外部因素破坏了经济系统的稳定性，需要政府部门进行严格监管。类似地，人类利用工具对自然资源的"强取"行为，也需要一定的制约措施，以防止生态系统遭到不可逆转的破坏。

然而，至今为止，人类对工具的使用并没有任何有效的手段加以制约。

人类通过制造和使用工具，从自然界中"强取"资源，这一行为不仅促进了人类大脑的发展，也使得人类在生物链中的优势地位得以进一步巩固。然而，这种"强取"行为也导致了生态系统的破坏，物种的种类和数量因人类的活动而不断减少。

根据化石记录，物种的灭绝速度在工业化之前大约为每年 30 种。然而，随着工业化的到来，工具的畸形发展和人口的急剧增加，生物的栖息地进一步遭到破坏。联合国"千年生态系统评估"指出，目前的灭绝速度是每年 3 万种。地球变暖和环境污染已经使得生态系统濒临崩溃，预计未来的灭绝速度将是现在的 10 倍。许多事实表明，人类有可能成为第六次生物大灭绝的罪魁祸首。

特别是在人类研制出动力化工具之后，距今仅 200 余年时间，随着制造工具技术的飞速发展，人类对地球和生态系统的破坏进一步加剧。存在了数千万年的第六代生物，正面临被人类毁灭的命运。人类制造的动力化、自动化工具本应为改善人们的生活质量服务，而不应成为扩大资本积累的工具。然而，在资本社会中，工具的自动化和科学研究往往被用于服务于资本的扩张，而非满足人类生存的正常需求。

7. 人类活动对生态系统的影响与未来展望

人类活动对生态系统的影响已经到了无法忽视的地步。自然界中的各类系统性结构，在没有外部因素干扰的情况下，运行通常遵循相互制约、相互依存的规律。外部因素对系统运行影响的强弱，决定了系统变化是处于常态还是非常态。地球前五次生态系统的毁灭是由于突然发生的强烈外部因素所致，而当前的生态危机则主要源于人为制造的外部因素。

如果我们不采取有效措施限制人类活动对自然的破坏，第六次生态系统的大灭绝将不可避免地发生。这不仅意味着地球将失去丰富的生物多样性，也意味着人类自身的生存将面临严峻挑战。

在未来的社会发展中，我们必须重新审视人类与自然的关系，寻求一种更加可持续的生活方式。只有通过严格的环境保护措施，限制人类对自然资源的过度开发，才能维持生态系统的稳定性，从而确保地球的生物多样性和人类的长久生存。

二、珍惜地球的生存环境

1. 地球环境的珍贵与脆弱

地球是人类赖以生存的唯一家园，然而在快速发展的现代社会中，人类活动对地球环境的破坏已达到前所未有的程度。珍惜地球的生存环境，不仅是为了维护生态系统的稳定，更是为了确保人类自身的生存和繁衍。我们必须认识到，地球环境的珍贵性和脆弱性需要得到重视和保护。无论是空气、水源，还是土壤和生物多样性，都是地球上不可或缺的资源。一旦这些资源受到破坏，将直接威胁到人类的健康和生命。

2. 地球的有限资源：不可再生与脆弱性

地球的资源是有限的，尤其是许多不可再生资源，如化石燃料、矿产资源等，经过数百万年甚至数亿年的地质活动才得以形成。而现代社会的快速发展导致这些资源被大规模开采和消耗，使其面临枯竭的危险。以石油为例，它是现代工业和交通运输的命脉，但全球石油储量正在逐渐减少。如果没有有效的替代能源，人类将面临能源危机。

此外，地球的自然资源并非无限供应，且具有高度的脆弱性。土壤、森林、水资源等自然资源在遭到过度开发或污染后，其恢复和再生能力极为有限。大量的森林砍伐导致了土壤侵蚀，破坏了生态系统的稳定性，并加剧了全球气候变化的进程。河流和湖泊被工业废水和农业化学品污染，不仅破坏了水体生态系统，还威胁到了饮用水的安全。

3. 生物多样性与生态系统的平衡

地球上丰富的生物多样性是维持生态系统平衡的重要因素。每一种生物在生态系统中都有其独特的作用，构成了地球生命网络中的一个节点。生物多样性越高，生态系统的抗压能力和恢复力就越强。然而，现代社会的各种活动正不断削弱这种多样性。森林砍伐、土地开发、污染、气候变化等因素导致了大量物种的灭绝。据联合国"千年生态系统评估"报告，目前全球物

7

种灭绝的速度是自然灭绝速度的 1 000 倍。生物多样性的丧失不仅使生态系统变得更加脆弱，也威胁到了人类依赖这些生态系统的基本生活需求，如食物、水源和药物资源。

4. 气候变化的威胁

气候变化是当今人类社会面临的最严峻的环境挑战之一。由于温室气体排放量的增加，全球气温持续上升，导致了极端天气事件的频发、海平面上升、冰川融化等一系列问题。这不仅对自然生态系统构成威胁，也对人类社会的稳定产生了深远影响。

极端天气事件，如飓风、洪水、干旱等，正在全球范围内变得越来越频繁和严重。这些灾害不仅造成了大量的人员伤亡和财产损失，还对农业生产、水资源供应等方面产生了严重影响。此外，气候变化还导致了生态系统的破坏，例如珊瑚礁的白化和北极冰川的融化。科学家预测，如果不采取有效措施遏制气候变化，未来几十年内地球将面临更加严峻的环境危机。

5. 现代社会对环境的破坏

现代社会的工业化和城市化进程在带来经济发展的同时，也对地球环境造成了巨大的破坏。工厂排放的废气和废水、汽车尾气、塑料污染等问题已经成为威胁环境健康的主要因素。工业废水中的有害化学物质污染了水源，导致了水生生物的死亡，并通过食物链危害人类健康。大气中的二氧化碳、甲烷等温室气体增加，加剧了温室效应，导致全球变暖。城市化的扩展则侵占了大量的自然生态系统，破坏了野生动植物的栖息地，导致了生物多样性的减少。

塑料污染是另一个严重威胁地球环境的问题。每年有数百万吨塑料废物进入海洋，对海洋生态系统造成了巨大破坏。海洋生物误食塑料制品导致死亡的事件屡见不鲜，这不仅影响了海洋生态系统的健康，也威胁到依赖海洋资源的人类社区。

6. 经济发展与环境保护的平衡

在现代社会中，经济发展与环境保护的冲突日益显著。经济增长往往伴随着资源的过度开发和环境的破坏，而环境保护则要求限制这种增长。要实现可持续发展，必须在经济发展与环境保护之间找到平衡点。可持续发展的核心理念是既满足当代人的需求，又不损害后代人的生存条件。

为实现这一目标，各国政府和企业必须采取更加环保的政策和措施。例如，推动绿色能源的开发和利用，减少对化石燃料的依赖；推广循环经济理念，减少资源浪费和环境污染；实施严格的环境法规，保护自然资源和生物多样性。

7. 环境保护的国际合作

保护地球环境不仅是一个国家的责任，而是全人类的共同使命。全球性环境问题如气候变化、海洋污染、生物多样性丧失等，往往跨越国界，需要国际社会的共同努力来应对。近年来，国际社会在环境保护方面进行了多项重要合作。例如，《巴黎协定》是全球应对气候变化的里程碑性协议，旨在通过减少温室气体排放，将全球气温上升控制在 2 摄氏度以内。

此外，联合国还发起了多个旨在保护环境的全球倡议，如"千年生态系统评估"和"生物多样性公约"。这些国际合作框架为各国制定环境政策、加强环保行动提供了指导和支持。

8. 个人责任与行动

保护地球环境不仅是政府和企业的责任，每个个体也应承担起自己的责任。个人的环保行为可以通过减少能源消耗、减少废物产生、积极参与环保活动等方式来体现。例如，选择公共交通工具、使用节能电器、减少一次性塑料制品的使用，都是可以直接减少环境污染的有效措施。通过培养环保意识，改变日常生活中的不良习惯，我们每个人都可以为地球的环境保护贡献力量。

9. 行动起来，珍惜地球

面对日益严峻的环境危机，我们必须认识到保护地球生存环境的紧迫性。地球的资源是有限的，生态系统的脆弱性也要求我们以更加谨慎和负责任的态度对待自然环境。珍惜地球的生存环境不仅是为了当前的生存需要，更是为了子孙后代的福祉。通过政府、企业、社会组织和个人的共同努力，我们有能力遏制环境恶化的趋势，实现人与自然的和谐共处。只有如此，地球才能继续成为人类和万物赖以生存的美丽家园。

三、正确对待生态系统

人类是地球生态系统中的一员。生态系统是由所有生物与其环境之间相互作用的复杂网络，维系着地球上所有生命的生存与发展。尽管人类文明在过去的几千年中取得了巨大的成就，但这种文明进步往往是以牺牲自然环境为代价的。今天，我们面临的挑战是，如何在继续推动人类发展的同时，确保地球生态系统的平衡与可持续性。

1. 人类与生态系统的历史关系

从 180 万年前人类开始制造和使用工具起，我们便逐步脱离了其他生物的生存模式。这一改变使得人类逐渐从自然界的普通成员，变成了支配性的物种。尤其是 80 万年前，人类学会利用火并掌握了自行取火的技术后，人类的生存方式发生了根本性的转变。对大型哺乳动物的猎杀和对自然资源的利用，使得人类文明逐步迈向了扩张与征服的道路。

然而，这种进步并非没有代价。在漫长的人类历史中，虽然我们取得了技术上的突破和社会组织的复杂化，但也逐渐侵蚀了地球的生态系统。尽管早期人类的活动对地球的整体生态系统影响有限，但随着人类文明的扩展，尤其是自工业革命以来，人类活动对地球生态系统的破坏性影响变得越来越明显。

工业革命的到来标志着人类进入了一个新的历史阶段。通过机械化生产和化石燃料的广泛使用，人类获得了前所未有的力量，可以大规模地改变地球的面貌。然而，这一力量也带来了巨大的生态风险。短短几百年内，人类的活动已经使得地球生态系统面临严重的危机。大气污染、水资源短缺、土地退化、生物多样性锐减等问题，都是现代工业文明的产物。这些问题不仅危及了其他生命形式的生存，也直接威胁到了人类自身的生存环境。

2. 生态系统破坏的后果

随着工业文明的发展，人类逐渐意识到，生态系统的破坏不仅会导致环境的恶化，还会对人类的健康和社会稳定产生深远的影响。空气污染已经成为全球范围内公共健康的主要威胁之一，每年导致数百万人因呼吸系统疾病和心血管疾病而死亡。水资源的污染和短缺也直接影响了数十亿人的日常生活，导致粮食产量下降和社会冲突加剧。

此外，生物多样性的丧失可能是最具毁灭性的后果之一。生态系统中的每一种生物都在维系生态平衡中扮演着独特的角色。当某种物种灭绝时，这一平衡就会被打破，导致整个生态系统的崩溃。这样的崩溃会引发一系列连锁反应，最终可能危及人类自身的生存。

一个显著的例子是，蜜蜂等授粉昆虫的数量正在急剧减少。如果这一趋势得不到遏制，全球粮食生产将受到严重影响，因为大约 75%的主要作物依赖于动物授粉。这种影响不仅限于农业生产，还会波及整个食物链，导致更多物种的灭绝。

3. 重新审视人类文明与自然的关系

在认识到生态系统破坏的严重性后，我们必须重新审视人类文明与自然的关系。传统的工业文明以追求经济增长和物质财富为核心，忽视了自然环境的承载能力和生态系统的脆弱性。为了确保人类社会的可持续发展，我们必须转变这种以经济增长为唯一目标的发展模式，建立一种新的文明标准。

首先，我们需要认识到，人类并不是地球的主人，而是生态系统中的一员。所有生命形式都是相互依存、相互联系的，任何一种生命形式的消失都可能对整个生态系统产生不可预测的影响。因此，人类文明的发展必须以保护生态系统的稳定为前提，尊重自然界的运行规律，避免对环境的过度开发和破坏。

其次，物质文明的发展应该与精神文明的发展相平衡。在当今社会，物质财富的积累往往被视为成功的标志，而精神文明的发展却常常被忽视。我们需要重新定义成功的标准，将人与自然的和谐共处纳入其中。在追求物质财富的同时，也要注重培养尊重自然、保护环境的价值观念。

4. 生态文明的实践路径

要实现人与自然的和谐共处，建立生态文明是关键。生态文明不仅是一种新的发展模式，更是一种新的生活方式和价值观念。它要求我们从多个层面进行实践，从个人行为到社会政策，从经济活动到文化教育，都需要融入生态文明的理念。

（1）个人行为的改变

每个人都可以通过改变日常行为来为生态文明做出贡献。例如，减少能源消耗，节约用水，选择绿色出行，支持可持续产品等。这些看似微小的行为，如果得到广泛推广和坚持，将对生态系统的保护产生巨大的积极影响。

（2）社会政策的调整

各国政府在制定社会政策时，应将生态文明理念融入其中。例如，通过税收政策鼓励企业采用环保技术，减少污染排放；通过立法保护自然资源和生物多样性；通过教育系统普及生态文明知识，培养环保意识。

（3）经济活动的转型

经济增长不应以牺牲环境为代价。我们需要推动经济活动向绿色经济转型，鼓励企业采用可持续的生产方式，减少对自然资源的消耗和环境污染。绿色经济不仅可以促进环境保护，还可以创造新的就业机会，推动社会的可持续发展。

（4）文化教育的普及

培养人们的生态意识是建立生态文明的基础。我们需要通过教育系统、媒体传播和社区活动等多种渠道，向公众普及生态文明的知识和理念，提高人们对环境保护的认识，增强社会的生态责任感。

5. 展望未来：人与自然的和谐共处

未来，人与自然的和谐共处将是人类文明发展的核心目标。要实现这一目标，我们需要不断探索和实践，寻找出一条既能满足人类需求，又能维护生态系统稳定的发展道路。这不仅是为了子孙后代的福祉，也是为了所有生命形式的共同未来。

在这个过程中，我们必须保持对自然的敬畏和尊重，认识到人类文明的进步不能建立在对自然的无视和掠夺之上。只有在与自然和谐共处的基础上，人类社会才能实现真正的可持续发展，地球上的生命也才能在未来的岁月中继续繁荣。

总而言之，正确对待生态系统，是人类在面对当前生态危机时必须采取的基本态度。人类必须承认自己是生态系统的一部分，重新审视与自然的关系，并通过实际行动来保护和修复地球的生态系统。只有这样，我们才能确保地球上所有生命的未来，确保人类文明在这颗星球上的长期生存和繁荣。

第二节　生态系统投入产出分析

一、生态系统投入产出分析

生态系统投入产出分析是一种运用数量模型来描述和模拟生态系统内部各种元素之间相互制约、相互依存关系的系统分析方法。通过构建生态系统投入产出表，可以了解动态生态系统模型的典型特征。我们可以全面理解生态系统中资源的流动和转化过程，评估人类活动对生态环境的影响，为实现可持续发展提供重要的理论依据和实践指导。下面将详细探讨生态系统投入产出表的构建、结构、平衡关系以及其在环境管理和资源优化中的应用。

1. 生态系统投入产出表的构建

（1）构建原理

投入产出模型最初用于经济学领域，用于分析各产业部门之间的相互关系。类似地，生态系统也由各种元素构成，这些元素之间存在复杂的相互作用和能量物质交换。因此，我们可以借鉴经济学中的投入产出模型，构建生态系统投入产出表（EIO 表），以量化和模拟生态系统内部各要素之间的关系。

（2）模型简化与分类

为简化分析，我们将生态系统中的元素归纳为以下七个主要类别：

1）食草动物：如鹿、兔等，以植物为主要食物来源。

2）食肉动物：如狼、狮子等，以其他动物为食物来源。

3）植物：包括各种草本和木本植物，作为初级生产者，将太阳能转化为化学能。

4）人类：作为杂食性物种，既消费植物也消费动物，同时对资源的利用具有显著影响。

5）空气：提供氧气、二氧化碳等必需气体，支持生物呼吸和光合作用。

6）水：支持所有生物的生存和生态过程的重要资源。

7）资源：包括土壤、矿物质、阳光等其他自然资源。

这种分类方法有助于我们直观地理解生态系统中各要素的功能和相互作用。

（3）表格结构设计

生态系统投入产出表的基本结构如表2-1所示。该表格分为三个主要部分：中间使用、最终使用和总产出，以及对应的中间投入、初始投入和总投入。

表 2-1　生态系统投入产出表

	食草动物	食肉动物	植物	人类	空气	水	资源	最终使用	总产出
食草动物	—	—	—	—	—	—	—	A1	P1
食肉动物	C2	—	—	—	—	—	—	A2	P2
植物	C3	—	—	—	—	—	—	A3	P3
人类	C4	C5	C6	—	—	—	—	A4	P4
空气	C7	C8	C9	C10	—	—	—	A5	P5
水	C11	C12	C13	C14	—	—	—	A6	P6
资源	C15	C16	C17	C18	—	—	—	A7	P7
初始投入	B1	B2	B3	B4	B5	B6	B7	—	—
总投入	T1	T2	T3	T4	T5	T6	T7	—	—

注释：C 系列表示中间消耗，即各元素之间的相互消耗量；

A 系列表示最终使用，即各元素在统计期内可供使用的数量；

P 系列表示总产出，即各元素在统计期内的总产出量；

B 系列表示初始投入，即各元素在统计期初始时的存量；

T 系列表示总投入，即各元素的总消耗量，包括中间投入和初始投入。

（4）各项含义详解

1）中间消耗

中间消耗部分描述了生态系统中各元素之间的直接相互作用和资源流动。例如：

C2：表示食肉动物对食草动物的消耗量。

C3：表示食草动物对植物的消耗量。

C6：表示人类对植物的消耗量。

C7、C8、C9、C10：分别表示食草动物、食肉动物、植物和人类对空气的消耗量。

C11、C12、C13、C14：分别表示食草动物、食肉动物、植物和人类对水的消耗量。

C15、C16、C17、C18：分别表示食草动物、食肉动物、植物和人类对其他资源的消耗量。

2）最终使用

最终使用部分（A1～A7）表示在统计期内，各元素在满足自身需求和相互作用后，剩余可供使用或储备的数量。这部分通常代表生态系统为外部环境或未来发展所提供的潜在资源或服务。

3）总产出

总产出部分（P1～P7）表示各元素在统计期内的总生产量，包括用于中间消耗和最终使用的部分。例如，植物的总产出（P3）包括被食草动物、人类消耗的部分，以及剩余可供使用的部分。

4）初始投入

初始投入部分（B1～B7）表示各元素在统计期开始时所具备的存量或基础资源。这部分对于维持生态系统的持续运行和稳定具有重要作用。

5）总投入

总投入部分（T1～T7）表示各元素在统计期内的总消耗量，包括中间投入和初始投入，即：

$$T_i = \sum_{j=1}^{N} C_{ij} + B_i$$

其中，i 和 j 分别代表不同的元素类别，N 为元素类别总数。

2. 生态系统投入产出表的平衡关系

生态系统的稳定运行依赖于各元素之间的动态平衡关系。投入产出表中的各项数据需满足以下平衡等式：

（1）总投入等于总产出

$$T_i = P_i$$

这意味着在一个稳定的生态系统中，各元素的总消耗量应等于其总产出量，确保资源的可持续利用。

（2）总投入等于中间投入加初始投入

$$T_i = \sum_{j=1}^{N} C_{ij} + B_i$$

表示各元素的总消耗量由其在统计期内的相互消耗（中间投入）和期初存量（初始投入）构成。

（3）总产出等于中间消耗加最终使用

$$P_i = \sum_{j=1}^{N} C_{ji} + A_i$$

说明各元素的总产出被用于满足其他元素的需求（中间消耗）和自身的储备或外部供应（最终使用）。

（4）平衡关系的意义

这些平衡关系反映了生态系统内部资源的流动和转化过程，以及各元素之间的相互依赖性。当这些等式被满足时，生态系统处于动态均衡状态，能够自我维持和稳定发展。若出现失衡，例如某元素的消耗大于产出，则可能导致资源枯竭或生态失调，需要采取相应的调控措施。

3. 生态系统投入产出表的应用

生态系统投入产出表作为一种定量分析工具，具有广泛的应用价值，能够为环境管理、资源规划和可持续发展提供重要支持。

（1）生态环境评估与监测

通过构建和分析 EIO 表，可以定量评估生态系统的健康状况和稳定性。例如：

森林生态系统：分析森林中植物、动物、水资源等之间的投入产出关系，评估森林的碳汇能力、生物多样性状况以及抗干扰能力。

湿地生态系统：评估湿地中水资源、植物、动物和微生物之间的相互作用，了解湿地在水质净化、防洪蓄水等方面的功能和效益。

农田生态系统：分析农作物、土壤、水资源、肥料和病虫害之间的关系，优化农业生产模式，减少环境污染，提高生产效率。

通过长期监测和比较不同时间段的 EIO 表数据，可以及时发现生态系统的变化趋势和潜在问题，指导环境保护和生态修复工作。

（2）资源管理与优化配置

EIO 表能够帮助决策者了解资源在生态系统中的流动和分配情况，从而实现资源的合理利用和优化配置。

水资源管理：通过分析各元素对水资源的消耗和产出，识别用水效率低下的环节，制定节水措施，保障生态用水需求。

能源资源配置：评估人类活动对能源资源的依赖程度，推动可再生能源的开发利用，减少对生态系统的负面影响。

生物资源保护：识别关键物种在生态系统中的作用和地位，制定针对性的保护措施，维护生态平衡和生物多样性。

（3）评估人类活动的生态影响

人类作为生态系统的一部分，其活动对自然环境具有深远的影响。通过 EIO 表，可以量化评估人类活动对其他元素的影响程度。

城市化影响评估：分析城市发展过程中对土地、水、空气等资源的消耗，以及对动植物栖息地的影响，指导城市规划，实现绿色发展。

工业活动评估：评估工业生产对自然资源的利用和污染排放情况，推动清洁生产技术的应用，降低环境负荷。

农业活动评估：分析农业生产对土壤、水资源和生物多样性的影响，推广生态农业和有机农业模式，保障粮食安全和环境健康。

（4）支持可持续发展决策

EIO 表为制定可持续发展政策和策略提供了科学依据。

生态补偿机制设计：根据不同地区或行业对生态系统的影响程度，制定合理的生态补偿标准，促进资源公平利用和生态保护。

环境政策评估：评估现行环境政策的有效性和影响，调整和完善政策措施，提高环境治理效率。

应对气候变化策略：通过分析不同活动对温室气体排放和碳汇能力的影响，制定减排和适应策略，缓解气候变化带来的风险。

4. 案例分析

为更直观地理解 EIO 表的应用，下面以一个具体案例进行分析。

为使案例分析更具直观性，下面将为该森林生态系统投入产出分析赋予合理的数据。这些数据虽然是示例性的，但有助于更清晰地理解 EIO 表的实际应用。

案例：某地区森林生态系统投入产出分析

背景

某地区的森林覆盖面积为 5 000 公顷，拥有多样的植物和动物物种。近年来，由于每年大量砍伐 100 公顷森林和污染事件，生态系统的平衡受到威胁。为了评估该地区森林生态系统的健康状况并制定保护措施，进行了详细的投入产出分析。

（1）数据收集

植物资源：估算该地区的总树木数量为 1 000 000 棵，年生长量为 50 000 棵。过去三年的平均砍伐量为每年 100 000 棵。

动物群落：食草动物（如鹿、兔）的总数量约为 50 000 只，每年消耗植物 20 000 吨。食肉动物（如狼、虎）的数量约为 5 000 只，每年捕食食草动物 10 000 只。

水资源：该地区的年降水量为 1 000 毫米，森林每年利用的水资源量约为 500 万立方米。由于水资源的过度开发，水质下降了 15%。

土壤质量：森林区的土壤肥力指数下降了 10%，每年有 200 公顷的土地遭受了不同程度的侵蚀。

人类活动影响：该地区的人口密度为 50 人/平方公里，每年新增的农业用地为 50 公顷，导致森林面积进一步减少。

（2）构建 EIO 分析表

表 2-2　EIO 分析表

元素	中间投入（单位：吨或立方米）	最终使用（单位：吨或立方米）	总产出（单位：吨或立方米）
植物	30 000（供食草动物）	100 000（被砍伐）	50 000（自然生长）
食草动物	10 000（供食肉动物）	5 000（自然死亡）	20 000（繁殖增长）
食肉动物	—	5 000（自然死亡）	10 000（捕食）
水	500 000（植物吸收）	3 000 000（人类使用）	500 000（降水供给）
土壤	200 000（植物生长）	200 000（自然侵蚀）	50 000（土壤修复）
人类	—	100 000（农业扩展）	

（3）平衡分析

植物：总投入为 100 000 棵（初始生长＋砍伐），总产出为 50 000 棵（自然生长），明显存在资源消耗过度的问题，导致植物资源总量逐年减少。

食草动物：每年消耗 20 000 吨植物资源，但由于植物总产出不足，未来几年内食草动物的食物来源将严重短缺。

食肉动物：捕食 10 000 只食草动物，数量平稳，但其食物链受到食草动物数量减少的威胁。

水资源：水资源总投入为 500 万立方米，主要用于植物生长和人类使用，但水质下降和过度使用使得生态系统的水循环失衡。

土壤：土壤侵蚀的速度快于其自然修复的速度，导致土壤质量逐年下降，影响植物的生长和生态系统的稳定性。

人类活动：农业扩展和砍伐使得森林覆盖率逐年降低，生态系统的自我调节能力受到严重削弱。

（4）结果解读

植物资源不足：由于每年过度砍伐 10 万棵树木，而自然生长仅为 5 万棵，导致植物资源的总产出明显低于总投入，食草动物的食物来源不足，从而影响食肉动物的生存。

水资源利用过度：水资源的总利用量远高于年降水量，导致水质下降，植物吸收水分减少，进一步加剧了生态系统的不平衡。

人类活动的负面影响：农业扩展和不合理的土地利用使得森林面积缩减，生态系统的自然恢复能力减弱，整体健康状况持续恶化。

（5）建议措施

植被恢复：实施植树造林，逐年增加每年种植 50 000 棵树木，以抵消砍伐的影响，恢复生态平衡。

水资源管理：加强水资源管理，减少过度利用，恢复被污染的水源，保持水质的稳定。

限制人类干扰：严格控制农业扩展和土地利用，通过立法限制森林砍伐，保护现有的森林资源。

生态补偿：对受损的土地进行土壤修复，改善土壤肥力，并鼓励公众参与森林保护项目。

5. 生态系统投入产出分析的优势与挑战

生态系统投入产出分析具有显著的优势与挑战。首先，其全面性体现在 EIO 表能够综合考虑生态系统中各元素的相互作用，提供全面的生态评估。这种分析通过量化生态系统内部的关系，提供了客观的数据支持，便于不同时间和空间尺度上的比较和监测。此外，EIO 模型的灵活性使其能够根据具体情况进行调整，适用于不同类型和规模的生态系统，进而为环境管理和政策制定提供科学依据，支持可持续发展决策。然而，构建和应用 EIO 表面临着一些挑战。数据获取是构建 EIO 表的前提条件，但在实际操作中，准确、完整的数据往往难以获取。生态系统本身的复杂性和动态性也使得模型的构建和分析过程较为复杂，需要相关领域的专业知识和技术支持。同时，生态系统中存在诸多不确定因素，如自然灾害和气候变化，这些因素需在模型中加以考虑和处理。此外，生态系统投入产出分析涉及生态学、经济学、环境科学等多个领域，需要跨学科的协作和综合，这进一步增加了实施的复杂性。如表 2-3 所示。

表 2-3　生态系统投入产出分析的优势与挑战

优势与挑战	描述
全面性	EIO 表能够综合考虑生态系统中各元素的相互作用，提供全面的生态评估
定量化	通过量化分析，提供客观的数据支持，便于比较和监测
灵活性	模型可根据具体情况进行调整，适用于不同类型和规模的生态系统
决策支持	为环境管理和政策制定提供科学依据，支持可持续发展决策
数据获取	准确完整的数据收集是构建 EIO 表的前提，然而在实际操作中，数据获取可能存在困难
模型复杂性	生态系统的复杂性和动态性使得模型构建和分析过程较为复杂，需要专业知识和技术支持
不确定性处理	生态系统中存在诸多不确定因素，如自然灾害、气候变化等，需在模型中加以考虑和处理
跨学科协作	生态系统投入产出分析涉及生态学、经济学、环境科学等多个领域，需要跨学科的协作和综合

二、生态系统的动态投入产出方程

生态系统是一个复杂的网络，包含多种生物和非生物成分，这些成分通过能量流动和物质循环相互联系并保持动态平衡。为了理解和模拟生态系统的运作，动态投入产出方程提供了一种数学工具，可以用于描述和分析生态系统中各组成部分的相互作用及其对外界变化的响应。下面将详细探讨生态系统的动态投入产出方程，包括其基本结构、应用方法以及在实际生态管理中的重要性。

（1）动态投入产出方程的基本结构

生态系统的动态投入产出方程（Dynamic Input-Output Model，DIOM）是基于经典的经济学投入产出模型（Input-Output Model，IOM）发展而来的，但它更加复杂，因为生态系统中存在着更为多样化的互动关系和非线性动态。

该方程的基本形式可以用以下表示：

$$X(t) = A(t)X(t) + B(t)U(t) + F(t)$$

其中：

- $X(t)$ 表示在时间 t 时刻，各物种或资源的状态向量（如数量、质量、浓度等）。

- $A(t)$ 是生态系统的投入产出矩阵，反映了系统内部各成分之间的相互依赖关系。

- $U(t)$ 表示外部投入的向量，如太阳能量、降水量、人工干预等。

- $B(t)$ 是外部投入对系统内部各成分的影响系数矩阵。

- $F(t)$ 代表系统中的外部干扰项，如自然灾害、气候变化等因素的影响。

该方程的核心在于它能够描述各物种或资源随时间变化的过程，并通过矩阵运算揭示不同成分之间的依赖关系。

（2）动态投入产出方程的应用方法

为了有效应用动态投入产出方程，通常需要分几个步骤进行建模和分析：

1）模型参数确定

首先，需要确定生态系统中各个元素的初始状态，这包括植物、动物、水、土壤、空气等各方面的定量数据。这些数据可以通过实地调查、遥感监测和历史记录等多种手段获得。接下来，需构建投入产出矩阵 $A(t)$，其中的元素 $a_{ij}(t)$ 代表第 i 种成分对第 j 种成分的影响。例如，植被的生长依赖于水和土壤的投入，食草动物的数量变化则取决于植被的可用性。

2）时间序列分析

一旦建立了初始模型，接下来需要进行时间序列分析。这一步的关键在于模拟各成分随时间变化的轨迹，通过对方程的求解，可以预测未来一段时间内生态系统的变化趋势。这种分析不仅能帮助我们理解当前的生态平衡状态，还能预见可能出现的危机或机遇。

3）干扰和恢复模拟

动态投入产出方程还可以用于模拟生态系统在面对外部干扰时的反应以

及恢复过程。通过引入外部干扰项 $F(t)$，可以模拟如洪水、火灾、气候变化等突发事件对生态系统的影响。而通过调整 $B(t)$ 的值，可以评估不同恢复措施的有效性，如植被恢复、污染治理等。

（3）动态投入产出方程在森林生态系统中的应用

为了具体展示动态投入产出方程的应用，本文将以森林生态系统为例，进行详细分析。

1）森林生态系统中的主要成分

森林生态系统主要由以下成分组成：植物（如树木和灌木）、食草动物（如鹿、兔）、食肉动物（如狼、狐）、水资源、土壤和空气。各成分之间的关系可以通过矩阵 $A(t)$ 进行量化。例如，树木通过光合作用吸收二氧化碳并产生氧气，同时需要水分和矿物质来维持生长；食草动物依赖植物提供食物，而食肉动物则捕食食草动物。

2）动态模型的构建

假设在某森林生态系统中，各成分的数量随时间变化的数据如下：

- 树木总量 $X_1(t)$
- 食草动物总量 $X_2(t)$
- 食肉动物总量 $X_3(t)$
- 水资源总量 $X_4(t)$
- 土壤肥力指数 $X_5(t)$
- 空气质量指数 $X_6(t)$

这些成分的变化可以通过动态投入产出方程进行模拟。假设初始条件为：

树木初始数量为 100 000 棵；

食草动物初始数量为 10 000 只；

食肉动物初始数量为 1 000 只；

水资源总量为 5 000 000 立方米；

土壤肥力指数为 100；

空气质量指数为 100。

基于对该系统的长期观测，得出以下矩阵 $A(t)$ 和 $B(t)$ 的初步估计：

$$A(t) = \begin{pmatrix} 0.8 & -0.1 & 0 & 0.05 & 0.02 & 0 \\ 0.1 & 0.7 & -0.2 & 0 & 0 & 0 \\ 0 & 0.1 & 0.6 & 0 & 0 & 0.05 \\ 0.05 & 0 & 0 & 0.9 & 0.03 & 0.02 \\ 0.02 & 0 & 0 & 0.03 & 0.85 & 0 \\ 0 & 0 & 0.05 & 0.02 & 0 & 0.9 \end{pmatrix}$$

$$B(t) = \begin{pmatrix} 0.05 & 0 & 0 & 0 & 0 & 0.01 \\ 0 & 0.03 & 0 & 0.01 & 0 & 0 \\ 0.01 & 0 & 0.02 & 0 & 0.01 & 0 \\ 0.02 & 0.01 & 0 & 0.04 & 0 & 0 \\ 0 & 0 & 0 & 0 & 0.03 & 0 \\ 0.01 & 0.02 & 0 & 0 & 0 & 0.04 \end{pmatrix}$$

3）模拟与分析

使用上述参数，我们可以通过数值求解来模拟森林生态系统在不同外部条件下的变化。例如，在不受外界干扰的情况下，该系统可能会逐渐趋于稳定。然而，若引入外部干扰项，如大规模砍伐（假设每年减少 2% 树木总量），则动态投入产出方程将显示出植被数量的急剧下降，进而引发食草动物和食肉动物数量的减少，甚至可能导致生态系统的崩溃。

通过调整 $B(t)$ 矩阵，可以模拟不同干预措施的效果。例如，若增加人工植树计划，每年种植额外的 5 000 棵树木，则方程显示出该措施能够部分抵消砍伐的影响，并在一定时间内恢复生态系统的平衡。

（4）动态投入产出方程在生态管理中的重要性

动态投入产出方程为生态管理者提供了一种强大的工具，可以用于预测生态系统的未来发展，并制定相应的管理策略。通过对不同情景的模拟，管理者可以识别出最优的干预措施，确保生态系统的长期稳定和可持续发展。此外，该方程还可以帮助识别潜在的生态危机，如气候变化或外来物种入侵，从而提前采取预防措施。

1）预测与预防

动态投入产出方程的预测能力是其最大优势之一。通过模拟未来情景，生态管理者可以预见潜在的生态危机，并在问题出现之前采取措施。例如，在气候变化的情景下，方程可以预测水资源减少对森林生态系统的影响，从而促使管理者提前采取水资源保护措施。

2）决策支持

在生态管理中，决策通常需要在不确定的条件下做出。动态投入产出方程提供了基于数据的定量分析，有助于管理者在多种方案中做出最优选择。通过对不同管理措施的模拟分析，管理者可以权衡各方案的利弊，选择最符合生态系统长远利益的策略。

3）监测与评估

生态系统是动态的，其状态随着时间和外部条件的变化而改变。动态投入产出方程不仅可以用于预测未来，还可以作为监测和评估生态管理措施效果的工具。通过定期更新模型参数，管理者可以跟踪生态系统的变化，评估已实施措施的有效性，并根据需要进行调整。

（5）结论

生态系统的动态投入产出方程是理解和管理复杂生态系统的一种有效工具。通过建立数学模型，该方程能够量化各成分之间的相互作用，并模拟系统在不同条件下的变化。它不仅为生态管理提供了科学依据，还可以预测潜在危机，并支持决策和监测工作。未来，随着数据获取和计算能力的提高，动态投入产出方程将成为生态学研究和实践中的重要工具，为实现生态系统的可持续发展提供强有力的支持。

第三节　生态系统的稳定性分析

经济系统动态投入产出模型与生态系统模型的主要区别在于：通常情况

下，生态系统模型具有动态稳定性，但人类的经济发展破坏了这种稳定性。因此，人类的经济发展不能毫无节制。

一、天然的外部因素

生态系统的稳定性不仅受到内部机制的调控，还深受外部天然因素的影响。这些外部因素包括自然灾害、气候变化、地质活动等，它们往往在短时间内对生态系统产生巨大的冲击，导致生态平衡的破坏和物种的消失。然而，生态系统也具有一定的自我调节和恢复能力，这使得它们能够在遭受外部干扰后逐步恢复。然而，随着人类活动的加剧，天然外部因素的影响正在被放大，使得生态系统面临前所未有的挑战。

1. 自然灾害的影响

自然灾害如地震、火山喷发、洪水和飓风，往往会对生态系统造成严重破坏。地震和火山喷发能够在短时间内改变大片区域的地形和生态环境，导致物种大规模死亡和栖息地的丧失。洪水和飓风则会摧毁森林、冲刷土壤、改变水文循环，从而严重影响生态系统的结构和功能。

最近的一些极端天气事件展示了自然灾害的严重性。例如，2023 年 3 月在土耳其和叙利亚发生的强烈地震，不仅导致了数万人的死亡，还摧毁了大面积的自然环境，导致许多动物栖息地被毁，生态平衡受到严重扰乱。同样，2023 年夏季欧洲的极端热浪和野火事件，也使得大片森林遭到破坏，野生动物受到严重威胁，水资源进一步短缺。这些灾害不仅直接导致了生态系统的破坏，还通过改变气候模式和土地利用方式，长期影响了生态环境的稳定性。

自然灾害的频率和强度日益增加，这一现象与全球气候变化密切相关。科学研究表明，气候变化导致了极端天气事件的频发，特别是在全球温度持续升高的情况下，热浪、强降雨、飓风等现象变得更加频繁和剧烈。

这种日益加剧的自然灾害对生态系统的稳定性构成了巨大的挑战，特别是在生态系统已经因人类活动变得脆弱的情况下。因此，在制定应对策略时，必须充分考虑这些外部因素对生态系统的长远影响，以确保人类社会和自然

环境的可持续发展。自然灾害的频率和强度往往是不可预测的，但它们对生态系统的冲击是深远的。尤其是在生态系统已经因为其他原因（如过度开发）处于脆弱状态时，自然灾害往往会引发更为严重的生态危机。

2. 气候变化的影响

气候变化是当今全球生态系统面临的最大挑战之一。全球气温的上升、降水模式的改变、极端天气事件的增加，正在逐步改变地球上的生态系统。气候变化不仅影响了物种的分布和行为，还改变了生态系统的功能和服务。

首先，气温的上升直接影响到物种的生存和繁殖。例如，北极地区的温度上升导致海冰的快速融化，这对依赖冰盖生存的物种，如北极熊，造成了致命的威胁。同时，气候变化还影响了动植物的生长周期，打乱了物种之间的相互关系。例如，鸟类的迁徙时间和植物的开花时间不再同步，这可能导致物种的生存压力增加。

其次，降水模式的改变对许多生态系统产生了深远的影响。在一些地区，降水减少导致干旱频发，水资源匮乏，植被枯萎，沙漠化加剧；而在其他地区，过量的降水又可能引发洪水，破坏农业和栖息地。这些变化不仅影响了生态系统的健康，还对依赖这些生态系统的人类社区造成了直接的威胁。

气候变化的影响是全球性的，且往往是长期而深远的。它改变了生态系统的基本结构，迫使物种适应新的环境条件，或者面临灭绝的风险。

3. 地质活动的影响

地质活动如地壳运动、板块碰撞和火山活动，对生态系统的形成和演化起到了关键作用。这些活动往往在地质时间尺度上缓慢进行，但其影响却是深远而持久的。

例如，地壳运动可以改变河流的流向，塑造山脉和盆地，从而改变区域的生态系统。火山喷发不仅会短期内摧毁周边的生物群落，还会通过喷出大量的火山灰和气体影响全球气候，进而对远距离的生态系统产生影响。

地质活动虽然在时间尺度上相对缓慢，但其累积效应可能导致生态系统的根本性变化。例如，喜马拉雅山脉的形成不仅改变了亚洲气候格局，还塑

造了独特的高原生态系统，孕育了许多独特的物种。然而，这些生态系统也因此面临着独特的挑战，如地震带来的栖息地破坏等。

4. 自然干扰与生态系统恢复能力

尽管天然外部因素对生态系统的冲击可能是毁灭性的，但生态系统往往具备一定的自我恢复能力。例如，在一场大火后，森林生态系统可能会逐步通过植物的自然再生和动物的迁徙恢复元气。同样，在洪水过后，湿地生态系统可能会通过泥沙沉积和植被恢复重新建立平衡。

这种恢复能力源自生态系统的复杂性和多样性。物种的多样性和生态位的多样性使得生态系统在面对外部干扰时能够保持一定的弹性。例如，在一片森林中，即使某些树种被火灾摧毁，其他耐火的植物种可能会迅速填补空缺，确保生态系统的功能得以维持。

然而，生态系统的恢复能力并非无限的。如果外部干扰过于频繁或强烈，或者生态系统已经因为其他原因（如过度开发、污染）处于脆弱状态，其恢复能力可能会大大降低，甚至无法恢复到原有的状态。

5. 人类活动对天然外部因素的放大效应

随着人类活动的加剧，天然外部因素的影响正在被放大。人类对自然资源的过度开发、土地的过度利用、以及污染的加剧，都在削弱生态系统的稳定性，使得它们在面对外部干扰时更加脆弱。

例如，森林砍伐不仅破坏了森林生态系统的结构，还增加了火灾和泥石流的风险。过度的城市化和农业开发改变了土地利用模式，使得自然灾害的影响更加严重。全球变暖则进一步加剧了气候变化的影响，使得极端天气事件的频率和强度增加。

这些人为因素的叠加效应，使得生态系统在面对天然外部因素时更加脆弱。例如，热带雨林的过度砍伐不仅减少了碳汇，还增加了气候变暖的速度，使得雨林生态系统更容易受到极端天气的影响。同样，珊瑚礁生态系统由于人类活动的干扰，面对气候变化引发的海洋温度上升和酸化，难以恢复其原有的结构和功能。

6. 生态系统恢复与保护策略

面对天然外部因素对生态系统的威胁，科学家和政策制定者提出了多种恢复和保护策略。例如，通过保护自然栖息地、减少人为干扰、实施生态恢复工程等措施，可以增强生态系统的恢复力，帮助它们更好地应对外部干扰。

保护自然栖息地是保持生态系统稳定性的关键措施之一。通过保护森林、湿地、草原等重要生态系统，可以减少自然灾害对这些区域的影响。例如，保护沿海红树林可以减少海啸对沿岸地区的破坏；保护湿地可以缓解洪水的影响，减少对下游生态系统的威胁。

此外，科学家还通过生态恢复工程，帮助受损的生态系统恢复其原有的结构和功能。例如，通过植树造林、修复珊瑚礁、恢复湿地植被等措施，可以增强生态系统的恢复力，使其能够在受到外部干扰后更快地恢复元气。

然而，生态系统的恢复和保护并非易事，特别是在全球气候变化的背景下。这需要政府、科学界、企业和公众的共同努力，通过跨领域的合作与创新，制定出符合实际情况的策略，以确保生态系统的长期稳定性。

二、人为造成的外部因素

人类活动对生态系统的影响已成为当前全球生态危机的主要驱动因素之一。从工业化到城市化，从农业扩张到资源过度开发，各种人为活动正在以不同方式影响生态系统的稳定性。这些外部因素不仅破坏了生态系统的自然平衡，还导致了许多不可逆转的生态问题。

1. 工业污染

工业污染是人类活动对生态系统造成严重影响的主要形式之一。工业排放的废水、废气和固体废弃物直接进入自然环境，导致空气、水和土壤污染，从而破坏生态系统的健康和稳定。例如，化工厂排放的有毒废水可以污染河流和湖泊，导致水体富营养化和鱼类死亡；而工业废气中的二氧化硫和氮氧化物则会导致酸雨，对森林、湖泊和农田造成严重损害。

一个典型的案例是 2023 年初发生在美国俄亥俄州的化工厂火灾事件。火灾导致大量有毒气体泄漏，不仅污染了当地空气，还通过降雨形成酸雨，对周边的森林和水体造成了广泛的影响。这场灾难暴露了工业污染对生态系统的破坏力，也再次提醒人们必须加强对工业污染的监控和治理。

2. 城市化与土地利用变化

快速的城市化进程导致了大量自然栖息地的丧失。城市的扩张需要大量土地，这通常是通过砍伐森林、填埋湿地和耕地转化等方式实现的。结果是，原本生机勃勃的自然生态系统被高楼大厦和公路所取代，生物多样性急剧下降，生态系统功能受到严重破坏。

以中国为例，近年来随着城市化进程的加快，许多城市周边的自然生态系统遭到了严重破坏。根据最近的研究，北京、上海等大城市周边的湿地面积已经减少了近一半，导致许多依赖湿地生存的动植物物种面临灭绝的威胁。此外，城市化还导致了水资源的过度开发和污染，进一步破坏了生态系统的稳定性。

3. 农业扩张与过度开发

农业扩张也是导致生态系统退化的主要因素之一。为了满足日益增长的人口需求，全球农业用地面积不断扩大，森林和草原等自然生态系统被转化为农田。这种土地利用的变化导致了生物栖息地的破碎化，减少了生物多样性，并导致土壤退化和水资源短缺。

一个典型的例子是亚马逊雨林的过度砍伐。近年来，为了扩展农田和牧场，巴西亚马逊地区的森林砍伐率急剧上升。根据 2023 年的数据，亚马逊雨林的砍伐面积已经达到创纪录的水平，导致了大量的生物栖息地丧失，并严重破坏了全球气候调节功能。

4. 资源过度开发与气候变化

人类对自然资源的过度开发是导致生态系统不稳定的关键因素。无论是矿产资源的开采，还是渔业资源的过度捕捞，这些活动都导致了资源枯竭和生态系统的崩溃。此外，化石燃料的大规模使用导致了温室气体的排放，进而引发全球气候变化，加剧了生态系统的不稳定性。

最近的例子包括北极冰川的融化和珊瑚礁的白化。2023 年的数据显示，由于全球气温持续上升，北极冰川的融化速度加快，导致海平面上升和极地生态系统的破坏。而珊瑚礁的白化则是由于海洋温度的升高和酸化，导致大量珊瑚死亡，影响了整个海洋生态系统的稳定性。

5. 生物入侵

生物入侵指的是外来物种在新环境中建立并扩展种群，往往对当地生态系统造成严重破坏。外来物种的引入通常是由于人类活动，如全球化贸易、农业扩张等。这些物种一旦在新环境中扎根，可能会排挤或灭绝当地物种，破坏食物链和生态系统平衡。

例如，近年来在澳大利亚发生的甘蔗蟾蜍入侵事件就是一个典型案例。甘蔗蟾蜍原产于中南美洲，但由于被引入澳大利亚以控制甘蔗害虫，结果其数量迅速增长，成为澳大利亚生态系统中的入侵物种。这种蟾蜍没有天敌，且有毒，导致许多本地物种的灭绝和生态系统的严重退化。

6. 环境污染与化学品的使用

人类活动产生的环境污染，特别是化学品的使用，对生态系统造成了深远的影响。例如，农业中大量使用的杀虫剂、除草剂和化肥，虽然在短期内提高了农业产量，但长期来看，它们对土壤、水体和生物的健康构成了严重威胁。这些化学物质进入生态系统后，会通过食物链的积累，最终影响到整个生态系统的稳定性。

2023 年，欧洲的一项研究发现，由于农药的广泛使用，许多地区的昆虫数量急剧减少，直接影响了依赖昆虫为食的鸟类和其他野生动物的生存。这一现象进一步说明了化学品污染对生态系统的复杂影响。

第四节　外部因素对生态系统的破坏

外部因素对生态系统的破坏主要表现为对环境的直接破坏、对现代化经济发展模式的影响，以及对生态系统中性特征的挑战。以下将从这三个方面详细阐述。

一、破坏生态环境

外部因素对生态环境的破坏具有多方面的表现形式。人类的工业化进程、城市化扩展、农业扩张、以及各种资源的过度开发和利用，都是生态环境恶化的主要驱动力。

首先，工业化是对生态环境影响最为深远的外部因素之一。工业化过程中，大量的废水、废气以及固体废弃物被排放到自然环境中，导致了空气、水、土壤的污染。以空气污染为例，工业排放的二氧化硫、氮氧化物和悬浮颗粒物不仅严重污染空气，还会形成酸雨，影响森林、湖泊和农田的健康。例如，在中国，近年来大规模的工业生产导致了雾霾天气频繁出现，对城市生态系统和居民健康造成了严重威胁。

其次，城市化进程同样对生态环境产生了巨大冲击。城市化需要占用大量的土地，这往往是通过砍伐森林、填埋湿地等手段来实现的。这种土地利用方式的改变，导致了原本丰富多样的自然栖息地被破坏，物种多样性急剧下降。此外，城市化还带来了水资源的过度开发和污染，加剧了生态环境的恶化。例如，随着世界许多城市的快速扩张，周边河流、湖泊的污染问题日益严重，导致水质下降、鱼类死亡和水生生态系统的紊乱。

农业扩张则是对生态环境破坏的另一个主要因素。为了满足日益增长的粮食需求，全球范围内的农业用地面积不断扩大，这通常是以牺牲森林、草原等自然生态系统为代价的。大规模的农业活动不仅导致了栖息地的丧失，还加剧了土壤退化、水资源枯竭以及化学污染等问题。尤其是农药和化肥的过度使用，使得土壤和水体中的有毒物质逐年积累，对整个生态系统构成了长期威胁。

再者，资源过度开发也是导致生态环境破坏的重要原因。人类对矿产资源、森林资源和渔业资源的过度开发，不仅使得这些资源日益枯竭，还破坏了原本平衡的生态系统。例如，亚马逊雨林的大规模砍伐已经成为全球气候变化的重要推手, 也导致了大量生物栖息地的丧失和生物多样性的急剧下降。

二、现代化经济发展模式的影响

现代化经济发展模式通常以追求经济增长为核心目标, 但这一模式往往忽视了对生态环境的保护。经济发展的许多方面, 如工业化、城市化、基础设施建设等, 都以牺牲生态环境为代价。这种发展模式不仅导致了环境污染和资源枯竭, 还加剧了全球气候变化, 对生态系统的稳定性构成了严重威胁。

例如, 中国的快速经济发展在过去几十年中取得了举世瞩目的成就, 但同时也带来了环境污染、资源耗竭等一系列生态问题。虽然近年来政府加大了环保力度, 但传统的经济增长模式依然在许多地区发挥主导作用, 导致环境问题依然严峻。

此外, 现代化经济发展模式还强调高能耗和高资源消耗, 这进一步加剧了生态系统的压力。例如, 能源密集型产业的大规模发展不仅消耗了大量的化石燃料, 还排放了大量的二氧化碳, 推动了全球气候变化的进程。这种模式的长期运行, 必然会对生态系统的稳定性造成深远影响。

三、生态系统的中性特征

生态系统的中性特征指的是在外部因素的影响下, 生态系统自身具有一定的自我调节和恢复能力。这种能力在一定程度上可以抵御外部干扰, 但当外部压力超过生态系统的承受范围时, 这种中性特征将失去效力, 导致生态系统的崩溃。

例如, 在一个健康的森林生态系统中, 即使经历了偶尔的自然灾害, 如风暴或火灾, 森林通常能够通过自然的生长和恢复机制来重新建立平衡。然而, 当人类的砍伐活动过于频繁且规模过大时, 森林生态系统的恢复能力将受到严重削弱, 最终导致森林的退化和生物多样性的丧失。

此外, 海洋生态系统也表现出类似的中性特征。海洋拥有巨大的自我净化能力, 可以通过物理、化学和生物过程来分解和消除污染物。然而, 当污染物的排放量超过了海洋的自净能力时，海洋生态系统将无法维持原有的平衡，导致赤潮、珊瑚礁白化等生态危机的发生。

在全球范围内，生态系统的中性特征正面临着前所未有的挑战。随着人类活动的加剧，许多生态系统已经接近或超过了其承受极限，这意味着我们必须采取紧急措施来保护和恢复这些系统，以防止不可逆的生态灾难发生。

总之，外部因素对生态系统的破坏呈现出多方面的威胁。无论是环境污染、资源过度开发，还是现代经济发展模式的深远影响，这些因素都对生态系统的稳定性构成了严峻挑战。虽然生态系统具有一定的自我修复能力，但在持续的外部压力下，这种能力正在迅速削弱。因此，要确保生态系统的可持续发展，人类必须采取更加负责任的行为，并制定更为有效的保护政策。然而，真正需要关注的是，失序的资本对生态环境的破坏正是这些外部因素中的根源之一。接下来的章节将深入探讨失序资本如何通过其无序运作和过度经济活动，进一步加剧生态环境的破坏，成为生存危机的核心推动力。

第二章 资本失序的根源与表现

资本失序导致工具发展失序，科学技术发展失序，人口增长失序。

资本社会是构建于资本基础上的社会。在经济系统中，货币、金融与经济系统的关系，属于松散耦合。需要政府予以严格监管。它表明资本社会具有天然的失序性和不稳定性。

国家经济对货币的需求量，与世界经济对货币的需求量不同。一是局部概念，一是全局概念。二者差别极大。以国家货币代替世界统一货币使用，致使经济发达国家采取种种手段将货币虚拟化。改变了货币需要监管的原本属性。导致工具失序发展、科学技术失序发展、资本失序发展。造成空中飞行的、陆上运行的、海水航行的，庞大的工具系统全方位的失序。远远超出了人们的基本生活需求。导致社会失序，乱象丛生。人口失序增长。其后果是，造成生存环境全方位的破坏，人类濒临生存危机。

第一节 资本的本质与发展历程

一、资本的起源与早期发展：资本主义的诞生与早期特征

1. 资本主义的诞生背景

资本主义的诞生是西欧历史上最为重要的社会变革之一，它标志着一个新经济体系的形成，即以资本积累和市场交换为核心动力的经济模式。要理

解资本主义的起源，首先必须审视中世纪晚期的欧洲社会结构和经济形态。当时的欧洲，以封建制度为主导，土地是财富的主要来源，农业是最主要的经济活动。封建领主通过对土地的控制，获取经济利益，农民则通过租地或劳役，维持生计。

然而，随着中世纪末期城市化进程的加速，手工业和商业活动日益活跃，城市逐渐成为经济活动的重要中心。这一过程中，商人阶层的崛起起到了关键作用。他们通过贸易，尤其是远程贸易，积累了大量财富。这些财富的积累，逐渐打破了以土地为基础的封建经济模式，为资本主义的诞生奠定了物质基础。

与此同时，宗教改革和文艺复兴带来的思想解放，促进了个人主义和追求财富的社会风气的兴起。个人财富的积累不再受到传统道德观念的严厉指责，反而被视为一种社会进步和个人成就的象征。这种思想转变，为资本主义意识形态的形成提供了理论支持。

2. 资本主义的早期特征

资本主义在其早期发展过程中，表现出一系列独特的特征，这些特征不仅定义了资本主义的本质，也奠定了其未来发展的基础。

（1）资本积累与市场扩展

资本主义的核心特征之一是资本积累，即通过市场交换和生产活动，将剩余价值转化为资本，并在此基础上进行再投资，以获取更多的剩余价值。早期资本主义经济体中，商人和工商业者通过商品交换和手工生产，积累了大量财富。他们不仅通过贸易获得利润，还通过对生产资料的所有权，获取剩余价值。

市场扩展是资本积累的必要条件。早期资本主义伴随着市场的扩张和贸易网络的延伸，尤其是跨区域和跨国界的贸易活动。这一时期，欧洲的商人通过海上贸易，打开了通往美洲、非洲和亚洲的新市场，形成了早期的全球贸易网络。这些市场的开拓，为资本主义经济的发展提供了广阔的空间。

（2）生产方式的转变

早期资本主义的另一个显著特征是生产方式的转变，即从手工生产向工场手工业过渡。在中世纪晚期和近代早期，欧洲各地的手工业者开始集中在工场中进行生产，形成了工场手工业。工场手工业的特点在于生产过程的分工和协作，多个工人在同一场所从事不同的生产环节，提高了劳动生产率。

这种生产方式的转变，使得生产规模得以扩大，商品生产的效率显著提高。同时，工场手工业的出现，也标志着劳动者与生产资料的分离，劳动者不再拥有生产资料，而是依赖于资本家的雇佣。这种劳资关系的变化，成为资本主义生产方式的重要特征。

（3）货币经济的兴起

资本主义的发展依赖于货币经济的兴起。与封建经济不同，资本主义经济以货币为主要的交换媒介和财富衡量标准。货币经济的兴起，使得商品交换变得更加便捷，促进了市场的发展和资本的积累。在早期资本主义社会，商人通过货币进行商品买卖、投资和借贷，货币逐渐成为经济活动的核心工具。

此外，金融体系的初步形成，如银行业的兴起和信用制度的发展，也为资本主义的扩展提供了必要的金融支持。银行业通过提供贷款和信用，帮助资本家扩大生产和贸易，进一步推动了资本积累的进程。

（4）雇佣劳动关系的确立

资本主义生产方式的一个重要特征是雇佣劳动关系的确立。在封建制度下，农民依附于土地，依赖地主生活，而在资本主义经济中，劳动者失去了对生产资料的所有权，只能依靠出卖劳动力为生。资本家通过支付工资，购买劳动者的劳动时间，从而获取剩余价值。这种雇佣劳动关系，使得劳动力成为商品，可以在市场上自由交易。

雇佣劳动关系的确立，标志着劳动力与生产资料的彻底分离。这一变化，不仅深刻影响了社会的经济结构，也带来了新的社会矛盾，如劳资关系的紧

张、工人阶级的贫困化等问题。

（5）国家的支持与保护

早期资本主义的发展得到了国家的有力支持。各国政府通过一系列政策措施，促进了资本主义经济的成长。例如，英国的圈地运动和航海法，就是国家通过立法和行政手段，推动资本主义生产方式发展的典型例子。圈地运动使得大量农民失去土地，成为无产者，为资本主义工厂提供了大量廉价劳动力；航海法则保护了英国商船的利益，促进了对外贸易的扩展。

国家对资本主义的支持，不仅体现在经济政策上，也体现在对外扩张和殖民活动的保护和鼓励上。通过军事和外交手段，资本主义国家逐渐确立了对外殖民地的控制，为本国资本积累提供了广阔的市场和丰富的资源。

3. 早期资本主义的局限性与挑战

尽管资本主义在其早期发展阶段取得了显著的成就，但也面临诸多局限性与挑战。

（1）市场的有限性

早期资本主义市场主要局限于欧洲内部，尽管有跨区域贸易，但市场规模仍相对有限。这种有限性制约了资本积累的速度和规模。资本家们为了扩大市场，不断寻求新的贸易路线和殖民地，以获取更多的资源和市场空间。

（2）技术的制约

在早期资本主义阶段，尽管工场手工业提高了生产效率，但技术水平仍相对落后。生产工具和技术的限制，使得资本积累的速度和规模受到一定的制约。随着工业革命的到来，这一局限性才得以突破，资本主义迎来了新的发展阶段。

（3）社会矛盾的积累

早期资本主义的发展伴随着一系列社会矛盾的积累。工场手工业的兴起，使得大量手工艺人失去工作，贫富差距拉大。资本主义的扩展，也导致了传统社会结构的解体，引发了农民的反抗和工人的斗争。社会矛盾的积累，成为资本主义进一步发展的潜在障碍。

（4）早期资本主义的历史意义

尽管面临诸多挑战，早期资本主义仍在历史上具有重要意义。它不仅为现代经济体系奠定了基础，还推动了欧洲社会的全面转型。

1）经济结构的转型

早期资本主义的兴起，打破了封建经济的束缚，推动了社会经济结构的深刻转型。农业经济不再是唯一的经济支柱，工商业逐渐成为经济活动的核心。这种转型，为现代工业化奠定了基础。

2）社会意识的转变

资本主义的兴起，也推动了社会意识的转变。个人主义、财富积累和竞争精神成为社会主流价值观，传统的集体主义和宗教束缚逐渐被打破。这种社会意识的转变，为资本主义的发展提供了思想基础。

3）全球化的开端

早期资本主义通过跨国贸易和殖民扩展，开始了全球化进程。尽管这种全球化是以欧洲国家的经济利益为中心的，但它为后来的世界市场的形成奠定了基础，也使得资本主义经济模式逐渐传播到全球各地。

二、工业革命与资市的扩张

1. 工业革命的背景与起源

18 世纪中叶，英国率先经历了一场深刻的经济和社会变革——工业革命。这场革命不仅改变了生产方式，还推动了资本的迅速扩张和积累。工业革命起源于英国并逐步扩展到欧洲其他国家，再扩展到全球，标志着现代资本主义经济体系的成熟。要理解工业革命如何推动资本的全球扩张，首先需要了解其背景和起源。

工业革命的起源可以追溯到农业革命和商业革命的基础之上。农业革命通过提高农业生产率，为工业革命提供了充足的劳动力和粮食保障。而商业革命则通过扩大贸易网络和市场，为工业资本积累奠定了基础。英国得天独厚的自然资源、丰富的煤炭储备以及航海霸权，进一步为工业革命的爆发提供了物质条件。

与此同时，科学技术的进步，如蒸汽机的发明和纺织机械的创新，成为推动工业革命的直接动力。这些技术创新不仅提高了生产效率，还带来了生产组织形式的重大变革，从手工工场转向大规模的机器生产。这一转变不仅促进了生产力的飞跃，也引发了资本积累和扩张的浪潮。

2. 工业革命推动资本扩张的内在机制

工业革命通过多个内在机制推动了资本的全球扩张，这些机制包括生产力的提高、资本积累的加速、市场的扩展以及国际贸易的增长。

（1）生产力的提高与资本积累

工业革命的核心在于生产力的飞跃。蒸汽机的应用、纺织业的机械化和工厂制度的普及，使得生产效率得到了前所未有的提升。工厂制的兴起打破了传统手工生产的局限，推动了大规模生产的实现。大规模生产的直接结果是商品生产的剧增，这为资本的积累提供了基础。

随着生产效率的提高，资本家能够以更低的成本生产更多的商品，从而在市场上获取更多的利润。这些利润被资本家再投资于生产，形成了资本积累的加速过程。资本积累的加速不仅推动了工业的发展，也为资本的扩展提供了物质基础。

（2）市场扩展与资本扩张

工业革命的另一个重要特征是市场的扩展。大规模生产需要广阔的市场来消化大量生产的商品。因此，资本家们不仅在国内市场寻找销路，还积极开拓海外市场。英国率先通过殖民扩张和对外贸易，将商品销往全球各地，推动了资本的全球扩张。

殖民地的开发和资源的掠夺，为英国工业提供了原材料和市场支持。英国资本家通过在全球范围内进行贸易和投资，进一步加速了资本的积累和扩张。这种市场扩展不仅推动了资本主义经济体系的全球化，也使得资本的扩张跨越了国界，形成了国际资本流动的早期形态。

（3）技术创新与资本全球化

技术创新是工业革命推动资本扩张的核心动力。随着蒸汽机的广泛应用，交通运输条件得到了极大改善。蒸汽机车和蒸汽船的发明，缩短了商品运输的时间和成本，使得跨国贸易成为可能。这些技术进步为资本的全球化提供了强大的支持。

此外，电报的发明和普及，极大地提高了信息传递的速度和准确性，促进了全球贸易的组织和协调。资本家可以通过电报即时掌握全球市场信息，迅速调整投资和贸易策略。这种信息传递的全球化，为资本在全球范围内的扩张提供了有力保障。

（4）金融体系的发展与资本的国际化

工业革命还带动了金融体系的发展，尤其是银行业和股票市场的壮大。随着工业生产的扩大，资本家的资金需求急剧增加。银行通过提供贷款和融资服务，成为资本扩张的重要推动者。银行不仅为国内工业提供资金支持，还通过国际贷款和投资，推动资本在全球范围内的流动。

股票市场的兴起，使得资本的筹集和分配更加高效。资本家通过发行股票，可以从公众手中筹集大量资金，用于工业扩展和全球投资。金融市场的发达，使得资本可以迅速从一国流向另一国，从一个行业转向另一个行业，推动了资本的全球化进程。

3. 工业革命的全球影响与资本扩张

工业革命不仅深刻改变了英国的经济结构，也对全球产生了广泛而深远的影响。资本通过工业革命实现了前所未有的全球扩张，这一扩张不仅体现在资本的跨国流动上，还反映在全球经济格局的重塑上。

（1）欧洲资本的全球霸权

工业革命使得英国和其他欧洲国家成为全球资本的中心。通过殖民扩张和国际贸易，欧洲资本渗透到全球各地，建立了以欧洲为核心的全球经济体系。欧洲资本家通过对殖民地资源的掠夺和商品输出，获取了巨额利润，进一步推动了资本的积累和扩张。

殖民地不仅成为欧洲工业的原材料供应地和商品销售市场，还成为资本输出的主要目的地。欧洲资本通过直接投资和金融控制，掌握了殖民地的经济命脉。资本的全球扩张，使得欧洲在全球经济中的主导地位得以确立。

（2）全球劳动力市场的重组

工业革命引发了全球劳动力市场的重组。随着资本的扩张和工业生产的扩大，对劳动力的需求大幅增加。欧洲通过奴隶贸易、契约劳工和移民潮，重新配置全球劳动力资源。这一过程不仅改变了全球劳动力的分布，还加剧了不同地区之间的经济不平等。

殖民地的开发伴随着大量廉价劳动力的输入，资本家通过低工资和高强度的劳动，获取了高额利润。这种劳动力市场的重组，不仅加剧了殖民地的社会矛盾，也推动了资本在全球范围内的扩展。

（3）全球资源的重新配置

工业革命推动了全球资源的重新配置。欧洲资本家通过殖民扩张和国际贸易，将全球资源集中在欧洲，服务于工业生产的需要。资源的重新配置不仅体现在原材料的流动上，还表现在资本家对全球矿产、农业和能源资源的控制上。

这种资源配置的全球化，使得资本家可以通过控制资源获取超额利润，进一步推动了资本的积累和扩展。资源的全球流动，不仅促进了资本的全球扩张，也加剧了全球经济的不平等。

（4）全球经济秩序的重塑

工业革命通过资本的全球扩张，重塑了全球经济秩序。欧洲资本通过殖民扩张和国际贸易，建立了以资本主义为核心的全球经济体系。这一体系以自由市场和国际分工为基础，将全球各地纳入资本主义经济的运行轨道。

资本的全球扩张，不仅改变了各国的经济结构，也加深了全球经济的相互依赖。欧洲资本通过控制全球市场和资源，主导了全球经济的发展方向。这种全球经济秩序的重塑，为现代资本主义的全球化奠定了基础。

三、现代全球化背景下的资市失序

金融失序的根本原因在于以国家货币作为世界统一货币在世界上流通，混淆了局部与全局的关系。

1. 全球化对资本失序的影响

全球化是指商品、服务、资本、信息和文化在全球范围内的流动和融合。自 20 世纪后半叶以来，全球化加速了资本的跨国流动，使得资本能够在全球范围内追求最大化利润。然而，全球化在促进经济增长和提升全球生产力的同时，也加剧了资本失序现象。资本的过度逐利、金融投机以及资源掠夺等问题，在全球化进程中得以放大和深化，导致一系列经济、社会和生态危机。

（1）全球化加剧了资本的逐利性

全球化的推进使资本能够自由地在各国之间流动，寻求最有利的投资环境和最大化的回报。在这种背景下，资本不再受到国家边界的限制，可以利用全球不同地区的市场差异和劳动力成本的差异，以最低的成本获取最大的利润。这种逐利性在全球化过程中表现得尤为突出，资本倾向于流向那些劳动成本低、资源丰富且监管宽松的地区，从而加剧了全球范围内的不平等现象。

跨国公司作为全球化的主要推动力量，通过全球生产链和供应链的构建，将生产和经营活动分散到世界各地。这些公司往往选择在监管宽松、环保标准低、劳动力廉价的国家和地区设立生产基地，以降低成本、提高利润。然而，这种资本流动方式不仅导致了资本在全球范围内的过度积累，也引发了诸如环境污染、资源枯竭和劳工权益被侵害等一系列社会问题。

（2）全球化导致了金融市场的失序

全球化的另一个显著特点是金融市场的全球化。金融全球化使得资本可以在瞬间从一个国家流动到另一个国家，金融市场变得更加复杂和难以控制。在全球化的推动下，金融市场的发展超越了实体经济的增长，金融投机活动激增，导致了一系列的金融泡沫和危机。

随着资本的全球流动，各国金融市场的联系日益紧密，形成了一个高度依赖和相互影响的全球金融体系。在这个体系中，任何一国的金融动荡都可能引发全球性的金融危机。20世纪90年代末的亚洲金融危机和2008年的全球金融危机，都是全球化背景下金融市场失序的典型表现。

这些危机的背后，是资本逐利性和金融投机行为的过度膨胀。资本在全球范围内追逐短期收益，导致金融市场的波动性加剧，投机性资本流动的增加，使得全球金融体系变得更加脆弱和不稳定。当市场信心崩溃时，资本迅速撤离，导致金融市场崩盘，并引发一系列连锁反应，严重影响全球经济的稳定。

（3）全球化引发了全球经济的不平等

全球化加剧了世界各国之间的经济不平等。这种不平等不仅体现在发达国家和发展中国家之间的经济差距上，也体现在各国内部不同社会阶层之间的财富分配不均。跨国公司通过资本的全球化扩张，在全球范围内攫取利润，而这些利润往往集中在少数资本家手中，加剧了全球范围内的财富不平等。

全球化过程中，资本对劳动力的剥削尤为严重。发达国家的跨国公司往往在发展中国家设立生产基地，利用当地廉价的劳动力和宽松的劳工法规获取巨大利润。这种资本流动虽然在一定程度上促进了发展中国家的经济增长，但同时也导致了劳动者权益的受损和贫富差距的扩大。资本的不平等分配不仅加剧了社会矛盾，也为社会动荡和政治不稳定埋下了隐患。

此外，全球化还导致了南北差距的加大。发达国家凭借其技术、资本和市场优势，在全球化过程中占据了主导地位，而发展中国家则在全球化的过程中处于劣势，经济结构单一、产业链低端化等问题使得发展中国家难以摆脱对发达国家的依赖，导致全球经济结构的不平衡进一步加剧。

2. 现代资本在全球范围内的流动与扩张

全球化使得现代资本能够在全球范围内进行快速、广泛的流动与扩张。资本的跨国流动不仅改变了全球经济的运行方式，也对各国的经济政策、社会结构和环境治理产生了深远影响。资本的全球扩张在推动全球经济一体化的同时，也带来了资本失序的风险。

（1）跨国公司的全球扩张

跨国公司是全球化和资本全球扩张的主要载体。通过在全球范围内建立生产网络和市场渠道，跨国公司能够最大化地利用全球资源和市场。跨国公司利用全球化带来的便利，将生产基地设在劳动力成本低、资源丰富的国家，而将销售市场集中在发达国家，从而实现了利润的最大化。

然而，跨国公司的全球扩张也带来了资本失序的风险。这些公司通过避税、转移定价等手段，将利润最大化的同时，规避了应尽的社会责任和法律义务。例如，一些跨国公司通过设立离岸公司和利用税收优惠政策，逃避巨额税款，导致各国政府税收收入的减少，加剧了社会不平等。

此外，跨国公司在全球扩张过程中，往往忽视所在国的劳动者权益和环境保护问题。在追求利润的过程中，这些公司在一些国家采取了剥削劳动力、污染环境的做法，加剧了当地的社会和环境问题。这种资本的无序扩张，导致了全球范围内社会矛盾的加剧和环境危机的恶化。

（2）资本市场的全球化与风险扩散

资本市场的全球化使得资本能够在全球范围内自由流动。通过股票市场、债券市场和外汇市场，资本家可以将资金迅速转移到收益最高的市场。然而，这种资本市场的全球化也带来了系统性风险的扩散。

在全球化背景下，各国的资本市场高度互联，资本流动的速度和规模都大幅增加。资本的全球化流动，使得一个国家的经济动荡可能迅速传导至其他国家，引发全球性的金融危机。2008 年的全球金融危机就是资本市场全球化背景下，次级贷款问题在全球范围内扩散的结果。

资本市场的全球化还导致了各国经济政策的复杂化和难度加大。为了吸引资本，各国政府往往采取放宽金融监管、降低税收等政策，这进一步加剧了资本市场的波动性和不稳定性。当资本大量涌入某一市场时，可能导致资产价格的快速上涨，形成金融泡沫；而当资本迅速撤离时，则可能引发市场崩盘，导致严重的经济衰退。

（3）全球供应链与资本的垄断

全球化促进了全球供应链的形成，使得资本能够在全球范围内优化配置资源和要素。跨国公司通过全球供应链，将生产环节分散在多个国家，以降低成本和提高效率。然而，这种全球供应链的形成，也使得资本的垄断现象更加突出。

跨国公司通过控制全球供应链，掌握了关键资源和生产环节，从而在全球市场中占据了主导地位。这种垄断地位使得跨国公司能够操纵市场价格、压低供应商价格，甚至通过并购手段排挤竞争对手，形成资本的集中垄断。

资本的垄断不仅抑制了市场竞争，也加剧了全球范围内的经济不平等。跨国公司通过垄断供应链，攫取了超额利润，而中小企业和发展中国家则被迫在全球供应链中处于低端，难以获取公平的经济利益。这种资本的集中垄断现象，不仅威胁了全球经济的可持续发展，也加剧了社会的不平等和不稳定。

（4）资本流动对主权国家的冲击

资本的全球化流动，对各国的经济主权和政策独立性构成了严重挑战。在全球化背景下，资本的跨国流动使得各国政府在制定经济政策时，不得不考虑资本市场的反应和资本的流动性。为了吸引和留住资本，许多国家不得不放宽金融监管、降低税率，甚至在劳动和环境标准上作出妥协。

这种对资本的依赖，使得各国政府在面对资本流动时处于被动地位，难以独立制定符合本国利益的经济政策。当资本大量流入时，虽然可以带来短期的经济繁荣，但也可能导致经济过热、资产价格泡沫和通货膨胀等问题；而当资本迅速流出时，则可能引发经济衰退、货币贬值和金融危机。

资本流动对主权国家的冲击还表现在国家财政和货币政策的独立性上。在全球化背景下，资本的自由流动使得各国难以控制资本的进出，导致货币政策的独立性受到限制。例如，在资本自由流动的情况下，各国央行难以通过利率政策控制通货膨胀，因为一旦利率上升，可能导致资本大量流入，引发资产价格上涨；而一旦利率下降，又可能导致资本外流，引发货币贬值。

3. 全球化与资本失序的伦理与社会后果

全球化进程中的资本失序不仅带来了经济上的问题，还引发了一系列伦理与社会后果。资本在全球范围内的扩张和流动，在提升全球生产力和经济增长的同时，也带来了巨大的社会成本和伦理困境。

（1）伦理困境与社会责任的缺失

全球化背景下，资本的逐利性往往与社会责任和伦理价值发生冲突。跨国公司在全球扩张过程中，常常为了获取最大利润而忽视劳动者的权益、环境保护以及社区的福祉。例如，一些跨国公司在发展中国家设立工厂，虽然提供了就业机会，但往往伴随着恶劣的劳动条件、低廉的工资和缺乏保障的工作环境。这种情况下，资本的逐利行为导致了严重的伦理困境。

此外，资本通过避税、逃税等手段规避社会责任，使得各国政府难以获得足够的财政收入来提供公共服务和社会保障。这种社会责任的缺失，加剧了社会的不平等和不公正，削弱了政府的治理能力，导致社会矛盾的加剧和信任危机的产生。

（2）社会分裂与不平等的加剧

全球化过程中，资本的不平等分配导致了全球范围内社会分裂的加剧。资本集中在少数人手中，而多数人尤其是低收入群体和发展中国家的劳动者则难以从全球化中受益。贫富差距的扩大和社会阶层的固化，导致了社会的撕裂和动荡。

资本的全球流动还加剧了各国之间的不平等。发达国家凭借其技术、资本和市场优势，在全球化中占据了主导地位，而发展中国家则被迫接受不平等的全球分工，处于全球供应链的低端。这种全球化的不平等，使得发展中国家难以实现经济独立和可持续发展，导致了全球范围内的社会不公和政治不稳定。

（3）环境恶化与生态危机

全球化推动了资本在全球范围内的扩张和资源的过度开发，导致了严重的环境恶化和生态危机。跨国公司为了追求利润最大化，往往忽视环境保护，

采取高污染、低成本的生产方式，对环境造成了不可逆转的破坏。全球化背景下的资本失序，导致了资源的过度开采、森林的滥伐、海洋的污染以及生物多样性的丧失。

资本的全球扩张还加剧了气候变化的危机。工业化国家通过向发展中国家转移污染企业和高耗能产业，将环境成本转嫁给了后者。这种不公平的环境代价，不仅加剧了全球生态系统的脆弱性，也导致了发展中国家面临的环境压力和生存危机。

（4）全球治理的挑战与合作的困境

全球化背景下的资本失序，对全球治理提出了严峻挑战。在资本的推动下，全球化进程加速了各国之间的相互依赖，但同时也使得各国在应对全球性问题时面临重重困境。金融危机、气候变化、国际税收合作等问题，需要各国政府和国际组织的共同应对。然而，资本的逐利性和国家间利益的冲突，使得全球治理的合作变得异常艰难。

资本的全球化流动，还导致了全球治理中的"管辖权真空"。跨国公司利用全球化带来的法律和监管差异，规避责任和法律约束，形成了全球治理的"灰色地带"。在这些"灰色地带"，跨国公司可以通过资本运作和法律漏洞，获取巨额利润而不承担相应的社会责任。这种治理困境，使得全球化进程中的资本失序问题更加复杂化和难以解决。

第二节　失序的资本的主要表现

一、资本逐利与资源掠夺

1. 资本驱动资源过度开发的内在逻辑

资本逐利性是资本主义经济体系的核心动力。资本的本质在于追求利润的最大化，而这种逐利动机驱使资本在全球范围内寻找最有利的投资机会，包括自然资源的开发与利用。在这一过程中，资源的过度开发成为了资本实现利润最大化的重要手段。然而，这种资源开发模式往往忽视了生态环境的承载能力，导致资源的快速消耗和生态系统的严重破坏。

资本的逐利动机决定了其在资源开发过程中倾向于短期收益最大化。由于资源开发成本较低、回报率较高，资本在全球范围内大规模投资于矿产、石油、天然气、森林等自然资源的开采。在这一过程中，资源的开发速度往往超过了自然界的再生能力，导致了资源的枯竭和生态环境的恶化。例如，在热带雨林地区，大量的森林被砍伐以获取木材和开辟农田，导致了全球范围内的森林覆盖率急剧下降，生物多样性遭到严重破坏。

此外，资本逐利的本质决定了其在资源开发过程中倾向于降低成本、提高利润。这种成本导向的开发模式，往往以牺牲环境为代价，采用低成本、高污染的开发技术和方式。例如，一些跨国公司在开发矿产资源时，为了降低成本，往往采取露天开采、化学冶炼等高污染的工艺，导致矿区周围的环境严重污染，水土流失、空气污染和水体污染等问题日益严重。

资本的逐利性还促使资源开发过程中的"外部性"问题被忽视。资源的过度开发往往带来了严重的负面外部性，如环境污染、气候变化、生态系统的破坏等。然而，由于资本追逐的是利润最大化，这些外部性成本往往被忽视或被转嫁给社会和未来的世代，导致了生态环境的不可持续性。例如，在石油开采和煤炭利用过程中，温室气体的大量排放加剧了全球气候变化，但这些环境代价却未被纳入资本的成本计算中。

2. 资本逐利驱动下的资源过度开发实例

在全球范围内，资本驱动资源过度开发的现象广泛存在，以下是几个典型的实例，这些实例展示了资本逐利性如何推动资源的过度开发，导致了严重的生态危机和社会问题。

（1）矿产资源的过度开采

矿产资源的开发是资本逐利的一个重要领域。由于矿产资源具有高经济价值，如金属矿石、煤炭、石油等资源的开采成为资本追逐的热点。然而，矿产资源的开发往往伴随着巨大的生态破坏和社会冲突。

在非洲，一些跨国矿业公司为了获取巨额利润，大规模开采铜、钴、金、钻石等矿产资源。这些开发活动虽然带来了短期的经济增长，但也导致了当地生态环境的严重退化。例如，在刚果民主共和国，大规模的铜矿和钴矿开采导致了土壤的重金属污染、水源的严重污染以及植被的破坏，造成了不可逆转的生态危机。此外，矿业开发还引发了社会冲突，当地社区与矿业公司的利益冲突不断，导致社会不稳定和人权问题的加剧。

（2）森林资源的过度砍伐

森林资源的过度开发是资本逐利性推动下的另一个显著现象。森林不仅是木材的主要来源，也是全球气候调节的重要生态系统。然而，在资本逐利的驱动下，全球范围内的森林资源遭到了严重的过度开发。

亚马逊雨林作为世界上最大的热带雨林，其生物多样性和碳汇功能对全球生态系统具有重要意义。然而，近年来，亚马逊雨林遭到了大规模的砍伐，以满足木材、农产品和矿产资源的需求。资本在雨林地区的开发活动包括木材采伐、农田开垦和矿产资源的开采，这些活动导致了雨林的快速消失和生态系统的退化。由于雨林的消失，大量的二氧化碳被释放到大气中，加剧了全球气候变化问题。此外，森林的破坏还导致了大量的物种灭绝和生态失衡，威胁到了全球的生态安全。

（3）海洋资源的过度捕捞

海洋资源的过度捕捞是资本逐利性在海洋生态系统中的表现。在全球范围内，海洋渔业资源的过度开发导致了鱼类资源的枯竭和海洋生态系统的失衡。

随着全球化的发展，现代化捕捞技术的进步使得资本能够以低成本、大规模的方式获取海洋资源。然而，这种高强度的捕捞活动导致了全球范围内的渔业资源枯竭。大西洋、太平洋等主要渔业区的鱼类资源急剧下降，许多鱼类物种濒临灭绝。此外，过度捕捞还破坏了海洋食物链，导致了海洋生态系统的失衡，海洋生物多样性面临严重威胁。

资本驱动的过度捕捞不仅对海洋生态系统造成了严重破坏，也威胁到了渔业社区的生计。在许多沿海国家，渔业资源的枯竭导致了渔民生计的严重危机，渔业社区面临着经济困境和社会问题的双重压力。

（4）水资源的过度开发

水资源是生命之源，但在资本逐利性驱动下，全球范围内的水资源也面临着过度开发的问题。资本在农业、工业和能源领域的大规模投资，导致了水资源的过度消耗和污染，全球水资源危机日益加剧。

农业领域是水资源消耗的主要部门之一。随着全球人口的增长和食品需求的增加，资本通过大规模农业生产获取利润。然而，大规模农业生产往往伴随着过度灌溉和化肥使用，导致了水资源的过度消耗和污染。例如，在印度和巴基斯坦等国，地下水的过度开采导致了地下水位的急剧下降，农业用水的短缺威胁到了粮食安全和农民生计。

工业领域的水资源开发也是资本逐利的一个重要方面。工业生产过程中的高耗水和污染问题，使得水资源面临巨大的环境压力。例如，在中国的一些重工业地区，由于资本逐利性推动下的工业化进程，大量的工业废水被排放到河流和湖泊中，导致了水质的严重污染，影响了当地居民的健康和生态系统的平衡。

能源领域尤其是水电开发也是水资源过度开发的一个显著表现。资本在全球范围内投资大型水电项目，以获取能源市场的巨大回报。然而，大型水电项目的建设往往导致了河流的改变、水资源的重新分配和生态系统的破坏。例如，世界各地的大坝建设导致了大量湿地的消失、鱼类洄游通道的阻断以及下游地区的水资源短缺，严重影响了当地生态系统和社区生计。

3. 资源过度开发的后果与反思

资源的过度开发不仅对生态环境造成了严重破坏，也引发了深刻的社会经济问题。资本逐利性驱动下的资源开发模式，尽管在短期内带来了经济利益和财富积累，但从长远来看，这种模式是不可持续的，并且带来了巨大的生态代价和社会成本。

首先，资源的过度开发导致了全球生态系统的退化和生物多样性的丧失。

资本逐利性推动下的资源掠夺，忽视了自然资源的可再生性和生态系统的承载能力，导致了资源的不可逆转的消耗和生态环境的恶化。生态系统的退化不仅影响了人类社会的可持续发展，也对全球气候变化和生态平衡构成了威胁。

其次，资源的过度开发加剧了社会不平等和冲突。资本在资源开发过程中，往往通过剥削劳动者、压榨当地社区和规避社会责任来获取利润。这种不公平的资源分配和社会关系，导致了社会矛盾的加剧和冲突的爆发。许多发展中国家由于资源开发引发的社会冲突和环境问题，陷入了长期的贫困和动荡，阻碍了经济和社会的发展。

最后，资源的过度开发也暴露了资本主义经济体系的内在矛盾。资本逐利性虽然推动了经济增长，但也引发了资源的快速消耗和环境的恶化，导致了资本主义体系的不可持续性。这种内在矛盾在全球化背景下表现得尤为突出，全球资源的过度开发和生态危机，呼吁我们反思资本主义经济模式的合理性和可持续性。

在面对资源过度开发带来的生态危机和社会问题时，我们需要从制度和政策层面进行反思和调整。首先，需要加强对资本的规制，通过法律和政策手段，限制资本在资源开发中的逐利行为，推动资源的可持续利用。其次，需要加强国际合作，通过全球治理机制，推动资源开发的公平性和可持续性，实现全球资源的合理配置和共同发展。最后，需要倡导生态文明理念，推动社会对自然资源的珍视和尊重，转变经济发展模式，实现人与自然的和谐共生。

二、资本积累与社会不平等

1. 资本积累与财富集中

资本积累是资本主义经济体系的核心特征之一，其本质在于通过不断增加资本投资，实现利润的最大化。在资本积累过程中，财富的集中化趋势愈加明显。这种财富集中不仅体现在个人或企业的资本积累上，还表现为整个社会财富分配的不平等加剧，形成了少数人掌握大量财富的局面。

首先，资本积累的过程本质上是一个集中财富的过程。资本在市场中通过竞争和投资获取更多的利润，这些利润进一步转化为新的资本投入，从而形成一个循环积累的过程。在这一过程中，那些拥有更多资本的人或企业能够通过资本的再投资，不断扩大其财富基础。相比之下，那些没有足够资本的人则很难在这种积累过程中受益，反而可能因为资本的扩张而失去原本的市场份额或工作机会，从而进一步拉大了财富的差距。

其次，财富的集中不仅是资本积累的结果，也是资本权力和社会结构的反映。在全球化背景下，跨国企业和金融资本的力量不断增强，它们通过资本市场的操作、金融工具的创新以及全球资源的配置，实现了对财富的进一步集中。这种集中趋势在全球范围内表现得尤为明显，例如，全球最富有的1%人口拥有的财富已经超过了其余99%人口财富的总和。跨国企业通过控制生产、市场和技术，主导全球经济的运行，从而使得财富集中在少数精英手中。

此外，财富集中还受到政策和制度的影响。在许多国家，税收政策、社会保障制度和劳动市场的变化，往往偏向于资本所有者，从而加剧了财富的集中。例如，一些国家的税收政策在减轻资本利得税的同时，对劳动收入征收较高的税率，这就使得资本所有者可以通过资本投资获取高额回报，而劳动者则承担了较重的税负，导致财富分配的不平等进一步加剧。

2. 财富集中对贫富差距的影响

财富的集中直接导致了贫富差距的加大。随着资本积累和财富集中趋势的加强，社会中的贫富两极化现象愈加突出。这不仅是一个经济问题，也是一个社会问题，因为贫富差距的扩大往往伴随着社会的分裂和矛盾的加剧。

（1）收入不平等的加剧

贫富差距首先表现为收入不平等的加剧。资本的集中导致了高收入群体的财富和收入水平迅速提高，而中低收入群体的收入增长相对缓慢，甚至停滞不前。这种收入不平等的扩大，不仅体现在个人或家庭收入上，还表现在社会不同阶层和不同地区之间的收入差距上。

在许多国家，资本所有者和高管的收入远远超过普通工人的收入。跨国公司高管的年薪和奖金往往是普通工人收入的几十倍甚至上百倍，这种差距在经济发达国家尤为明显。例如，美国的收入不平等问题近年来引起了广泛关注，根据数据，美国最富有的1%人口的收入占全国总收入的比例逐年上升，而中产阶级的收入份额则不断下降。这种收入不平等的加剧，进一步拉大了社会的贫富差距，形成了经济上的两极分化。

（2）社会流动性的下降

贫富差距的加大还导致了社会流动性的下降。在一个资本积累和财富集中趋势明显的社会中，贫困阶层往往难以通过教育、就业等途径向上流动，而富裕阶层则通过资本的积累和代际传递，进一步巩固其社会地位。这种社会流动性的下降，使得贫困阶层陷入贫困陷阱，难以摆脱贫困状态。

社会流动性的下降，不仅限制了个人的发展机会，也加剧了社会的不公正感和不稳定性。在许多国家，社会流动性的下降已经成为一个严重的社会问题。比如，在一些发展中国家，贫困人口由于缺乏教育机会和社会资源，很难通过自身努力改善生活状况，而富裕家庭则通过资本和社会关系，保证了其子女能够获得更好的教育和工作机会，从而进一步加剧了社会的不平等。

（3）社会不平等对社会稳定的冲击

贫富差距的扩大对社会稳定构成了严重威胁。当社会中的财富分配高度不平等时，贫困人口往往难以满足基本的生活需求，而富裕阶层则享有过度的财富和资源。这种不平等不仅引发了社会的不满和抗议，还导致了社会矛盾的激化和冲突的加剧。

在贫富差距较大的国家，社会矛盾往往更加突出。例如，拉丁美洲的一些国家，由于长期的贫富差距和社会不平等，社会动荡和暴力冲突频发，社会治安状况恶化，民众对政府和社会制度的信任度下降，社会治理面临严峻挑战。在这些国家，社会不平等不仅是经济问题，更是影响社会稳定和发展的根本性问题。

３．资本积累与社会不平等的制度根源

资本积累导致的社会不平等，不仅是市场经济的自然结果，更是受到制度和政策的深刻影响。在现代社会，资本积累的制度根源主要体现在以下几个方面。

（１）资本市场的运作机制

资本市场作为资本积累的重要平台，其运作机制直接影响了财富的分配。现代资本市场通过股票、债券、期货等金融工具，实现了资本的高效流动和积累。然而，资本市场的运作往往由资本所有者所主导，普通劳动者和中低收入群体难以从中受益。

在资本市场中，财富集中于少数投资者和大企业手中，他们通过资本市场的操作，实现了财富的迅速积累。而普通劳动者由于缺乏资本和投资经验，往往难以参与资本市场，从而被排除在资本积累的过程之外。这种资本市场的不公平性，加剧了社会的不平等，形成了资本所有者与劳动者之间的利益对立。

（２）税收政策的偏向性

税收政策是影响财富分配的重要因素。在现代社会，税收政策的设计和实施往往对资本积累和财富集中起到了助推作用。许多国家的税收政策在减轻资本利得税的同时，对劳动收入征收较高的税率，从而导致了财富分配的不平等。

例如，一些国家对资本所得征收较低的税率，甚至对某些资本收入实行免税政策，这使得资本所有者能够通过资本市场获取高额利润，而不需要承担相应的税负。相比之下，劳动者的工资收入则面临较高的税负，导致其实际收入水平下降。这种税收政策的偏向性，不仅加剧了财富的集中，也进一步拉大了贫富差距。

（３）社会保障制度的不足

社会保障制度是缓解社会不平等的重要机制。然而，在许多国家，社会保障制度的设计和实施存在不足，难以有效应对资本积累带来的社会不平等问题。一方面，社会保障制度覆盖面不足，许多贫困人口难以享受到基本的社会保障服务；另一方面，社会保障资金的分配往往偏向于高收入群体，导

致社会保障的效果有限。

例如，一些国家的养老金制度和医疗保险制度，往往偏向于有稳定工作和高收入的人群，而对于非正式就业和低收入群体的覆盖率较低。这种社会保障制度的不足，使得贫困人口在面对经济风险和社会问题时，缺乏有效的支持和保障，进一步加剧了社会的不平等。

4. 缓解资本积累与社会不平等的对策

针对资本积累导致的社会不平等问题，需要从制度和政策层面进行调整和改革，以实现更加公平的财富分配和社会发展。

（1）加强资本市场的监管

需要加强资本市场的监管，限制资本的过度积累和集中。通过引入更加严格的监管机制，防止资本市场的投机行为和泡沫经济，保护普通投资者的权益。此外，可以通过立法和政策手段，鼓励中小企业和个人投资者参与资本市场，扩大资本市场的参与范围，减少资本的集中度。

（2）改革税收政策

需要改革税收政策，促进财富的合理分配。通过提高资本利得税和财富税，对高收入和高净值人群征收更高的税率，限制财富的过度积累。同时，可以通过税收政策的调整，减轻劳动者的税负，增加中低收入群体的实际收入，缓解贫富差距。

（3）完善社会保障制度

需要完善社会保障制度，扩大社会保障的覆盖面和公平性。通过增加对贫困人口和弱势群体的社会保障投入，改善他们的生活条件和社会地位。同时，需要加强对社会保障资金的管理和监督，确保社会保障制度的公平性和有效性，实现社会财富的再分配。

三、资本流动与金融泡沫

1. 金融市场的投机行为

金融市场在现代资本主义体系中扮演着至关重要的角色，是资本流动和

积累的核心平台。然而，随着资本在全球范围内的自由流动，金融市场的投机行为日益猖獗，成为金融泡沫形成的重要因素。投机行为不仅扰乱了市场的正常秩序，还加剧了市场波动性，最终可能引发系统性金融危机。

（1）投机行为的定义与动因

投机行为，通常指投资者为了在短期内获取超额收益而进行的高风险交易活动。与长期投资不同，投机行为并不关注资产的基本面，而是试图通过市场价格的短期波动实现利润最大化。投机者往往利用金融市场的波动性，通过频繁买卖资产，利用杠杆工具，追逐短期价格波动所带来的利润。

金融市场的投机行为主要由以下几个动因驱动。

市场波动性：市场价格的波动性为投机行为提供了机会。投资者可以通过预测市场短期走势，获取超额收益。

杠杆效应：通过杠杆工具，如期货、期权和差价合约，投机者可以放大资本的使用，从而在价格波动中获取更大的利润。

信息不对称：在金融市场中，信息不对称往往为投机者创造了机会。那些掌握了市场信息的投机者可以利用信息差异，在市场中占据有利地位。

（2）投机行为对市场的影响

投机行为对金融市场的影响是多方面的。一方面，适度的投机行为可以为市场提供流动性，促进价格发现，使市场更高效地配置资源。然而，过度的投机行为则可能导致市场的极端波动，甚至引发金融危机。

首先，投机行为往往会加剧市场的波动性。当大量投机资金涌入市场时，价格波动的幅度和频率都会显著增加。投机者通常对市场情绪高度敏感，市场一旦出现波动，投机行为会进一步放大这种波动，形成"羊群效应"，导致价格脱离基本面，出现剧烈波动。

其次，投机行为可能导致市场价格泡沫的形成。投机者在短期内大量买入某种资产，推高其价格，其他投资者也会跟风入场，进一步推升价格。这种过程中，资产价格逐渐脱离其实际价值，形成价格泡沫。当市场情绪转变，投机者开始大规模抛售资产时，泡沫破裂，价格迅速下跌，造成严重的市场震荡。

（3）经典案例：20世纪90年代的科技股泡沫

20世纪90年代末期，美国科技股市场经历了一次典型的投机性泡沫，即"互联网泡沫"。随着互联网技术的迅猛发展，投资者对科技公司的未来前景充满信心，纷纷投入大量资金。科技股价格在短时间内被炒至极高水平，许多公司甚至在尚未盈利的情况下，其市值却大幅飙升。

然而，随着市场对科技公司盈利能力的质疑加重，以及投机资金的撤出，科技股价格在2000年初开始迅速下跌，泡沫破裂，导致大量投资者蒙受巨大损失，市场信心遭受重创。这次科技股泡沫的破裂，不仅对美国经济产生了深远影响，也揭示了投机行为对金融市场的潜在危害。

2. 泡沫经济的形成机制

泡沫经济通常指市场中某种资产的价格远远高于其内在价值，形成虚高的市场价格水平。泡沫经济的形成往往与金融市场的投机行为密切相关。当市场中大量投机资金流入某种资产时，资产价格被持续推高，形成价格泡沫。一旦市场信心动摇，泡沫破裂，资产价格急剧下跌，对整个经济体系造成严重冲击。

（1）泡沫的初期形成：市场乐观情绪与投机资金的涌入

泡沫经济的形成往往始于市场对某一类资产的过度乐观预期。当市场对某一行业或资产类别的前景持高度乐观的看法时，投资者纷纷涌入，推高资产价格。在这一过程中，投机资金的涌入尤为关键。投机者通过大量买入资产，进一步推升其价格，形成价格上涨的自我实现预言。

在泡沫形成的初期，市场参与者普遍认为价格上涨是合理的，并预计价格会继续上涨。这种市场情绪进一步吸引了更多的资金进入市场，形成正反馈机制。资产价格在短时间内迅速攀升，远远超出其实际价值，泡沫开始形成。

（2）泡沫的扩展与市场非理性繁荣

随着资产价格的不断上涨，市场进入了非理性繁荣阶段。在这一阶段，投资者逐渐失去对资产内在价值的判断,市场情绪主导了价格走势。由于市场价格持续上涨,越来越多的投机者加入,期望在价格高点获利。

市场的非理性繁荣还受到金融创新和政策环境的推动。例如,低利率环境下,投资者的资金成本降低,愿意承担更高的风险,进一步推动资产价格的上涨。此外,金融工具的创新,如衍生品和结构性产品的广泛应用,使得投机资金的流入更加便利,也使得泡沫进一步膨胀。

在这一阶段,资产价格的上涨已经完全脱离了基本面。市场参与者普遍相信价格会继续上涨,因此即便价格已经高得不合理,他们仍然愿意以高价买入资产。这种非理性繁荣往往会持续一段时间,直到某个临界点,泡沫达到顶峰。

(3)泡沫的破裂:市场信心的崩溃与资产价格的暴跌

泡沫的破裂通常发生在市场信心崩溃的瞬间。当某种事件或信息导致市场对资产价格的未来走势产生怀疑时,市场情绪迅速逆转,投资者开始抛售资产,导致价格迅速下跌。这种价格暴跌往往是突然且剧烈的,因为市场的非理性繁荣已经使得价格远离了其内在价值,一旦泡沫破裂,价格会迅速回归基本面。

在泡沫破裂的过程中,投机资金的大量撤出加剧了市场的下跌幅度。由于许多投机者使用了杠杆工具,一旦市场价格下跌,他们将面临巨大的亏损压力,迫使其快速卖出资产,从而形成抛售潮。这种抛售潮进一步加剧了市场的恐慌情绪,导致价格加速下跌。

(4)经典案例:2008 年全球金融危机

2008 年的全球金融危机是泡沫经济破裂的典型案例。危机源于美国的房地产市场泡沫。由于长期低利率政策和次级贷款的广泛发放,房地产价格在短时间内大幅上涨,形成了巨大的价格泡沫。然而,当房地产市场的非理性繁荣达到顶峰后,次级贷款违约率开始上升,市场对房地产价格的持续上涨失去信心。

随着次贷市场的崩溃,金融机构的资产负债表受到严重冲击,大量次级

贷款相关的金融产品失去价值，整个金融体系陷入危机。金融市场的恐慌情绪迅速蔓延，全球股市暴跌，经济陷入衰退。2008 年的金融危机不仅揭示了金融市场中投机行为和泡沫经济的危害，也凸显了全球金融体系的脆弱性。

3. 金融监管与防范金融泡沫的挑战

面对金融市场的投机行为和泡沫经济，金融监管成为防范金融危机的重要手段。然而，金融监管在实际操作中面临诸多挑战。如何在市场活力与风险控制之间找到平衡，是金融监管机构必须解决的难题。

（1）金融创新与监管滞后

现代金融市场的快速发展和金融创新的加速，给金融监管带来了巨大挑战。金融衍生品、结构性产品和高频交易等新兴金融工具的出现，使得市场的复杂性和风险性大幅增加。监管机构往往难以及时跟上市场发展的步伐，导致监管滞后于市场变化。

这种监管滞后性使得金融市场中的风险积聚，而监管措施却难以及时有效地加以应对。尤其是在泡沫经济形成的过程中，市场的非理性繁荣和金融创新的结合，使得监管机构难以提前预警并采取有效措施，防范泡沫破裂带来的系统性风险。

（2）全球化背景下的金融监管协调

随着资本的全球化流动，金融市场的联动性和复杂性日益增加。各国金融市场之间的联系日益紧密，某一国家或地区的金融危机往往会迅速波及全球。在这种背景下，单一国家的金融监管已经难以应对全球范围内的风险传导。

因此，全球金融监管的协调与合作显得尤为重要。然而，由于各国金融体系和监管标准的差异，实现全球范围内的监管协调面临诸多挑战。如何在国际层面加强监管合作，建立有效的跨国监管机制，以应对全球化背景下的金融泡沫和风险传导，是当今金融监管面临的重要课题。

（3）市场自律与监管的平衡

最后，金融市场的自律性和金融监管之间的平衡，也是防范金融泡沫的重要方面。金融市场本身具有一定的自我调节能力，通过市场机制，可以在一定程度上消化和分散风险。然而，当市场失灵或投机行为泛滥时，单靠市场自律难以有效防范泡沫的形成和破裂。

因此，如何在保持市场活力和创新的同时，确保监管的有效性和及时性，是金融监管机构需要不断探索和完善的方向。在这一过程中，既要防止监管过度，抑制市场的正常运行，又要避免监管不足，放任投机行为和泡沫经济的滋生。

第三节　失序资本与道德风险

一、资本市场中的伦理困境

1. 资本逐利与伦理价值冲突

（1）资本逐利的本质

资本逐利是资本主义经济体制的核心驱动力。资本逐利的本质在于，通过投资和市场运作，资本所有者追求利润的最大化。这种逐利行为在经济发展和社会进步中起到了重要作用，推动了生产效率的提高、科技的创新以及资源的有效配置。然而，随着资本主义的发展，资本逐利与伦理价值之间的冲突也日益凸显。

资本逐利的过程往往表现为对经济利益的最大化追求，即在最短时间内获取最高的利润。资本家通过各种方式降低成本、提高生产效率，以获取更多的市场份额和经济回报。在这一过程中，资本逐利的逻辑通常以经济利益为导向，而非道德或社会价值。这种片面追求利润的行为，可能导致伦理价值的忽视甚至践踏，尤其是在涉及劳工权益、环境保护和社会公平等方面。

（2）伦理价值的多样性与重要性

伦理价值是指个体或社会在判断是非、善恶时所依据的基本原则和标准。这些价值观不仅反映了社会的道德规范，也关乎社会的整体福祉和可持续发

61

展。在现代社会中，伦理价值涵盖了多个方面，包括人权、正义、平等、环境保护和社会责任等。

伦理价值的多样性体现在不同社会、文化和宗教背景下，对同一问题可能有不同的价值判断。例如，在劳工权益方面，资本逐利可能导致企业压低劳动力成本，以提高利润，而这往往会侵犯劳工的基本权益，如合理的工资、工作环境和休息时间。在环境保护方面，资本逐利可能促使企业减少环保投入，以降低成本，进而造成环境污染和生态破坏。这些行为不仅违背了社会的伦理价值，还可能对社会造成长期的负面影响。

（3）资本逐利与伦理价值冲突的表现

资本逐利与伦理价值的冲突主要体现在以下几个方面。

劳工剥削与人权问题：在资本主义的发展过程中，劳工权益问题一直是资本逐利与伦理价值冲突的焦点。为了追求更高的利润，资本家往往通过压低工人工资、延长工作时间、减少福利等手段，降低劳动成本。这种剥削行为不仅违反了基本的伦理价值，也导致了严重的社会不平等问题。在一些发展中国家和地区，资本逐利导致的劳工剥削问题尤为突出。低工资、长工时、恶劣的工作环境以及缺乏基本的劳动保护，使得工人长期处于被压榨的状态。此外，资本的全球流动性使得企业能够在全球范围内寻找最便宜的劳动力，这进一步加剧了跨国公司的剥削行为，弱化了全球劳工的权益保障。

环境破坏与可持续发展：资本逐利对环境的影响也是资本与伦理价值冲突的重要表现之一。为了降低成本、提高利润，许多企业选择减少环保投入，忽视环境保护责任。这种行为在短期内可能带来经济上的利益，但从长期来看，环境破坏带来的后果却是不可逆转的。典型的例子包括工业污染、森林砍伐、过度开采自然资源等。这些行为不仅破坏了自然生态系统，还威胁到人类的生存环境。伦理价值强调可持续发展和生态平衡，要求在追求经济利益的同时，也要维护自然环境和社会的长期福祉。然而，资本逐利的短视性往往忽视了这些长远的伦理考量。

社会不平等与公平正义：资本逐利还可能导致社会不平等的加剧，从而

引发伦理价值与资本之间的冲突。资本的集中和财富的积累，使得富者愈富、贫者愈贫，社会阶层的分化日益严重。在这样的背景下，公平正义的伦理价值受到严重挑战。资本主义社会中的财富分配不均问题不仅加剧了社会矛盾，还可能导致社会动荡和政治不稳定。伦理价值强调社会公平，要求财富在全社会范围内的合理分配，以确保每个人都能获得基本的生活保障和发展的机会。然而，资本逐利的逻辑往往忽视了这种社会责任，进一步加剧了社会的不平等。

（4）伦理困境的经典案例

为了更好地理解资本逐利与伦理价值冲突的具体表现，我们可以通过几个经典案例来分析这种伦理困境。

血汗工厂与劳工剥削：在全球化的背景下，一些跨国公司为了降低生产成本，将制造业转移到劳动力成本低廉的发展中国家。这些"血汗工厂"中的工人往往面临恶劣的工作条件，低工资、长时间工作和缺乏基本的劳动保护成为普遍现象。例如，在东南亚的一些工厂中，工人们每天工作超过 12 小时，工资却远低于当地的生活成本标准。这种资本逐利的行为明显违背了基本的劳工权益和人权伦理。

环境破坏与企业责任：石油、矿产和化工等行业是资本逐利与环境保护伦理冲突的典型领域。例如，BP 公司的墨西哥湾漏油事件不仅造成了严重的环境污染，还导致了海洋生态系统的破坏和当地渔业的崩溃。虽然 BP 公司在事后承担了一定的责任，但这一事件凸显了资本逐利过程中的伦理困境：企业在追求利润的同时，往往忽视了对环境的长期影响。

房地产市场的泡沫与社会不公：在一些国家和地区，房地产市场的投机行为导致了房价的飙升，使得普通民众难以负担住房成本。这种现象不仅加剧了社会不平等，还引发了广泛的社会不满。房地产市场的投机行为，是资本逐利在追求短期利益时对社会公平正义的忽视。

（5）伦理价值与资本逐利的调和可能性

尽管资本逐利与伦理价值之间存在诸多冲突，但并非完全不可调和。在

现代社会中，通过法律、政策和社会监督等手段，可以在一定程度上调和资本逐利与伦理价值之间的矛盾，实现资本增长与社会福祉的双赢。

法律与政策的调节：政府可以通过制定和实施相关法律和政策，约束资本逐利行为，确保其不违背伦理价值。例如，通过制定劳动法保护工人的权益，要求企业履行环保责任，或者通过税收政策对财富进行再分配，缓解社会不平等问题。

企业社会责任（CSR）：企业社会责任是调和资本逐利与伦理价值的重要途径。企业在追求利润的同时，也应承担相应的社会责任，遵循伦理标准。在全球范围内，越来越多的企业开始重视社会责任，开展环保项目、改善劳动条件、参与公益活动等，以实现经济效益与社会效益的平衡。

社会监督与消费者力量：消费者和社会舆论的监督也是促使企业遵守伦理价值的重要力量。在信息化时代，消费者可以通过选择购买有社会责任感的企业产品，来表达对伦理价值的支持。同时，媒体和社会组织可以通过揭露和批评不道德的企业行为，促使其改进。

二、公司治理与道德危机

公司治理在现代资本主义经济中占据着核心地位，是决定资本如何运作、资源如何分配的关键机制。企业，尤其是大型跨国公司，作为资本市场的主导力量，通过其治理结构，影响着全球经济的方方面面。然而，当公司治理结构中存在缺陷或道德风险时，资本运作往往会偏离社会责任和伦理价值，导致资本失序。本文将探讨公司治理中的道德风险，分析其表现及影响，并结合实际案例，揭示这一问题在现代社会中的重要性。

1. 公司治理中道德风险的表现

（1）短视行为与逐利倾向

公司管理层在治理过程中，往往面临着来自股东、市场和竞争对手的巨大压力，这种压力促使他们更加注重短期利益，而非长远发展。这种短视行为在资本市场中表现为对短期利润的过度追求，而忽视了企业的长期社会责任。管理层在决策时，可能会倾向于选择那些能在短期内带来高额回报的项目，即使这些项目可能会对环境、社会或未来的企业发展产生负面影响。

这种逐利倾向不仅体现在企业的经营策略上，还表现为企业在资源分配、投资方向等方面的决策中。例如，一些企业为了追求短期利润，可能会选择压缩研发投入，放弃对未来技术的投资，转而投资于那些风险高、但回报快的领域。这种行为在经济繁荣期可能会带来可观的收益，但一旦经济环境发生变化，这种缺乏长期规划的投资策略往往会给企业带来巨大的损失，甚至导致企业的破产。

（2）利益冲突与腐败现象

公司治理中，利益冲突是导致道德风险的重要因素之一。管理层的决策往往受到个人利益的驱动，这种利益冲突可能会导致企业偏离其应有的社会责任和道德标准。例如，管理层可能会为了个人利益而牺牲股东的长期利益，进行不负责任的投资或决策。此外，管理层还可能通过复杂的财务操作来掩盖公司的实际财务状况，从而误导投资者和市场。

腐败现象是公司治理中道德风险的极端表现。当管理层通过不正当手段获取个人利益，甚至与外部利益集团勾结，进行非法交易时，公司治理中的道德风险便达到了顶峰。这种腐败行为不仅损害了公司内部的诚信文化，还严重破坏了市场的公平性和透明度。腐败行为一旦曝光，往往会引发企业信誉的崩塌，导致投资者的信任危机，甚至引发更大的金融市场动荡。

（3）信息不对称与不透明操作

信息不对称是公司治理中普遍存在的问题，也是道德风险的一个重要表现。管理层掌握了企业的核心信息，而外部投资者、市场监管机构往往无法获取同样全面的信息。这种信息不对称使得管理层可以通过不透明的操作来掩盖企业的真实情况，甚至进行虚假陈述或欺诈行为。

信息不对称的问题在财务报告、经营数据的披露以及企业战略的执行过程中表现得尤为明显。一些企业通过操纵财务报表，使企业的盈利状况看起来比实际情况更为乐观，以此来吸引投资者和提高股价。管理层还可能通过

复杂的公司结构和财务操作，隐藏企业的真实负债和风险。这种不透明操作不仅增加了投资者的决策风险，也加剧了市场的不稳定性，导致资本失序。

2. 道德风险对资本失序的影响

（1）加剧社会不平等

公司治理中的道德风险往往会加剧社会不平等。企业管理层通过不道德的手段获取高额收益，而普通员工和小股东却无法分享企业发展的成果。这种财富分配的不均衡，加剧了社会的贫富差距，导致社会矛盾的加剧。

例如，在一些大型跨国公司中，管理层的薪酬与普通员工的工资差距越来越大。一些高管通过股票期权、奖金等方式获取了巨额财富，而普通员工的工资却在停滞不前，甚至被削减。这种财富分配的不公正，不仅影响了员工的工作积极性，也破坏了社会的公平性，加剧了社会不平等的现象。

（2）引发市场信任危机

道德风险还会引发市场的信任危机。当企业的管理层被曝光存在腐败行为或进行不透明操作时，投资者往往会对该企业乃至整个市场失去信任。这种信任危机会导致投资者抛售股票，市场出现恐慌性下跌，进而引发股市的动荡和金融危机。

市场信任危机的典型案例是 2008 年的金融危机。在这场危机中，一些大型金融机构由于管理层的腐败行为和不透明操作，使得投资者对整个金融市场失去了信心，最终导致了全球金融市场的崩溃。这一事件揭示了公司治理中的道德风险对资本市场的巨大破坏力。

（3）破坏企业的长期发展

道德风险还会破坏企业的长期发展。管理层的短视行为和不道德的决策，可能会导致企业丧失市场竞争力，甚至面临破产的风险。企业如果不能建立起稳健的治理结构，确保管理层的行为符合道德标准，就很难在激烈的市场竞争中立足。

例如，一些企业为了追求短期利润，忽视了对技术创新的投入，最终在市场竞争中被淘汰。此外，一些企业在扩张过程中，通过不正当手段获取市场份额，结果引发了监管部门的调查和处罚，导致企业的声誉受损，市场份额下降。这些案例表明，公司治理中的道德风险不仅对资本市场造成了破坏，也对企业自身的长期发展带来了严重的负面影响。

3. 典型案例分析

为了更好地理解公司治理中的道德风险及其对资本失序的影响，我们可以通过分析一些典型案例，来揭示这一问题的复杂性和严重性。

（1）Enron 事件：腐败与信息欺诈的典型案例

Enron 事件是公司治理中道德风险的典型案例。作为一家曾经位列美国财富 500 强的大型能源公司，Enron 通过复杂的财务操作和不透明的公司结构，隐瞒了公司的巨额债务和财务亏损。在管理层的主导下，Enron 进行了大量虚假交易和财务欺诈，夸大了公司的盈利能力，误导了投资者。

最终，Enron 的财务欺诈行为被曝光，公司迅速破产，数千名员工失去了工作，投资者蒙受了巨大的经济损失。Enron 事件不仅揭示了公司治理中的腐败和信息欺诈问题，也引发了对美国企业治理结构的深刻反思。该事件直接导致了《萨班斯-奥克斯利法案》的出台，旨在加强企业的内部控制和信息披露，减少道德风险。

（2）2008 年金融危机：金融机构中的道德风险

2008 年金融危机是另一个揭示公司治理中道德风险的典型案例。在危机爆发前，一些大型金融机构为了追求高额利润，通过复杂的金融衍生品交易，将大量高风险的次级抵押贷款证券化并出售给投资者。这种不负责任的逐利行为，导致了金融市场的极度不稳定，并最终引发了全球范围内的金融危机。

金融危机爆发后，这些金融机构的管理层被指责为危机的罪魁祸首。管理层通过不透明的操作，掩盖了这些高风险资产的真实情况，误导了投资者和市场。金融危机不仅导致全球经济陷入衰退，也暴露了公司治理中存在的严重道德风险问题，促使各国政府和监管机构加强对金融市场的监管，推动金融市场的改革。

（3）福特皮托事件：短视行为导致的安全危机

福特皮托事件是公司治理中短视行为导致道德风险的典型案例。福特公司为了降低成本、提高利润，决定在皮托车型中使用一种更便宜的燃油箱设计，尽管该设计被认为在碰撞事故中存在较高的爆炸风险。福特的管理层在知晓这一风险的情况下，仍决定不进行召回，而是选择支付潜在的法律赔偿。

这一短视行为导致了多起严重的交通事故和人员伤亡，最终在公众和媒体的强烈谴责下，福特公司被迫召回了数百万辆汽车，并支付了巨额赔偿。皮托事件不仅对福特公司的声誉造成了严重损害，也揭示了公司治理中短视行为和逐利倾向对社会和公众安全的巨大危害。

4. 推动道德改革与资本秩序的重建

通过以上案例分析，我们可以看到，公司治理中的道德风险不仅对企业本身造成了严重的影响，也对资本市场的秩序和社会的公平性带来了深远的负面影响。为了减少公司治理中的道德风险，推动资本秩序的重建，以下是一些关键的改进措施。

（1）加强企业内部控制和文化建设

企业应通过建立健全的内部控制机制和道德文化，确保管理层和员工的行为符合道德标准。定期的道德培训和监督机制可以帮助企业在日常运营中保持道德操守，减少管理层和员工的道德偏差。

（2）提高信息披露的透明度

企业需要准确、及时地公开财务信息和运营状况，确保投资者和市场对企业的运作有清晰了解。透明的信息披露不仅有助于增加市场信任，还能防范可能的欺诈行为和管理不善。

（3）加强外部监管和法规实施

监管机构应制定并执行严格的法规，监督企业的运营行为和治理结构。定期的审计和检查可以发现潜在的道德风险，促使企业改进其治理结构，确保资本市场的公平和透明。

（4）推动企业社会责任与伦理改革

企业应积极履行社会责任，通过支持公益事业和环境保护等活动，树立良好的社会形象。这不仅可以增强企业的信誉，还能促进员工和投资者对企业的信任。道德改革和企业社会责任的增强，有助于改善资本市场的整体环境，推动资本秩序的重建。

三、资市失序对社会价值观的影响

1. 资本失序的根源：逐利性与短视行为

资本的逐利性和短视行为是导致资本失序的根本原因，也是腐蚀社会道德的重要因素。在资本主义经济体系中，资本的主要目标是追求利润最大化。企业和投资者为了获取高额回报，往往会不择手段，忽视社会责任和伦理道德。这种逐利行为在资本市场中表现为对短期利益的过度追求，导致资源的过度开发、环境的严重破坏、社会不平等的加剧，以及文化价值观的扭曲。

资本逐利的短视行为不仅在经济领域造成了负面影响，还在更广泛的社会层面引发了深远的伦理危机。企业为了获取最大利润，可能会忽视劳动者的权益、削减环保措施，甚至在市场竞争中采用不正当手段。这些行为不仅侵害了社会的公平性，还破坏了社会的道德基础，使得诚信、责任感、公益心等传统美德逐渐被资本逐利的功利主义所取代。

2. 资本失序对社会道德的具体腐蚀表现

（1）物质主义与消费文化的蔓延

资本失序导致的一个直接后果是物质主义与消费文化的蔓延。在资本的驱动下，现代社会越来越注重物质财富的积累和消费水平的提升，消费成为了个人身份认同和社会地位的重要象征。这种物质主义的扩散，使得社会价值观发生了深刻的变化，人们逐渐将个人的幸福感和成功与物质财富挂钩，而忽视了精神生活和道德价值的追求。

物质主义和消费文化的蔓延不仅改变了个人的价值观，也对整个社会的道德标准产生了负面影响。为了追求奢华的生活方式和高消费的社会形象，许多人开始忽视道德底线，甚至采用非法手段获取财富。这种风气的蔓延，使得诚信、勤劳、节俭等传统美德被逐渐边缘化，而投机取巧、追逐名利的行为则得到了鼓励和推崇。

（2）社会不平等与道德沦丧

资本失序加剧了社会不平等，进一步导致道德沦丧。在资本主义经济体系中，财富的集中和资源的垄断使得贫富差距不断扩大。少数富裕阶层掌握了大部分社会财富，而普通劳动者则难以享受到经济增长的成果。财富的不公平分配不仅加剧了社会矛盾，也使得社会道德发生了扭曲。

社会不平等的扩大使得人们对现有社会秩序和道德规范产生了怀疑和不满。对于许多处于社会底层的人而言，努力工作和遵守道德规范已不足以改善生活状况，因此，他们更倾向于采取极端手段获取财富。与此同时，富裕阶层为了维持和扩大自己的财富地位，也往往采取不正当手段，甚至利用法律和政策的漏洞，进一步压榨和剥削弱势群体。这种两极分化的社会现象，导致了社会道德的整体滑坡，诚信、正义、公平等核心价值观被逐渐弱化和侵蚀。

（3）环境伦理的破坏

资本失序不仅影响了社会的道德观念，还对环境伦理造成了严重破坏。在资本的驱动下，许多企业为了追求利润最大化，不惜牺牲环境和生态系统进行大规模开发和资源掠夺。工业废弃物的随意排放、森林的过度砍伐、矿产资源的无序开采等行为，不仅导致了自然环境的严重恶化，也对人类社会的可持续发展构成了威胁。

环境伦理的破坏体现了资本失序对社会价值观的腐蚀。传统社会中，人们通常尊重自然，遵循与自然和谐共处的原则。然而，在资本主义的发展过程中，人与自然之间的关系发生了根本性的变化。自然资源被视为一种无尽的财富来源，资本的逐利本性驱使企业和个人无视环境保护的伦理要求，导致了生态危机的加剧。这种对自然的掠夺性态度，不仅破坏了人类与自然的和谐关系，也动摇了社会的道德基础。

（4）文化与教育的商品化

资本失序对文化和教育的影响也是其腐蚀社会道德的重要表现之一。在资本主义经济体制下，文化和教育逐渐被商品化，成为资本逐利的工具。教育资源的分配不均、文化产业的商业化操作，使得知识和文化不再是公共财富，而是被视为可以交换的商品。这种商品化趋势，不仅削弱了文化和教育的公益性，还对社会的道德标准产生了负面影响。

教育商品化的一个突出表现是高等教育的产业化。在一些国家，大学学费不断上涨，教育资源向少数富裕阶层集中，普通家庭的子女难以接受优质教育。教育资源的不公平分配，加剧了社会的不平等，使得教育的公平性和公正性受到质疑。同时，文化商品化也使得文化产品的内容更加迎合市场需求，而忽视了文化的社会责任和道德导向。许多文化产品过度强调娱乐性和感官刺激，而忽视了对社会道德和伦理的关注，导致文化价值观的偏离和扭曲。

3. 资本失序引发的社会道德危机

（1）诚信缺失与社会信任危机

资本失序引发的一个显著道德危机是诚信缺失和社会信任的丧失。随着资本市场的扩展和经济全球化的加剧，企业之间的竞争日益激烈，许多企业为了获得竞争优势，不惜采取虚假宣传、欺诈、隐瞒信息等不正当手段。这种行为在资本市场上广泛存在，严重破坏了市场秩序和社会诚信。

诚信缺失不仅影响了市场的正常运行，还导致了社会信任的危机。当企业的虚假行为被曝光，消费者和投资者对企业的信任度大大降低，这种信任危机往往会扩散到整个行业甚至整个社会。信任的丧失使得人们之间的合作变得更加困难，社会关系更加疏离，社会整体的凝聚力也随之下降。

（2）伦理道德的边缘化

在资本失序的背景下，伦理道德逐渐被边缘化，社会的道德标准也变得模糊和不稳定。企业在追求利润最大化的过程中，往往忽视甚至违背了伦理道德的要求。许多企业在市场竞争中采用不正当手段，如垄断、价格操纵、商业贿赂等，导致了伦理道德的严重受损。

伦理道德的边缘化还体现在个人行为和社会风气上。随着资本主义经济的不断发展，个人主义和利己主义逐渐取代了集体主义和利他主义，社会成员之间的关系变得更加冷漠和功利。许多人在追求个人利益的过程中，忽视了他人的利益和社会的整体利益，导致了社会道德的普遍滑坡。

（3）社会责任感的缺失

资本失序导致了企业和个人社会责任感的缺失。在资本市场上，企业的社会责任往往被置于利润之后，成为次要考虑因素。许多企业在追求短期利润的过程中，忽视了对员工、消费者、环境和社区的责任，导致了一系列社会问题的产生。

社会责任感的缺失不仅体现在企业的行为上，也体现在个人的日常生活中。许多人在追求个人利益的过程中，忽视了对社会的贡献和责任。社会责任感的缺失使得社会问题日益严重，如环境污染、贫富差距、社会不公等。这些问题的积累，不仅对社会的稳定和发展构成了威胁，也进一步加剧了社会的道德危机。

4. 应对资本失序与道德危机的路径

（1）加强社会道德教育

应对资本失序导致的道德危机，首先需要加强社会道德教育。通过在学校、家庭和社区中推广道德教育，帮助人们树立正确的价值观，增强社会责任感和伦理意识。道德教育应注重培养个人的诚信、责任、合作和公益精神，促进社会的和谐发展。

（2）推动企业社会责任的落实

企业社会责任的落实是解决资本失序和道德危机的重要途径。政府和社会应通过法律法规、政策激励和舆论监督，推动企业履行社会责任。企业应在经营活动中兼顾经济效益和社会效益，主动承担环境保护、公益事业和社区发展的责任，树立良好的社会形象，赢得公众的信任和支持。

（3）加强法律和制度的约束

法律和制度是规范企业行为和维护社会道德的重要手段。政府应加强对资本市场的监管，建立健全的法律制度，确保企业在经营活动中遵守法律和道德规范。通过严格的执法和有效的监督，防止企业为了逐利而采取不正当手段，损害社会利益和伦理价值。

（4）建立公平公正的社会分配机制

社会分配机制的公平性是维护社会道德和稳定的重要保障。政府应通过税收、社会保障、公共服务等手段，缩小贫富差距，促进社会公平。建立公平公正的分配机制，不仅有助于缓解社会矛盾，也能增强社会成员的道德感和责任感，促进社会的整体发展。

第二部分　危机的表现

第三章　环境与生态危机

第一节　气候变化与资本的失序

一、化石燃料经济的兴衰

1. 化石燃料经济的崛起：工业革命的引擎

化石燃料的广泛使用始于 18 世纪的工业革命，当时煤炭、石油和天然气等化石燃料成为推动经济增长的主要能源。这些能源具有高能量密度和相对容易获取的特点，使其在工业化进程中发挥了至关重要的作用。蒸汽机的发明和应用标志着煤炭作为主要能源的开始。煤炭燃烧为工业生产提供了强大的动力，从而推动了制造业、交通运输业和采矿业的迅速发展。这一阶段，煤炭不仅成为工业革命的核心驱动力，也为现代资本主义的形成和发展奠定了基础。

石油的发现和大规模开采进一步巩固了化石燃料在全球经济中的主导地位。20 世纪初期，随着内燃机的发明和汽车工业的兴起，石油成为交通运输业的核心能源。此外，石油还被广泛应用于化工、塑料制造和能源发电等多个领域，其重要性不断提升。天然气作为另一种重要的化石燃料，由于其燃烧更为清洁和高效，也逐渐在发电和工业领域中占据一席之地。

化石燃料的普及和使用推动了全球经济的快速增长，尤其是在发达国家，工业化进程显著加速，城市化水平迅速提高，物质财富的积累达到了前所未有的规模。然而，这一增长模式也伴随着资源消耗的迅速增加和环境负担的加重。尽管在化石燃料驱动下，资本主义经济取得了巨大的成就，但这一经济模式也埋下了日后环境危机的隐患。

2. 化石燃料与资本积累的紧密关联

化石燃料经济与资本积累有着密不可分的关系。在工业革命和随后的经济发展过程中，化石燃料不仅为工业生产提供了廉价且高效的能源，还推动了资本的快速积累。随着工业产能的扩张和全球贸易的增加，资本主义经济逐渐演变为一个依赖化石燃料的全球体系。资本家通过对能源的垄断和控制，积累了大量财富，并通过技术进步和产业升级，进一步强化了对自然资源的开发和利用。

资本主义经济模式强调利润最大化，这一目标驱动企业不断扩大生产规模，增加能源消耗。化石燃料作为最重要的能源来源，成为资本扩张的重要工具。煤炭和石油的开采、加工和贸易不仅带来了巨大的经济利益，还形成了一个庞大的能源产业链，从采矿、运输到炼油和销售，各个环节都被资本深度介入和控制。这种以化石燃料为基础的经济模式，使得资本能够迅速积累，并推动了全球经济的快速增长。

然而，资本对化石燃料的依赖也导致了能源的过度开发和环境的严重破坏。随着能源需求的不断增加，煤炭、石油和天然气的开采规模不断扩大，资源枯竭和环境污染问题日益严重。此外，化石燃料的燃烧释放大量温室气体，导致全球气候变暖，这一问题在 21 世纪初逐渐成为全球关注的焦点。尽管化石燃料经济带来了巨大的经济利益，但其对环境和生态系统的破坏却是不可忽视的。

3. 温室气体排放与气候变化的挑战

化石燃料的大规模使用是全球温室气体排放的主要来源，特别是二氧化碳（CO_2）的排放。燃烧煤炭、石油和天然气释放出的二氧化碳以及其他温室气体，如甲烷（CH_4）和一氧化二氮（N_2O），在大气中累积，形成温室效应。这种效应导致地球表面温度逐渐升高，引发了全球气候变化。

全球气候变暖的影响广泛而深远，表现为极端天气事件的增加、海平面上升、生态系统的破坏和生物多样性的丧失。极端天气事件如热浪、暴雨、飓风和干旱的频率和强度不断增加，对人类社会和自然环境造成了严重威胁。海平面上升则对沿海地区构成了直接威胁，许多低洼地区面临淹没的风险。此外，气候变化还导致了生态系统的破坏，许多动植物物种的生存环境受到威胁，甚至面临灭绝的风险。

尽管气候变化的风险日益显现，但由于资本逐利的本性，全球经济体系对化石燃料的依赖依然强烈。许多国家和企业为了维持经济增长，继续扩大化石燃料的开采和使用，导致温室气体排放量居高不下。这种状况不仅加剧了气候变化的进程，还使得国际社会在应对气候变化方面面临巨大的挑战。

4. 资本对可再生能源转型的阻碍

面对日益严重的气候变化危机，可再生能源的开发和利用成为了应对这一挑战的关键。然而，资本在推动可再生能源转型方面却表现出明显的迟缓甚至抵制。这主要体现在以下几个方面：

首先，化石燃料产业巨大的既得利益阻碍了可再生能源的发展。长期以来，煤炭、石油和天然气行业积累了巨大的资本和政治影响力，这些行业的利益相关者在能源政策和市场规则的制定过程中具有重要话语权。他们往往通过游说和政治捐款等方式，影响政府决策，推迟或阻止可再生能源政策的实施。

其次，可再生能源的初期投资成本相对较高，回报周期较长，这与资本逐利的短期性目标相冲突。尽管随着技术进步，太阳能、风能等可再生能源的成本逐渐下降，但与化石燃料相比，仍存在一定的竞争劣势。资本通常倾向于投资那些能够快速获得高额回报的项目，而对回报周期较长的可再生能源投资缺乏兴趣。

再次，资本对现有能源基础设施的巨大投入使得其不愿轻易转型。化石燃料产业不仅包括能源开采，还涉及庞大的运输、炼化和分销网络。要实现向可再生能源的转型，需要对现有基础设施进行大规模改造，这意味着巨大的资本投入和潜在的经济损失。资本在面临这种不确定性时，往往选择维持现状，而非冒险进行转型。

5. 化石燃料经济的未来：转型与挑战

在全球气候变化的压力下，化石燃料经济的未来充满不确定性。尽管化石燃料依然是当今世界的主要能源来源，但其对环境的破坏和对人类生存的威胁已经不可忽视。为应对这一挑战，全球各国逐渐达成共识，推动能源结构的转型，从化石燃料经济向可再生能源经济过渡。

然而，这一转型过程并非一帆风顺。首先，化石燃料产业的既得利益者仍在努力维持其地位，阻碍可再生能源的推广和应用。其次，全球能源需求的持续增长也增加了转型的难度，尤其是在发展中国家，这些国家对经济增长和能源需求的迫切性，使得它们难以迅速摆脱对化石燃料的依赖。

此外，技术创新和政策支持是实现能源转型的关键。然而，尽管技术进步使得可再生能源的成本逐渐下降，但政策的不确定性和资金不足仍然是制约因素。全球范围内需要更多的政策协调和资金支持，以确保可再生能源能够顺利替代化石燃料，推动全球能源体系的可持续发展。

6. 资本与环境的未来：重新审视与反思

化石燃料经济的兴衰反映了资本主义发展过程中的一系列矛盾和问题。尽管化石燃料推动了经济的快速增长和资本的积累，但其对环境的破坏和对人类未来的威胁也日益显现。在这种背景下，全球社会需要重新审视资本与环境的关系，探索更加可持续的发展路径。

资本失序不仅导致了环境危机，也暴露了现代经济体系中深层次的结构性问题。资本逐利的本性使得经济增长与环境保护之间的矛盾日益突出。在未来的经济发展中，如何平衡资本积累与环境保护，如何实现经济增长与生态可持续性的双赢，将成为全球社会面临的重要课题。

总结来说，化石燃料经济的兴衰是资本主义发展史上的一个重要篇章。尽管其推动了全球经济的飞速发展，但也为当前的气候危机和环境问题埋下了隐患。面对日益严峻的气候变化挑战，全球社会需要加快能源转型，减少

对化石燃料的依赖，推动可再生能源的开发和应用。

二、资本对可再生能源转型的阻碍

在全球范围内，推动可再生能源的发展是应对气候变化和实现可持续发展的关键。然而，资本利益的强大力量往往成为能源转型的重要障碍。这种阻碍主要表现在以下几个方面。

1. 化石燃料行业的利益固化

化石燃料行业，如石油、天然气和煤炭等，长期以来在全球经济中占据重要地位。这些行业不仅拥有庞大的经济利益，而且在许多国家的政治和社会结构中具有深厚的影响力。由于这些行业积累了巨大的资本，它们有足够的资源和手段去影响政策制定，延缓或抵制能源转型的进程。

化石燃料公司通过游说活动和政治捐款，影响政府的能源政策，使得许多国家在可再生能源政策的制定和实施上进展缓慢。它们还通过资助科学研究和公共宣传，试图淡化气候变化的影响，甚至质疑可再生能源的可靠性和经济性。这种利益固化使得化石燃料行业成为能源转型的主要障碍。

2. 短期经济利益与长期环境效益的冲突

资本的逐利性决定了其更倾向于追求短期的经济回报，而非长期的环境效益。可再生能源的开发和推广，往往需要巨大的前期投资，而其收益则需要较长时间才能显现。这与传统化石燃料相比，前者的短期收益显然不具备吸引力。因此，许多资本持有者和投资者更愿意继续投资于已有的化石燃料产业，而不是冒险转向相对不确定的可再生能源领域。

例如，风能、太阳能等可再生能源虽然在技术上已经取得了显著进展，但其在大规模推广应用时仍面临许多挑战，如高昂的基础设施建设成本和能源储存技术的瓶颈。这些因素使得投资者对可再生能源的前景持谨慎态度，资本流入不足，进一步阻碍了可再生能源的普及和应用。

3. 对现有能源基础设施的依赖

现有的能源基础设施大多是围绕化石燃料而建的，如发电厂、输油管道、天然气管道等。这些基础设施的建设往往耗资巨大，涉及复杂的经济和社会利益结构。为了保护这些投资，相关企业和政府部门往往对转型持保守态度，阻止或延缓可再生能源基础设施的建设。

此外，转向可再生能源意味着对现有能源基础设施的部分或全部替代，这不仅需要巨额的资金投入，还可能带来社会就业结构的剧烈变化和政治权力格局的调整。出于保护既得利益的考虑，许多资本力量宁愿维持现有的能源结构，也不愿意冒险推动能源转型。

4. 可再生能源领域的资本壁垒

可再生能源的开发和利用虽然具有广阔的前景，但也面临着一定的资本壁垒。首先是技术门槛。尽管近年来风能、太阳能等技术进步显著，但其大规模商业化应用仍需克服诸多技术难题。这些技术难题需要巨大的研发投入和长时间的试验验证，往往令中小企业望而却步。相较于传统的化石燃料产业，可再生能源的进入壁垒较高，需要更强的资金实力和技术储备。

其次是市场风险。可再生能源市场的不确定性，包括政策变化、补贴减少和市场需求波动等，都使得投资者对该领域持观望态度。资本天然趋利避害，面对如此高风险的市场环境，大多数资本选择继续在相对稳定的化石燃料行业投入，从而限制了可再生能源的发展。

5. 金融体系对传统能源的支持

全球金融体系对传统能源行业的支持是另一个阻碍可再生能源转型的重要因素。传统能源行业的规模庞大，其金融市场的占比也相当可观。银行、投资基金和保险公司等金融机构，长期以来都将化石燃料产业视为重要的投资对象，提供了大量的信贷支持和保险服务。这种金融支持使得化石燃料行业能够获得充足的资金进行扩张，进一步巩固了其在全球能源结构中的主导地位。

相比之下，可再生能源产业由于起步较晚，且技术发展尚不成熟，在融资方面面临诸多困难。金融机构对其风险评估普遍偏高，导致融资成本上升，进一步限制了其发展空间。尽管近年来绿色金融逐渐受到关注，但与传统能源行业相比，可再生能源的金融支持力度仍显不足，这直接制约了其大规模推广和应用。

6. 政策与监管的不足

尽管各国政府纷纷宣布支持可再生能源的发展，但在实际操作中，政策与监管的不到位常常使得资本更倾向于传统能源行业。许多国家的能源政策缺乏连贯性和稳定性，政策的频繁调整和不确定性使得投资者对可再生能源的投资兴趣降低。此外，政府在补贴、税收优惠等方面的力度不足，也导致可再生能源项目难以与传统能源项目竞争。

另一方面，传统能源行业通过各种方式对政策制定施加影响，确保自身的利益不受侵害。这种利益博弈使得能源政策的制定往往难以兼顾环保和经济发展，导致可再生能源的发展步伐缓慢，资本难以大规模进入这一领域。

7. 社会和文化阻力

资本对可再生能源转型的阻碍不仅体现在经济和政策层面，还反映在社会和文化层面。长期以来，化石燃料的使用已经深深嵌入现代社会的经济结构和生活方式中，人们对化石燃料形成了深厚的依赖和认同。这种文化上的惯性，使得可再生能源的推广难以在短时间内取得突破，资本也因此更加谨慎，避免投入过多资源在不确定的领域。

此外，在某些地区，能源转型可能涉及到社会结构的深刻变革，例如煤矿区的转型和能源工人的再就业问题。这些变革往往引发社会的抵触和抗议，导致政策制定者在推行能源转型时顾虑重重，从而间接影响了资本的流向。

8. 资本的全球化与能源转型的局限

随着全球化的发展，资本在全球范围内的流动性增强，这使得资本能够迅速在全球范围内寻找最具利润的投资机会。然而，这种资本的全球流动性并未对可再生能源的推广起到积极作用。相反，许多资本在全球范围内选择了那些环境监管较为宽松、能源政策较为落后的地区进行投资，以获取短期的高额利润。这种资本流动的特性，使得全球能源转型面临更多的障碍，资本在全球范围内的逐利行为成为可再生能源发展的重大挑战。

　　总之，资本对可再生能源转型的阻碍是多方面的，包括化石燃料行业的利益固化、短期经济利益与长期环境效益的冲突、对现有能源基础设施的依赖、资本壁垒、金融体系对传统能源的支持、政策与监管的不足，以及社会和文化阻力等。这些因素共同作用，使得资本在全球范围内难以快速向可再生能源领域转移，从而延缓了能源转型的进程。要实现可持续的能源转型，必须克服这些阻碍，推动资本更大规模地进入可再生能源领域，这不仅需要政策上的创新和支持，还需要资本自身在逐利与社会责任之间找到平衡。

三、温室气体排放与气候危机

　　全球变暖是当今最为严峻的环境问题之一，已成为全球各国政府和国际组织关注的重点议题。在这一过程中，资本运作对全球变暖起到了至关重要的作用。资本通过各种途径加剧了温室气体的排放，推动了全球气温的上升，从而导致了一系列的气候危机。

　　1. 化石燃料资本的主导地位

　　化石燃料，包括煤炭、石油和天然气，是全球温室气体排放的主要来源。自工业革命以来，化石燃料的使用迅速增加，成为推动全球经济增长的主要动力。然而，这一过程中也导致了大量的二氧化碳和其他温室气体的排放，直接推动了全球变暖的进程。

　　资本在化石燃料行业中的主导地位，使得这一行业在全球经济中占据了重要位置。石油公司、煤炭公司和天然气企业都在全球范围内占据着巨大的市场份额，并且拥有庞大的经济利益。这些企业通过大量投资，扩大了化石燃料的生产和供应，加剧了温室气体的排放。

　　例如，石油公司通过大量投资开发新的油田和天然气田，扩大了全球石油和天然气的供应。煤炭公司则通过建设新的煤矿和发电厂，增加了煤炭的使用量。这些投资和扩张行为直接导致了温室气体排放的增加，从而加剧了全球变暖的趋势。

2. 资本逐利与环境保护的冲突

资本的逐利性使得企业在追求经济利益的过程中，往往忽视了环境保护的重要性。许多企业为了降低成本，选择使用高污染、高排放的能源和生产方式，从而增加了温室气体的排放量。这种行为不仅对环境造成了严重破坏，也加剧了全球变暖的危机。

例如，许多工业企业为了降低生产成本，选择使用价格低廉但污染严重的煤炭作为能源来源。这种做法虽然在短期内可以降低生产成本，但却对环境造成了巨大的负担，增加了二氧化碳的排放量。此外，许多企业为了提高利润，忽视了环保设备的投入，导致生产过程中排放的大量废气未经处理直接排放到大气中，进一步加剧了温室气体的排放。

这种资本逐利与环境保护之间的冲突，使得企业在短期经济利益和长期环境保护之间往往选择前者，从而导致全球变暖问题愈发严重。

3. 资本流动与全球变暖

资本在全球范围内的流动性，也对全球变暖产生了深远的影响。在全球化背景下，资本可以迅速在全球范围内寻找投资机会，并且优先选择那些能够带来高额回报的行业和地区。然而，这种资本流动往往忽视了环境成本，导致了温室气体排放的增加。

例如，许多跨国公司为了降低生产成本，选择在环境监管较为宽松的发展中国家投资建厂。这些国家往往为了吸引外资，放宽了环境监管标准，导致企业在生产过程中排放了大量的温室气体。此外，这些企业还通过将高污染、高排放的生产工序外包到环境标准较低的国家，从而降低了自身的环境成本，但却增加了全球范围内的温室气体排放量。

这种资本流动对全球变暖的影响是显而易见的。尽管一些发达国家通过技术进步和环保政策减少了国内的温室气体排放量，但资本流动导致的"污染转移"现象，使得全球范围内的温室气体排放总量并未得到有效控制，反而在某些发展中国家进一步加剧了全球变暖问题。

4. 投资行为与化石燃料依赖

资本市场的投资行为也是推动全球变暖的重要因素之一。尽管全球范围内对可再生能源的投资逐渐增加，但化石燃料行业仍然占据了资本市场的主导地位。大量的资本继续流向石油、煤炭和天然气行业，推动了这些行业的进一步扩张，加剧了温室气体的排放。

例如，许多大型投资基金和金融机构仍然在化石燃料行业投入巨资，购买石油、煤炭和天然气公司的股票和债券。这些投资不仅为化石燃料行业提供了充足的资金支持，还为其在全球范围内的扩张提供了动力。尽管这些投资行为可能带来了丰厚的回报，但其对环境的负面影响却是不容忽视的。

同时，许多国家的政府也通过补贴和税收优惠政策，鼓励对化石燃料行业的投资。这些政策进一步加剧了对化石燃料的依赖，增加了全球范围内的温室气体排放量。尽管可再生能源的发展速度正在加快，但化石燃料的主导地位仍然难以撼动，这对全球变暖的治理构成了巨大的挑战。

5. 金融体系的支持与气候危机的恶化

全球金融体系对化石燃料行业的支持，也是全球变暖的重要推动力之一。尽管气候变化问题日益受到关注，但金融市场对化石燃料行业的支持并未显著减少。许多银行和金融机构继续为石油、煤炭和天然气公司提供贷款和其他金融服务，推动了这些行业的扩张。

例如，尽管一些金融机构承诺减少对化石燃料行业的支持，但实际上，许多银行仍然在为化石燃料项目提供资金支持，特别是在发展中国家和新兴市场。这些资金支持使得化石燃料行业能够继续扩张，增加了全球范围内的温室气体排放量。

此外，金融市场对化石燃料行业的投资回报率的追求，也导致了对环境风险的忽视。尽管气候变化带来的环境风险可能对全球经济造成巨大影响，但许多金融机构在进行投资决策时，往往忽视了这些长期的环境风险，而更加注重短期的经济回报。这种行为加剧了全球变暖的危机，使得气候变化问题更加难以控制。

6. 政策与资本的博弈

全球变暖问题的解决离不开政策的引导和资本的配合。然而，资本的逐利性使得许多企业和金融机构对气候政策的制定和实施产生了强烈的抵制。这种政策与资本之间的博弈，往往导致气候政策的实施效果大打折扣，从而加剧了全球变暖的问题。

例如，许多国家的气候政策在制定过程中，受到资本力量的影响，往往难以达到预期的效果。化石燃料行业通过游说和政治捐款等手段，影响政府的气候政策，使得许多国家在温室气体减排和可再生能源推广方面进展缓慢。此外，资本市场对气候政策的不确定性反应敏感，使得投资者在面对政策风险时更加保守，减少了对可再生能源的投资，进一步延缓了全球能源转型的进程。

7. 资本的社会责任与全球变暖

尽管资本在推动全球经济增长方面发挥了重要作用，但其在全球变暖问题上也负有重要的社会责任。资本的逐利性在推动经济发展的同时，也带来了严重的环境问题，特别是温室气体的排放和全球变暖的加剧。

为了应对全球变暖问题，资本必须在逐利与社会责任之间找到平衡。一些企业和金融机构已经开始意识到这一问题，并通过各种方式减少自身的碳足迹。例如，一些大型企业承诺减少温室气体排放，转向使用可再生能源，并投资于绿色技术和环保项目。同时，越来越多的投资者也开始关注企业的环境表现，将气候风险纳入投资决策过程，推动资本市场向可持续发展方向转型。

然而，这些积极的变化仍然面临着巨大的挑战。全球变暖问题的复杂性和长期性，使得资本在应对这一问题时往往显得力不从心。此外，资本市场的逐利性本质，也使得许多企业和金融机构在面对气候风险时，仍然更加注重短期经济利益，而忽视了长期的环境风险。

第二节　生物多样性丧失与资本的代价

一、资本驱动的农业扩张与栖息地破坏

农业是人类文明发展的基础，提供了食物、纤维、燃料等多种必需品。然而，随着资本的逐利性逐渐渗透到农业领域，农业扩张成为了全球范围内栖息地破坏和生物多样性丧失的主要推手之一。资本驱动下的农业扩张不仅显著改变了自然景观，也对全球生态系统造成了深远的影响。

1. 农业扩张的背景

农业扩张，尤其是在 20 世纪以来，成为了全球资本运作的一个重要领域。随着人口增长和消费需求的增加，特别是在全球化进程的推动下，农业产业链日益全球化，资本通过投资农业生产、加工、流通和销售等环节，极大地推动了农业的规模化和集约化发展。

然而，这种资本驱动下的农业扩张，并不仅仅是为了满足人类的基本需求，更是为了追求利润最大化。这种逐利性使得大量原始森林、湿地、草原等自然栖息地被开发为农田，用于种植经济作物或进行畜牧业生产。这些转变带来了大量的环境问题，包括栖息地的破坏、物种灭绝、土壤退化和水资源短缺等，直接威胁到地球的生物多样性。

2. 农业扩张与栖息地丧失

资本驱动的农业扩张是栖息地丧失的主要原因之一。在全球范围内，大片的原始森林和其他自然栖息地被清理，为农田、牧场和种植园腾出空间。例如，亚马逊雨林一直以来是世界上生物多样性最为丰富的地区之一，但近年来，由于资本对大豆、棕榈油和牛肉等高利润作物的需求，大片雨林被砍伐，转为农田或牧场，导致大量物种失去了生存空间。

在非洲，热带森林和草原地区也面临着类似的挑战。由于全球对棉花、咖啡和可可等农产品的需求增加，这些地区的森林正在迅速减少，生物多样

性也因此受到了严重影响。同样，在东南亚地区，为了满足全球市场对棕榈油和橡胶的需求，大片热带雨林被清理，栖息地的丧失直接威胁到了当地的野生动物种群，如婆罗洲的红毛猩猩和苏门答腊虎等濒危物种。

3. 资本逐利与农业集约化的双重作用

资本的逐利性不仅推动了农业扩张，也加速了农业的集约化发展。集约化农业旨在通过高密度的土地利用和技术投入，最大化单位面积的农业产出。然而，这种生产模式通常伴随着大量的化肥、农药和灌溉用水的使用，对生态系统造成了严重破坏。

首先，集约化农业依赖大量化肥和农药的使用，导致土壤质量下降，水体污染加剧。土壤中的有机质和生物多样性随着农药的使用逐渐减少，导致土壤结构退化，肥力下降。此外，过度灌溉导致水资源的过度利用和地下水位下降，进一步加剧了生态系统的压力。

其次，资本驱动的农业集约化往往忽视了对生态系统的长期影响。为了追求短期的经济效益，许多农场主倾向于种植单一作物（单一农业），以提高生产效率。然而，单一农业模式极大地减少了农田的生物多样性，增加了作物对病虫害的敏感性，进一步依赖农药和化肥，形成了一个恶性循环。

4. 资本对资源的过度利用

资本逐利性还导致了对土地、水资源和其他自然资源的过度利用，这不仅对栖息地造成了直接破坏，也对生态系统的稳定性产生了深远的影响。土地的过度开垦使得许多原本肥沃的土地逐渐沙化，无法再支持多样化的生态系统。水资源的过度利用，特别是在干旱和半干旱地区，导致了河流和湖泊的枯竭，使得依赖这些水体的动植物种群面临生存危机。

例如，在南美洲的阿根廷和巴西，资本的大量投入推动了大豆种植业的快速扩张。然而，为了满足全球市场对大豆的需求，农场主大量开垦了原始草原和森林，这不仅导致了栖息地丧失，也使得土壤逐渐沙化，无法再支持多样化的生态系统。

在印度和巴基斯坦，水资源的过度利用导致了地下水位的急剧下降，特

别是在农作物灌溉密集的地区。这种现象直接影响了当地生态系统的平衡，河流干涸和湿地萎缩使得许多依赖水资源的动植物种群濒临灭绝。

5. 生物多样性丧失与农业扩张的恶性循环

农业扩张与生物多样性丧失之间存在着恶性循环。随着资本的逐利性驱动农业的进一步扩张，栖息地丧失和生态系统退化的速度也在加快。这不仅导致了更多的物种灭绝，还使得农业本身面临越来越大的挑战。

生物多样性对农业的可持续性至关重要。例如，多样化的农田生态系统可以自然控制害虫和疾病，减少对农药的依赖。然而，资本驱动的单一农业模式导致了生物多样性的丧失，使得农田更加依赖化学投入品，进一步恶化了生态环境。

同时，农业扩张导致的气候变化问题也加剧了生物多样性的丧失。气候变化导致的温度升高、降水模式改变和极端天气事件增加，直接影响了农作物的生长条件和农田生态系统的稳定性。这些变化进一步加剧了农业扩张对生态系统的压力，形成了一个恶性循环。

6. 资本驱动的农业扩张对社会的影响

资本驱动的农业扩张不仅对生态系统造成了深远影响，也对社会产生了多方面的影响。首先，农业扩张往往伴随着对土地的集中控制，导致小农场主和当地社区失去了土地和生计来源。这种土地集中化加剧了农村贫困，使得许多社区面临着严重的经济和社会困境。

其次，农业扩张导致的生态系统破坏也直接影响了社区的生存环境。栖息地丧失和水资源的过度利用，使得许多依赖自然资源的小农场主无法维持生计，迫使他们离开家园，进入城市寻找生计。这种农村人口的流失进一步加剧了城市化问题，导致了更多的社会矛盾和环境问题。

此外，资本驱动的农业扩张往往忽视了对当地传统知识和农业实践的尊重。许多资本投资者在追求经济效益的过程中，强行推广高产作物和现代农业技术，取代了当地社区的传统农业方式。这不仅破坏了当地的文化多样性，也削弱了社区对环境变化的适应能力，进一步加剧了生态系统的脆弱性。

7. 寻求可持续农业的路径

尽管资本驱动的农业扩张对生态系统和社会造成了诸多负面影响，但在全球范围内，也有越来越多的声音在呼吁寻找可持续农业的发展路径。这种路径旨在平衡经济效益与环境保护，减少农业对栖息地的破坏，并促进生物多样性的恢复。

首先，推广有机农业和多样化农业模式，是减少农业对生态系统破坏的重要途径。有机农业通过减少化肥和农药的使用，保护了土壤健康和水资源，并促进了农田生物多样性的恢复。多样化农业模式通过种植多种作物，减少了单一农业的风险，并增强了生态系统的韧性。

其次，推动可持续土地管理和水资源管理，是保护栖息地和生物多样性的关键。通过制定严格的土地使用规划，限制农田扩张到关键的栖息地区域，可以有效减少栖息地丧失。同时，通过推广节水灌溉技术和水资源管理措施，可以减少农业对水资源的过度利用，保护生态系统的健康。

最后，增强社区参与和对传统知识的尊重，是实现可持续农业的重要保障。通过赋予当地社区更多的土地控制权，支持他们在农业扩张过程中发挥积极作用，可以有效减少生态系统的破坏。同时，尊重和推广当地的传统农业实践，有助于增强社区对环境变化的适应能力，促进生物多样性的保护。

二、生态系统的退化与物种灭绝

1. 全球物种灭绝率的急剧上升

目前，物种灭绝的速度比自然灭绝率高出约 1 000 到 10 000 倍。科学家们估计，地球上每天有 150 到 200 个物种在消失，这种情况已引起全球关注。特别是在 20 世纪以来，物种灭绝的速度显著加快。许多科学家认为，地球正经历由人类活动引发的第六次大规模物种灭绝事件。

（1）受威胁的主要物种群体

哺乳动物的灭绝风险：根据国际自然保护联盟（IUCN）的报告，全球约 25%的哺乳动物面临灭绝威胁。科学家预计，在未来 20 年内，约 500 种哺乳

动物可能消失。

鸟类面临的生存危机：IUCN 的数据显示，全球约 13%的鸟类（超过 1 500 种）面临灭绝风险。尤其是在热带雨林区域，鸟类的灭绝率比全球平均水平高出数倍，说明这一群体正面临严重的生存威胁。

两栖动物的高危状况：两栖动物群体的情况尤为严峻，近 40%的两栖动物面临灭绝风险，这一比例在所有动物类群中最高。约 2 000 种两栖动物已被列为濒危或极度濒危物种。

鱼类的困境：全球 21%的淡水鱼类正面临灭绝的威胁，主要由于污染、过度捕捞和栖息地丧失的影响，淡水生态系统的稳定性正面临巨大挑战。

（2）栖息地丧失与物种灭绝

森林砍伐对生物多样性的威胁：自 2000 年以来，全球已经失去了超过 10%的热带雨林，农业扩张和木材采伐是主要原因。亚马逊雨林的砍伐导致了数百种物种的栖息地丧失，灭绝风险显著增加。

珊瑚礁的退化与海洋物种的危机：全球约 50%的珊瑚礁因气候变化、污染和过度捕捞而退化，依赖珊瑚礁生存的数千种海洋物种的生存也因此受到威胁。珊瑚礁的退化不仅影响了这些物种的生存环境，还破坏了海洋生态系统的整体健康。

（3）资本活动与物种灭绝的联系

农业扩张与栖息地的毁灭：全球范围内农业扩张对自然栖息地的破坏是物种灭绝的重要推动力。例如，棕榈油种植园的扩展导致了数百种物种的栖息地丧失，其中包括婆罗洲猩猩和苏门答腊虎，它们的生存受到极大威胁。

非法野生动物贸易的致命影响：非法野生动物交易市场的年规模估计达 200 亿美元，其中涉及的物种数量众多。比如，非洲象的种群因象牙贸易的驱动而急剧减少，面临濒临灭绝的风险。这种以利益为导向的非法贸易直接加剧了全球物种灭绝的速度。

（4）特定物种灭绝的案例分析

白犀牛的灭绝悲剧：2018 年，全球最后一头雄性北方白犀牛去世，标志

着这一物种即将灭绝。白犀牛的灭绝不仅是一个物种的消失，更是对人类无视保护责任的严厉警示。

西部黑犀牛的消失：2011年，IUCN宣布西部黑犀牛正式灭绝，这一物种的消失主要是由于非法偷猎。这一案例突显了资本逐利与野生动植物保护之间的深刻矛盾。

金蛙的生态困境：由于栖息地丧失和气候变化，金蛙（Atelopuszeteki）被认为在野外已经灭绝，目前仅存于一些人工饲养设施中。这一物种的灭绝是人类对自然环境破坏的直接后果，也进一步警示我们关注生态保护的重要性。

2. 物种灭绝的资本动因

物种灭绝是当代环境危机中最为严重的问题之一，其背后的资本动因复杂而深远。随着全球经济的快速发展，资本的逐利性推动了人类对自然资源的过度开发和利用，直接导致了生态系统的退化与物种的快速灭绝。资本动因在这一过程中表现得尤为明显，因为经济增长和利润最大化的目标往往与生态保护和可持续发展目标相悖。

（1）资本对自然资源的掠夺性开发

资本的逐利性驱使企业和国家对自然资源进行掠夺性开发，这直接导致了栖息地的破坏和物种的灭绝。在很多情况下，为了满足市场对某些资源的巨大需求，资本推动了大规模的砍伐、开采和捕捞活动。例如，亚马逊雨林的砍伐就部分源于全球对木材、牛肉和大豆的需求，这些需求背后都有着巨大的资本利益在推动。

这种掠夺性开发对物种生存环境的破坏是显而易见的。森林被砍伐，湿地被排干，海洋被过度捕捞，导致原本丰富的生物多样性遭到严重打击。失去栖息地的物种难以适应新的环境条件，最终走向灭绝。此外，资本驱动下的资源开发往往忽视生态系统的承载能力，长此以往，导致了不可逆的生态退化和物种消失。

例如，东南亚的热带雨林由于木材出口和棕榈油种植的资本驱动，已经成为全球物种灭绝率最高的地区之一。森林的破坏不仅剥夺了当地物种的栖

息地，还引发了土壤退化和气候变化等连锁反应，加速了生态系统的崩溃。

（2）集约化农业与单一作物种植

资本的逐利性还表现为对农业的集约化和单一作物种植的推动，这进一步加剧了物种灭绝的危机。集约化农业旨在通过高密度的土地利用和技术投入，以最小的成本获取最大的产出。然而，这种农业模式往往依赖于单一作物种植（如大豆、棕榈油和咖啡等），导致了大规模的栖息地破坏和生物多样性的丧失。

在亚马逊地区，大规模的单一作物种植，如大豆种植，已经成为森林砍伐的主要原因之一。资本在此过程中扮演了关键角色，投资者为了获取高额回报，不惜以牺牲环境为代价，大力推动这种农业模式的扩展。这种单一作物的种植不仅减少了生态系统的多样性，还改变了土壤结构和水文循环，使得许多原本依赖多样化栖息地的物种无法生存，最终走向灭绝。

此外，单一作物种植还破坏了土壤的健康，减少了生态系统的恢复能力，导致生态系统对自然灾害和气候变化的抵抗力下降。这种脆弱性进一步威胁到物种的生存，加速了它们的灭绝。

（3）工业化生产与污染

资本在工业化生产中的作用也是导致物种灭绝的重要因素之一。工业化过程中，大量污染物排放到空气、水体和土壤中，对生态系统造成了广泛而深远的破坏。资本为了追求最大化利润，往往忽视了生产过程中的环境成本，导致了严重的生态污染和物种灭绝。

例如，工业废水中的重金属和化学物质通过河流进入海洋，破坏了水生生态系统。这些污染物积累在食物链中，最终导致一些物种的生殖能力下降甚至灭绝。同样，空气污染中的有毒气体和颗粒物也对陆生物种造成了不可忽视的威胁，削弱了它们的生存能力。此外，工业生产还导致了大量温室气体的排放，加剧了气候变化，这进一步对物种的生存构成了威胁。

这些污染还通过食物链的生物积累效应，对整个生态系统产生深远的影响。例如，重金属污染不仅影响鱼类和水生生物，还通过食物链影响到鸟类、哺乳动物乃至人类，造成了跨物种的生态危机。

（4）资本推动的城市化与基础设施建设

资本在推动城市化和基础设施建设方面的作用也不可忽视。随着全球城市化进程的加快，越来越多的自然栖息地被开发为城市、道路、工厂和其他基础设施。这一过程中，资本大量涌入城市建设和基础设施项目，导致自然栖息地的迅速减少，物种失去了生存空间，最终走向灭绝。

城市化进程还伴随着对周边环境的深度开发。例如，为了建设城市所需的建筑材料，如木材、砂石和矿产，资本驱动下的企业往往在自然保护区和未开发地区进行大规模开采，这进一步破坏了当地的生态平衡。此外，城市化带来的光污染、噪声污染和热岛效应也对周边生态系统和物种生存造成了极大压力，导致一些对环境变化敏感的物种难以适应，逐渐灭绝。

资本驱动的基础设施项目，如水坝、公路和铁路建设，也对生态系统产生了深远的影响。水坝的修建改变了河流的自然流动，破坏了水生生态系统，导致一些鱼类和两栖动物的灭绝；公路和铁路的修建则切割了陆地栖息地，阻碍了物种的自然迁徙，导致基因多样性下降，加速了物种灭绝的进程。

（5）野生动植物的非法贸易

资本在野生动植物非法贸易中的作用也是导致物种灭绝的重要原因之一。非法捕猎和走私珍稀动植物制品是一个利润丰厚的行业，资本的逐利性驱使一些犯罪组织和个人参与其中，导致许多物种濒临灭绝。

象牙、犀牛角、虎骨等野生动植物制品在黑市上的高价诱使盗猎者对这些珍稀物种进行大规模捕杀。资本的力量不仅推动了这种非法活动的蔓延，还通过腐败和贿赂等手段，逃避法律的制裁，进一步加剧了物种的灭绝风险。国际间的非法贸易网络也使得这些活动更加难以监管，跨国资本的介入使得非法捕猎和走私活动更加猖獗，导致许多物种在短时间内数量急剧减少。

例如，非洲象由于象牙需求的增加，已经成为盗猎的主要目标，导致其种群数量大幅下降。类似地，东南亚的犀牛因为其角被认为具有药用价值而遭到大量捕杀，濒临灭绝。资本的力量在这其中扮演了推波助澜的角色，使得这些物种的保护工作变得异常艰难。

（6）资本全球化与入侵物种

资本全球化推动了商品、人员和资本的自由流动，但同时也加剧了入侵物种的问题，进一步威胁到本地物种的生存。随着国际贸易和全球旅行的增加，许多入侵物种通过资本驱动的全球化网络被引入到新的生态系统中，这些物种往往具有强大的竞争力，迅速占领生态位，排挤或取代本地物种，导致本地物种的灭绝。

入侵物种的引入通常与资本的活动密切相关。例如，航运业的发展导致了海洋中的外来物种入侵，一些植物和动物通过船舶的压舱水被带到新的环境中，迅速繁殖并占领当地生态系统。此外，观赏植物和宠物贸易也引入了大量外来物种，这些物种往往具有极强的繁殖能力和环境适应性，迅速在新环境中扩展，威胁到原有物种的生存。

例如，亚洲鲤鱼在美国大湖区的扩散就是一个典型案例。最初被引入是为了控制水体中的藻类，但由于其强大的繁殖能力和对环境的适应性，迅速在湖区扩展，排挤了原生鱼类，导致当地物种的数量大幅减少，生态平衡被严重破坏。

（7）物种灭绝的连锁反应

资本动因引发的物种灭绝不仅影响单一物种，还会引发一系列连锁反应，导致生态系统的进一步退化和更多物种的灭绝。物种在生态系统中相互依存，一个物种的灭绝可能会导致其依赖的其他物种的生存受到威胁，形成一个恶性循环。

例如，顶级掠食者的灭绝可能导致其猎物种群数量激增，进而影响植物种群的分布和结构，改变整个生态系统的动态平衡。同样，授粉者如蜜蜂和蝴蝶的减少，会影响植物的繁殖能力，导致植物种群的下降和生物多样性的丧失。这种连锁反应使得资本动因引发的物种灭绝问题更加复杂和难以控制。

此外，物种的灭绝还会影响到生态系统的服务功能，如水净化、土壤保持和气候调节等。当这些生态系统功能遭到破坏时，不仅影响到自然环境的

稳定性，也直接威胁到人类的生存和发展。这进一步说明了资本动因在物种灭绝问题中所扮演的复杂角色，以及解决这一问题的紧迫性和重要性。

三、资市的逐利性与生态平衡的失衡

1. 资本逐利对自然资源的过度开发

资本逐利本质上是为了追求利润的最大化，而这种逐利性直接导致了对自然资源的过度开发。无论是矿产资源的开采，森林的砍伐，还是渔业资源的捕捞，资本的逐利行为在各个方面都对生态系统的平衡造成了深远的破坏。近年来，全球对自然资源的需求激增，使得生态系统面临前所未有的压力。

以森林砍伐为例，根据全球森林观察（Global Forest Watch）的数据显示，自 2001 年至 2020 年间，全球失去了约 4.11 亿公顷的森林，这相当于全球森林总面积的 10%以上。亚马逊雨林是全球最大的热带雨林之一，然而，由于资本推动的农业扩张和木材采伐，自 2000 年以来，亚马逊地区已经失去了超过 10%的森林面积。森林砍伐不仅导致了栖息地的丧失，还破坏了全球碳循环，导致气候变化的加剧。

矿产资源的过度开采也体现了资本逐利对生态系统的影响。世界银行的数据显示，从 2000 年到 2017 年，全球矿产开采活动增加了两倍多，达到了每年 70 亿吨。这些活动通常涉及大规模的土地开垦和生态系统的破坏，导致土壤侵蚀、水体污染以及生物多样性的丧失。例如，在南美洲的智利和秘鲁，铜矿的开采已经导致了大量水资源的污染，并对当地的农业生产造成了严重的负面影响。

2. 资本对农业扩张的推动与生态系统的破坏

资本逐利在农业领域的表现尤为明显。为了满足日益增长的全球食物需求，大规模的农业扩张已成为一种常态。然而，这种扩张往往以牺牲生态系统为代价。特别是在发展中国家，大规模的单一作物种植（如棕榈油、大豆等）已经导致了大片森林的清除和生态系统的退化。

以棕榈油产业为例，印度尼西亚和马来西亚是全球最大的棕榈油生产国，

但这种产业的快速扩张对当地的生态系统造成了极大的破坏。根据世界自然基金会（WWF）的报告，自 1990 年以来，这两个国家已经失去了超过 2000万公顷的森林，这些森林的丧失主要是为了开辟棕榈油种植园。棕榈油的生产不仅破坏了森林，还导致了大量的二氧化碳排放，加剧了全球变暖。

此外，大规模的农业扩张还导致了土壤退化和水资源短缺问题。根据联合国粮农组织（FAO）的数据，全球约 33%的耕地已经退化，而这种退化主要是由于不合理的农业实践和过度使用化肥和农药所致。这种情况不仅威胁到粮食安全，还对生态系统的长期可持续性构成了重大挑战。

3. 资本对渔业资源的过度利用与海洋生态失衡

海洋生态系统也是资本逐利的受害者之一。全球渔业的过度捕捞已经导致了许多鱼类种群的严重衰退，破坏了海洋食物链的平衡。根据联合国粮农组织（FAO）的报告，全球约 34%的鱼类种群处于过度捕捞状态，而这种状况的根本原因在于资本驱动下的过度开发。

例如，大西洋蓝鳍金枪鱼的种群数量在过去 50 年中减少了超过 80%。这种鱼类之所以受到如此严重的威胁，主要是因为其肉质鲜美，市场需求巨大，导致过度捕捞现象普遍。此外，南极洲周围的海域也因南极磷虾的过度捕捞而面临生态失衡的危险。磷虾是许多海洋生物的主要食物来源，其数量的减少直接威胁到企鹅、海豹和鲸鱼等海洋生物的生存。

4. 资本推动的工业污染与环境退化

资本逐利还通过工业污染对生态系统造成了不可逆转的破坏。工业化进程中，许多企业为了降低成本和提高利润，往往忽视环保措施，导致了大量的污染物排放。空气污染、水污染和土壤污染已经成为全球范围内的重大环境问题。

以空气污染为例，世界卫生组织（WHO）的数据显示，每年全球有超过700 万人因空气污染而过早死亡，其中很大一部分原因是工业污染所致。在中国，快速的工业化和城市化进程导致了严重的空气污染问题，尤其是在北方地区，冬季取暖期间，空气中的颗粒物浓度往往达到危险水平。

水污染问题同样严重。资本推动的工业化过程往往伴随着大量的有毒废水排放，污染了河流、湖泊和地下水资源。例如，印度的恒河是世界上污染最严重的河流之一，每天有数百万吨未经处理的工业废水和生活污水排入河中。这不仅严重影响了沿河居民的生活质量，还导致了大量水生物种的死亡。

5. 资本逐利导致的生态灾难与反思

资本逐利对生态平衡的破坏已经引发了一系列生态灾难，这些灾难不仅威胁到人类社会的可持续发展，也引发了广泛的反思。近年来，全球范围内的极端天气事件频发，如洪水、干旱、野火等，这些现象都与生态系统的失衡密切相关。

例如，澳大利亚的森林大火、亚马逊雨林的火灾以及加州的野火，都与气候变化和生态失衡有直接关系。而这些变化的背后，往往隐藏着资本逐利所带来的深层次问题。面对这些问题，全球社会开始认识到，仅依靠市场机制无法解决环境问题，必须通过更加严格的环境监管和更高的社会责任来重新平衡资本与生态的关系。

第三节　资源枯竭与资本过度消耗

一、矿产资源的过度开采

1. 矿产资源的不可再生性与资本的逐利本质

矿产资源，如石油、天然气、煤炭、金属矿石等，属于不可再生资源，意味着一旦开采完毕，地球上将不再有这些资源的再生能力。然而，资本逐利的本质使得企业往往在短期利益的驱动下，进行不可持续的资源开采。由于矿产资源在全球经济中占据重要地位，特别是在能源和制造业中，许多国家和企业都以最大化经济收益为目标，展开大规模的开采活动，而不顾及环境保护和资源的可持续性。

这种过度开采的趋势导致矿产资源逐渐枯竭，并引发一系列严重的环境和社会问题。例如，石油和天然气的过度开采导致了地下水位的下降、土地沉降以及海洋生态系统的破坏。此外，煤炭的开采不仅导致大量的温室气体排放，还引发了矿区附近的空气和水资源污染问题。随着开采深度的增加，开采成本也随之上升，这进一步促使企业通过不当手段降低成本，加剧了生态破坏。

2. 不可持续开采对生态环境的破坏

矿产资源的开采往往伴随着严重的生态环境破坏。无论是露天采矿还是地下采矿，都不可避免地会破坏土地结构，导致大规模的土壤侵蚀和生态系统退化。露天采矿特别严重，因为它涉及大规模的土地清理和表层土壤的移除，这种方式彻底改变了自然地貌，使得动植物栖息地被摧毁，生物多样性受到严重威胁。

例如，在南美洲的亚马逊雨林地区，大量的金矿开采活动已经导致了数百万公顷森林的丧失。根据世界资源研究所的数据，2001 年至 2015 年间，全球范围内因矿业活动导致的森林损失面积达到了 180 万公顷。特别是在巴西和秘鲁的金矿开采区，森林砍伐和汞污染问题尤为严重，导致了当地生物多样性的急剧下降和水资源的严重污染。

此外，地下采矿也存在诸多环境隐患。地下采矿会导致地表沉降，破坏地质结构，并可能引发地震等地质灾害。随着矿井深度的增加，采矿过程中需要使用更多的水和能源，这不仅增加了资源消耗，还加剧了环境污染。例如，中国的煤矿区广泛存在地下水污染和地表沉降的问题，对当地居民的生活和生态环境造成了严重影响。

3. 资本推动下的过度开采与资源枯竭

资本对矿产资源的过度开采不仅破坏了生态环境，还直接导致了资源的快速枯竭。尽管地球上的矿产资源储量庞大，但在资本的驱动下，许多资源的开采速度远远超过了其自然形成的速度。例如，石油是全球最为重要的能源之一，但根据国际能源署（IEA）的数据，全球已探明的石油储量仅能维持目前开采速度约 50 年。而在某些地区，如中东和北美，石油资源的开采已接近极限，未来的石油生产将变得更加困难和昂贵。

铁矿石、铜、铝等金属矿产资源同样面临枯竭的风险。全球金属矿产的需求不断增加，而开采活动却往往集中在少数几个资源丰富的地区。随着这些矿区资源的逐渐枯竭，开采成本不断上升，同时也迫使企业向环境更加脆弱的地区扩展开采范围。这种扩展不仅加剧了生态环境的破坏，也增加了未来资源供应的不确定性。

全球范围内，矿产资源的过度开采还导致了资源民族主义的兴起。许多资源丰富的国家开始限制矿产资源的出口，以保障本国的长期资源供应。然而，这种资源保护主义的政策往往加剧了国际市场的资源短缺，推高了资源价格，并引发了全球范围内的资源争夺战。这种情况不仅对全球经济的稳定性构成威胁，也可能引发更多的国际冲突。

4. 矿产资源不可持续开采的社会影响

矿产资源的不可持续开采不仅对生态环境造成破坏，还对社会经济产生了深远的负面影响。首先，资源枯竭导致的经济衰退是不可避免的。在资源依赖型国家，矿产资源的开采往往是其经济增长的主要驱动力。然而，当资源枯竭时，这些国家的经济往往会陷入衰退，失业率上升，社会矛盾加剧。例如，许多非洲国家依赖石油和矿产资源出口，一旦这些资源枯竭，这些国家将面临严重的经济危机。

其次，矿产资源开采活动往往伴随着社会不公和人权问题。在许多发展中国家，矿产资源的开采由跨国公司主导，而这些公司为了追求利润，往往忽视当地居民的权益和生计。矿区周边的居民不仅失去了赖以生存的土地和水源，还要忍受污染带来的健康威胁。此外，由于矿业活动带来的财富集中，社会不平等加剧，甚至引发冲突和动荡。

例如，在刚果民主共和国，丰富的矿产资源吸引了大量的跨国公司前来开采，但这些活动却导致了当地社区的破裂和冲突加剧。当地居民不仅没有从矿产资源中获得经济利益，反而因开采活动而失去了赖以生存的家园和环境。这种情况在全球其他矿业国家也普遍存在，表明了资本推动下的矿产资源过度开采对社会稳定和发展带来的巨大挑战。

5. 应对矿产资源过度开采的措施与前景

面对矿产资源的过度开采和枯竭问题，各国和国际社会已经开始采取一系列应对措施，以确保资源的可持续利用。其中，最为重要的措施之一是加强资源管理和环境保护。许多国家已经颁布了更加严格的矿产资源开采法规，要求企业在开采过程中遵循环境保护标准，并采取恢复生态环境的措施。此外，推动循环经济和资源再利用也是减少矿产资源消耗的重要途径。

然而，尽管已经采取了这些措施，但要实现矿产资源的可持续利用，仍然面临着巨大的挑战。首先，全球范围内对矿产资源的需求仍在不断增长，特别是在新兴经济体的推动下。其次，许多资源丰富的国家在法律和监管方面仍然存在漏洞，企业在这些国家往往可以逃避责任。此外，国际社会在资源管理方面缺乏统一的标准和协调机制，这使得全球资源管理的效果大打折扣。

未来，要实现矿产资源的可持续利用，不仅需要各国政府的努力，还需要全球范围内的合作。国际社会应共同制定资源管理和环境保护的标准，推动资源的公平分配和合理利用。同时，企业也应承担起社会责任，在追求经济利益的同时，兼顾环境保护和社会发展。只有这样，才能在保障全球经济可持续发展的同时，保护我们的地球家园免受过度开采的破坏。

二、水资源的紧张与资市的分配

1. 水资源危机的全球现状

水资源是地球上最宝贵的自然资源之一，但它也是最脆弱的资源之一。随着全球人口的不断增长、工业化的加速和气候变化的加剧，水资源的短缺问题日益严重，已经成为全球性危机。据联合国的数据，全球有超过 20 亿人无法获得安全饮用水，40% 以上的人口面临水资源紧张的问题。尤其是在中东、北非、南亚和撒哈拉以南非洲等地区，水资源的短缺已经导致了严重的社会和经济问题。

这种紧张的水资源状况不仅威胁着生态系统的平衡，还对人类的生存和发展构成了巨大的挑战。水资源的短缺不仅影响农业生产和食品安全，还导致了公共卫生危机，增加了贫困和社会不稳定的风险。在许多国家，水资源的紧张已经成为社会冲突和地缘政治争端的导火索。

2. 资本对水资源的控制与分配

在水资源日益紧张的背景下，资本对水资源的控制和分配成为了一个日益突出的问题。水作为一种基本生活必需品，理应公平分配，但在资本的推动下，水资源逐渐被视为一种商品，通过市场机制进行分配。跨国公司和私营企业在许多国家和地区掌握了水资源的控制权，这导致了水资源的商品化和私有化。

这种资本控制下的水资源分配往往导致社会不公。富裕阶层和企业能够通过支付更高的价格获得水资源，而贫困人口则因为无力负担高昂的水价而被排除在外。在一些发展中国家，资本对水资源的控制甚至导致了公共供水系统的私有化，公共服务领域的市场化使得大量低收入群体无法获得基本的水资源供应。

一个典型的例子是南美洲的玻利维亚，在1999年到2000年间，玻利维亚的科恰班巴市因水资源私有化而爆发了大规模的社会抗议。这一事件被称为"水战争"，抗议的原因是跨国公司接管了当地的供水系统，并大幅提高水价，导致许多贫困家庭无法负担基本的用水需求。最终，在民众的强烈反对下，政府被迫废除了水资源私有化的政策，但这一事件揭示了资本控制水资源带来的社会风险。

3. 水资源私有化与资本逐利

水资源的私有化是资本逐利的一种表现，这种做法虽然可以在短期内提高供水系统的效率和资金投入，但从长远来看，往往加剧了社会不平等和资源分配不公。私有化的水资源管理体系通常以盈利为目标，而非以公众利益为核心，导致水价上涨、服务质量下降，并且在贫困地区，私营公司往往无意或无力投资基础设施建设，导致这些地区的水资源危机进一步恶化。

例如，在非洲的一些国家，水资源私有化后，跨国公司主导了供水市场，这些公司倾向于在利润更高的城市地区投资，而忽视了农村和贫困社区的供水需求。结果，城市富裕阶层能够享受到稳定的供水服务，而农村和贫困地区的居民则不得不依赖不安全的水源，或者支付高昂的价格购买瓶装水。这种情况不仅加剧了社会的不平等，还引发了新的公共卫生问题。

此外，水资源的私有化还引发了对环境的严重影响。在一些地区，为了满足资本的需求，水资源被过度开采，导致地下水位下降、河流断流以及湿地的消失。这不仅破坏了当地的生态系统，还加剧了气候变化的影响，进一步恶化了全球水资源的紧张局势。

4. 应对水资源紧张的资本策略与社会挑战

面对水资源的紧张，资本寻求通过各种方式最大化其利益，这在某些情况下导致了资源分配的进一步不公和环境的持续恶化。然而，也有部分企业开始认识到可持续发展的重要性，试图通过改善水资源管理来减少对环境的负面影响。

一方面，一些跨国公司已经开始投资于水资源的可持续管理和技术创新，如节水技术、废水处理和再利用技术的开发与应用。这些技术的推广有助于减少水资源的浪费，提高水资源的利用效率。然而，这些技术的推广和应用往往集中在发达国家和大企业中，而在发展中国家和小型企业中，这些先进技术的普及率仍然很低。

另一方面，国际社会和各国政府也在积极推动水资源的公平分配和可持续管理。联合国可持续发展目标（SDG）中的第6项目标明确提出，要在全球范围内实现人人享有清洁饮水和卫生设施。这一目标的实现需要政府、企业和社会组织的共同努力，通过加强公共管理、推动私营部门的社会责任，以及提高公众对水资源问题的认识，来确保水资源的可持续利用。

然而，实现水资源的公平分配和可持续管理仍然面临诸多挑战。首先，水资源的私有化和市场化已经在许多国家根深蒂固，改变这种现状需要强大的政治意愿和社会共识。其次，气候变化加剧了水资源的紧张，许多地区的水资源短缺已经达到危机水平，迫切需要国际社会的协作和支持。最后，资本逐利的本性决定了企业在资源分配上可能更倾向于追求短期利益，而非长期的可持续发展。

5. 未来的展望与结论

水资源紧张与资本控制之间的矛盾是一个复杂而棘手的问题。随着全球水资源的日益紧张，如何在保障经济发展的同时，实现水资源的公平分配和可持续利用，将成为未来全球发展的重要挑战之一。虽然资本在水资源管理中发挥着重要作用，但资本逐利的本质决定了其行为往往与社会公平和环境保护相冲突。

要解决这一问题，必须在全球范围内建立更加公正和有效的水资源管理体系，通过政府的监管、企业的责任承担以及公众的参与，推动水资源的可持续管理。同时，技术创新和国际合作也是解决水资源危机的重要手段，通过这些努力，我们或许能够在未来实现水资源的可持续利用，避免水资源危机的进一步恶化。

三、资市失序导致的资源管理失效

1. 资源管理的失效与资本逐利

在现代经济体系中，资源管理应当致力于确保自然资源的可持续利用，平衡经济发展与环境保护的关系。然而，资本逐利的本性常常导致资源管理的目标被扭曲，偏离了可持续发展的初衷。资本在追求短期利益最大化的过程中，往往忽视了资源的长期管理和保护，导致资源的过度开采、环境的破坏以及资源管理机制的失效。

资本在资源管理中的干预，通常通过政治游说、政策影响和市场操控等方式实现。例如，大型企业可能通过政治游说影响政府的资源管理政策，使这些政策向有利于其短期利润最大化的方向倾斜，而忽视了环境和社会的长远利益。这种现象在资源丰富的国家尤为突出，导致资源的无序开采和管理混乱，最终导致资源枯竭和生态破坏。

2. 政府监管的失效与资本的干预

在许多情况下，政府本应是资源管理的主要责任方，通过制定和执行相关法律法规，确保资源的可持续利用。然而，资本的强大影响力往往导致政府在资源管理中的监管失效。一方面，资本通过游说和政治捐款等手段影响政府决策，使得资源管理政策倾向于服务于企业利益，而非公众利益。另一方面，资本还可能通过贿赂和腐败手段直接操控资源管理机构，削弱其执行力，导致监管的失效。

例如，在一些发展中国家，矿产资源的开采管理往往由政府主导，但由于资本的强力干预，矿产资源的开采监管往往流于形式，实际操作中存在大量的非法开采和环境破坏行为。这不仅导致了资源的无序开发和浪费，还加剧了社会的不平等和生态危机。

3. 资源管理中的市场化倾向与社会不公

在资本主导的经济体系中，资源管理的市场化倾向越来越明显。资源市场化的初衷是通过市场机制来提高资源的利用效率，实现资源的优化配置。然而，在实践中，资源市场化往往被资本所操纵，导致资源分配的失衡和社会不公。

资源市场化的典型表现之一是自然资源的私有化和商品化。水资源、森林资源等原本属于公共资源的自然财富，在资本的推动下逐渐被私有化，通过市场机制进行分配。这种资源管理方式虽然可以在短期内提高资源利用效率，但从长期来看，往往导致资源分配的不公平，加剧了社会不平等。例如，水资源的私有化使得资本得以控制和垄断水资源分配，贫困人口因此无法获得基本的水资源供应，导致严重的社会问题。

4. 资源管理失效的环境后果

资本对资源管理的操控不仅导致了社会不公，还对环境造成了严重的破坏。资源管理的失效通常表现为资源的无序开采和滥用，这对生态系统的平衡构成了巨大威胁。例如，森林资源管理失效导致了大规模的森林砍伐，造成了生物多样性的丧失和气候变化的加剧。矿产资源的无序开采则导致了土地荒漠化、水土流失和污染等环境问题。

一个典型的例子是巴西的亚马逊雨林，作为地球上最大的热带雨林之一，亚马逊雨林长期以来受到资本驱动的无序开发，尤其是非法伐木和农业扩张的影响。尽管巴西政府出台了多项保护政策，但由于资本的干预和管理失效，雨林的破坏依然难以遏制。亚马逊雨林的破坏不仅影响了全球气候，还导致了大量物种的灭绝，给全球生态系统带来了不可逆转的损失。

5. 资本失序与资源管理的未来挑战

资本失序导致的资源管理失效是当代社会面临的重大挑战之一。随着全球资源需求的不断增加，如何在资本主导的经济体系中实现资源的可持续管理，已经成为一个亟待解决的问题。要应对这一挑战，必须在资源管理中引入更强有力的监管机制，确保资本的逐利行为不至于破坏资源的可持续利用。

同时，国际社会需要加强合作，通过制定和执行国际资源管理标准，推动全球范围内资源管理的协调与统一。只有通过全球合作，才能有效应对资本失序导致的资源管理失效，实现资源的可持续利用，保障生态系统的平衡和社会的公平。

总之，资本失序对资源管理的操纵不仅威胁着资源的可持续利用，还对社会公平和环境保护构成了严重挑战。未来，如何在资本逐利的背景下实现资源管理的有效性，将决定着人类能否在可持续发展的道路上走得更远。

第四节　环境污染与资本利益的冲突

一、工业化带来的污染问题

1. 工业污染的根源

工业化自 19 世纪以来成为推动全球经济增长的主要动力，但它也带来了环境污染问题。工业污染的根源在于资本主义经济模式中固有的逐利本质。在企业的生产过程中，尤其是在工业化的初期阶段，环境成本往往被忽视。

企业为了追求利润最大化，通常选择低成本的生产方式，这些方式往往伴随着高污染、高耗能，尤其是在环保意识薄弱和法律监管不足的情况下。

在工业化早期，许多国家都经历了严重的环境污染。以英国为例，19世纪初期的伦敦是全球工业化的中心之一，然而工业生产所带来的空气污染问题却达到了极其严重的程度。"伦敦烟雾事件"成为当时最为典型的工业污染灾难之一。由于燃煤电厂和工业企业排放的大量二氧化硫和烟尘，伦敦经常笼罩在浓雾中，严重的污染甚至导致了成千上万人的死亡。

同样的情况在美国的工业化过程中也有体现。20世纪初期，美国东北部的工业城市如匹兹堡和克利夫兰因钢铁和化工产业而迅速发展，但也因此成为了空气污染的重灾区。工业生产中排放的大量污染物导致这些城市的居民普遍患上呼吸系统疾病，生活质量大幅下降。

工业污染不仅限于空气污染，水污染和土壤污染同样是工业化的副产品。化工厂、冶炼厂和纺织厂等工业企业在生产过程中排放的有毒废水直接流入河流和湖泊，导致水体富营养化和生物多样性急剧下降。土壤污染问题也因工业废物的不当处理而日益严重，许多地区的农田因污染而无法再生产，直接影响了当地的粮食安全和居民健康。

2. 工业污染的扩散

随着全球化的推进，工业污染问题开始从发达国家向发展中国家扩散。跨国公司为了降低生产成本，将高污染、高能耗的生产环节外包给发展中国家和地区。这种全球资本流动虽然带动了发展中国家的经济增长，但也使得这些国家和地区成为了全球工业污染的"重灾区"。

根据中国环境保护部的统计，2017年中国约有70%的湖泊受到不同程度的污染，地下水资源中约有60%不符合饮用水标准。这些污染问题严重影响了中国的生态环境，并对居民的健康构成了严重威胁。

印度也面临着类似的挑战。作为世界上经济增长最快的国家之一，印度的工业化进程带来了显著的环境污染问题。尤其是恒河流域，工业废水的大量排放使得这条印度教徒视为神圣的河流成为全球污染最严重的水体之一。

恒河污染不仅影响了水生态系统，还威胁到数百万依赖这条河流生活的居民的健康。

在拉丁美洲，巴西的亚马逊流域也因工业污染和非法采矿而遭受了严重的环境破坏。亚马逊雨林是全球最大的热带雨林，对全球气候调节和生物多样性保护具有重要作用。然而，由于矿产资源的开采、农业扩张和木材采伐，亚马逊雨林正以惊人的速度消失。特别是矿业活动带来的污染，使得大量河流和土壤受到了重金属和有毒物质的污染，直接威胁到亚马逊流域的生态平衡和土著居民的生活。

3. 资本与环境的冲突

工业污染的根源可以追溯到资本与环境保护之间的结构性矛盾。资本主义经济模式的核心在于追求利润最大化，而这一目标往往与环境保护的需求相冲突。企业在选择生产方式时，通常会优先考虑降低成本，而环境保护措施往往被视为额外的成本，因此被忽略或推迟。

这种冲突在资源型经济中表现得尤为明显。例如，尼日利亚是非洲最大的石油生产国，石油产业为国家创造了大量的财富。然而，石油开采和炼油过程中的污染问题非常严重。尼日尔三角洲是全球石油污染最严重的地区之一，由于石油泄漏和不当处理，大片土地和水体受到了污染，导致了农业减产、渔业枯竭和居民健康状况恶化。尽管石油公司声称在采取环保措施，但由于缺乏有效的政府监管和严格的法律执行，污染问题依然严重，资本的逐利性在这里体现得淋漓尽致。

在东南亚，印度尼西亚的棕榈油产业同样面临类似的问题。棕榈油是全球最广泛使用的植物油之一，广泛应用于食品、化妆品和生物燃料等领域。然而，为了满足全球市场对棕榈油的需求，大量热带雨林被砍伐，转而种植棕榈树。热带雨林的消失不仅导致了二氧化碳排放量的增加，还对全球气候变化产生了严重影响。此外，栖息地的丧失使得依赖热带雨林生活的野生动物面临灭绝的危险。尽管有国际组织和环保团体呼吁限制棕榈油的生产和消费，但由于棕榈油产业的巨大经济利益，这一问题依然难以得到有效解决。

资本与环境的冲突不仅表现在发展中国家，发达国家也面临着类似的问题。美国的煤炭产业一直以来都是工业污染的主要来源之一。尽管在过去几十年中，美国的环境法规逐步完善，空气质量有所改善，但由于政治和经济因素的影响，煤炭产业仍在一定程度上得到政府的支持。例如，美国政府在某些州提供税收优惠和补贴，以维持煤炭产业的生存。这种做法虽然有助于保护就业和经济利益，但同时也延缓了美国向清洁能源转型的步伐，导致了持续的环境污染问题。

4. **环保政策的局限性**

尽管全球范围内的环保意识有所提高，许多国家和地区也制定了相应的环保政策和法律法规，但在实际执行过程中，环保政策的局限性依然显著。许多国家的环保法规存在漏洞，企业可以通过法律手段规避责任，继续进行高污染的生产活动。此外，由于政府和企业之间的利益纠葛，环保政策的执行往往不到位，甚至形同虚设。

例如，在许多发展中国家，环境监管部门的权力有限，无法有效制约跨国公司的污染行为。政府为了吸引外资，往往对企业的环境违规行为睁一只眼闭一只眼，甚至通过放宽环境法规来吸引更多的投资。这种做法虽然在短期内促进了经济增长，但却为长远的环境保护和可持续发展埋下了隐患。

在某些情况下，企业还通过贿赂和游说等手段直接影响政府决策，使得环保政策的制定和实施偏向于维护企业利益而非公众利益。这种现象在资源型经济中尤为突出，由于自然资源的开发和利用往往涉及巨大的经济利益，企业通过各种手段干预政府的资源管理政策，使得环保法规和资源管理政策在实际执行中大打折扣，导致了环境污染问题的持续恶化。

5. **环境污染的社会影响**

工业化带来的环境污染问题不仅是一个生态问题，它还对社会经济和公众健康产生了深远的影响。长期暴露在污染环境中的居民，往往患有呼吸系统疾病、心血管疾病等多种健康问题，这不仅增加了个人和家庭的医疗负担，也对整个社会的医疗系统造成了沉重的压力。

此外，环境污染还加剧了社会不平等。低收入群体和边缘化社区往往生活在污染最严重的地区，他们缺乏足够的资源和权力来抵御环境污染带来的负面影响。在某些情况下，企业通过土地收购和资源开发将这些社区的居民驱离家园，进一步加剧了社会不公。

二、资本在环境治理中的角色与责任

1. 资本对环境治理的双重影响

资本在现代社会中扮演着极为重要的角色，既是推动经济发展的主要动力，也在环境治理中起到关键作用。资本可以通过投资推动环保技术的进步和清洁能源的普及，从而积极影响环境治理。然而，资本的逐利性也可能导致对环境保护的忽视或破坏。因此，资本在环境治理中的角色是双重的，既有可能成为解决环境问题的重要力量，也可能因追求短期利益而加剧环境危机。

2. 资本对环境治理的积极作用

在环境治理中，资本的积极作用主要体现在以下几个方面：

（1）环保技术的研发与推广

资本在推动环保技术的研发和推广方面发挥了至关重要的作用。随着全球对环保需求的增长，越来越多的企业开始投资于环保科技领域，开发出了一系列高效、低污染的技术和产品。例如，风能、太阳能等可再生能源技术的快速发展，离不开资本的投入和市场的推动。近年来，全球范围内的风电和太阳能产业得到了迅猛发展，资本的大量涌入使得这些技术的成本大幅下降，推动了清洁能源的广泛应用。

以电动汽车行业为例，特斯拉等公司通过资本投入，不断推进电池技术和电动汽车制造工艺的进步，使得电动汽车在全球市场上取得了显著的增长。资本的投入不仅推动了电动汽车的普及，还带动了相关配套设施的建设，如充电站网络的扩展，从而加速了全球向低碳交通转型的进程。

（2）绿色金融的崛起

绿色金融是资本市场中专注于支持可持续发展和环境保护的一个新兴领

域。通过绿色债券、环保基金等金融工具，资本得以流向环保项目和可持续发展领域。这种资金流动不仅促进了环境保护，还为投资者提供了新的盈利机会。近年来，绿色债券市场迅速扩展，各国政府和企业纷纷发行绿色债券，以筹集资金用于环保项目，如清洁能源开发、污染治理和生态修复等。

欧盟的"绿色新政"便是一个典型例子。该政策通过设立欧洲绿色投资计划，旨在未来十年内动员超过 1 万亿欧元的公共和私人投资，以推动欧洲经济的绿色转型。资本的参与在其中起到了关键的推动作用，使得欧盟成为全球绿色经济发展的引领者。

（3）企业社会责任（CSR）的强化

近年来，越来越多的企业开始意识到环境保护对于其长期发展的重要性，并逐渐将环境责任纳入企业社会责任（CSR）战略中。这些企业通过制定严格的环保标准、减少碳排放、推广循环经济等措施，积极参与环境治理。资本在这一过程中扮演了支持者和推动者的角色，通过资本市场的引导，促使企业更加重视环境责任。

例如，越来越多的投资机构开始将环境、社会和治理（ESG）因素纳入投资决策中，鼓励企业在追求经济效益的同时，承担更多的环境和社会责任。这种投资理念的转变使得资本逐渐成为推动企业履行环境责任的重要力量。

3. 资本对环境治理的消极影响

尽管资本在环境治理中发挥了积极作用，但其消极影响同样不容忽视。由于资本的逐利性，企业往往在追求短期利益时忽视环境保护的长远需求，甚至采取损害环境的行为。

（1）资本逐利性与环境保护的冲突

资本的本质是追求利润最大化，这一逐利性往往与环境保护的需求产生冲突。在许多情况下，企业为了降低成本或获取更高的利润，选择以牺牲环境为代价。例如，在某些发展中国家，企业通过游说或贿赂政府官员，获得宽松的环境监管政策，从而进行高污染、高能耗的生产活动。这种行为不仅对当地的环境造成了严重破坏，还可能导致社会不公和经济的不平衡。

以采矿业为例，许多跨国矿业公司在开发矿产资源时，往往忽视了对环境的保护和对当地社区的责任。由于缺乏严格的环境监管，这些公司在采矿过程中产生的有毒废水和废弃物常常直接排放到河流或土壤中，导致水体污染、土地退化和生物多样性丧失。这种行为虽然在短期内带来了丰厚的利润，但其长期的环境代价却是不可估量的。

（2）资本对环境政策的干预

资本对环境政策的干预是另一个值得关注的问题。在许多国家，资本通过游说、政治捐款等手段影响政府的环境政策制定过程，使得这些政策倾向于服务于企业的利益，而非公众和环境的利益。例如，一些大型石油公司和化工企业通过游说活动影响政府对碳排放的监管力度，甚至阻碍了清洁能源政策的推行。

美国的石油和天然气行业便是其中的典型例子。尽管气候变化的威胁日益严峻，但由于石油和天然气行业的强大影响力，美国的碳排放监管政策长期以来都面临巨大的政治阻力。资本通过政治捐款和游说活动，成功地影响了多届政府的环境政策，推迟了应对气候变化的有效措施。

在发展中国家，资本的影响力更为显著。由于法律制度不健全和腐败问题的存在，许多跨国公司能够通过贿赂官员或提供政治支持的方式获得有利的环境政策。例如，在一些非洲国家，矿业公司通过与政府高层的密切联系，获得了宽松的环境监管，导致当地的环境问题日益严重。

（3）环境责任的转嫁与规避

资本还可能通过各种手段规避其应承担的环境责任，甚至将环境风险转嫁给社会。例如，一些企业通过外包生产，将高污染的生产环节转移到环保要求较低的国家或地区，从而规避本国严格的环保法规。这种做法不仅削弱了全球环境治理的效果，还加剧了全球环境不平等。

以电子垃圾为例，发达国家的企业通过将大量废旧电子产品出口到发展中国家，转嫁了处理这些有毒废物的责任。这些电子垃圾在发展中国家的非正规处理过程中，产生了大量有毒物质，污染了当地的水源、土壤和空气，对居民健康造成了严重威胁。而这些企业则通过这种方式避免了高昂的废物处理成本，继续追求其经济利益。

（4）绿色洗白（Greenwashing）现象的泛滥

在公众环保意识增强的背景下，一些企业为了维护形象和市场竞争力，开始进行所谓的"绿色洗白"——即通过宣传其环保努力来误导消费者，但实际上并未采取实质性的环保措施。这种行为不仅欺骗了消费者，也使得真正致力于环保的企业在市场竞争中处于不利地位。

绿色洗白的一个典型案例是一些大型石油公司和汽车制造商，这些企业通过广告宣传其环保产品和技术创新，但实际上它们在环境保护方面的投入远不及其污染行为带来的环境损害。例如，一些汽车公司宣传其生产的"环保"车型，但这些车型的环保性能远低于其宣传的标准，同时其生产过程中产生的碳排放和污染物仍然对环境造成了严重影响。

4. 资本在环境治理中的责任

面对资本在环境治理中的双重角色，明确其责任并强化监管显得尤为重要。资本不仅应当在追求经济效益的同时，承担起相应的环境责任，还应积极参与和推动全球环境治理。

（1）履行环境责任

资本在环境治理中应履行以下责任：

遵守环保法规：企业应严格遵守所在国家和地区的环保法律法规，确保其生产活动不会对环境造成严重破坏。对于跨国公司来说，还应自觉遵守国际环境标准，避免在环保要求较低的国家或地区进行高污染生产。

推广可持续发展：企业应积极推动可持续发展，采取绿色生产方式，减少资源消耗和污染排放。同时，应投资于环保技术的研发和推广，促进全球向低碳经济转型。

透明信息披露：企业应向公众和投资者透明披露其环境绩效和环保措施，确保公众能够监督其环境行为，防止"绿色洗白"现象的发生。

（2）推动全球环境治理

资本在全球环境治理中具有重要的推动作用，主要体现在以下几个方面：

支持国际环境协定：企业应积极支持并遵守国际环境协定，如《巴黎协定》，通过减少碳排放和推广清洁能源，为全球应对气候变化作出贡献。

参与全球环保项目：企业应通过绿色投资、环保基金等方式，参与全球环保项目的实施，如生物多样性保护、污染治理和生态修复等。这不仅有助于提升企业的国际形象，也能为全球环境治理提供必要的资金支持。

推动环境公平：资本应关注环境公平问题，避免将环境风险转嫁给弱势群体或发展中国家。企业应在全球范围内推广环保技术和可持续发展理念，帮助欠发达地区提高环境治理能力，缩小全球环境差距。

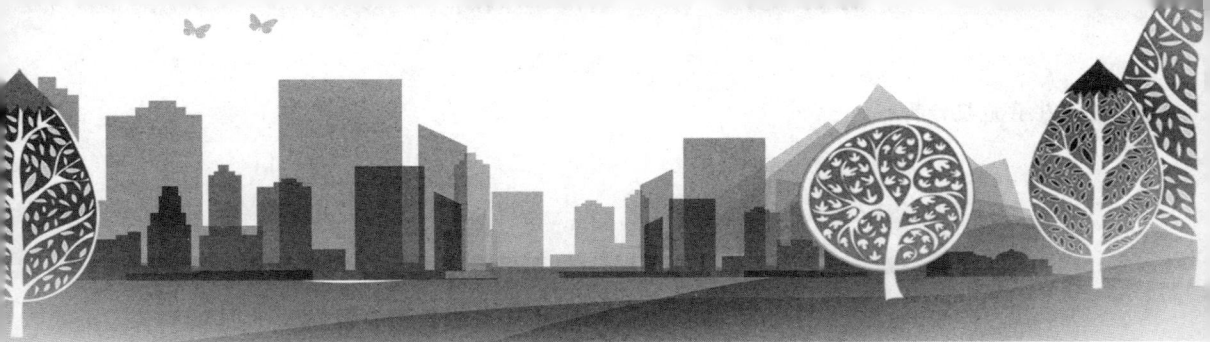

第四章　社会结构的变迁与危机

第一节　以土地为依托的社会

一、稳定态历史时期：远古社会

土地，是人类文明发展的基石。无论是狩猎、采集，还是农业生产，土地始终在远古社会中扮演着至关重要的角色。正是在这片大地上，人类逐渐从游牧的生活方式向定居转变，开启了以土地为依托的社会形态。这一时期，虽然生产力水平低下，但人类在与自然的互动中逐渐摸索出了适应环境的生存之道，形成了相对稳定的社会结构。

1. 远古社会的生存方式

在远古时期，人类主要依靠狩猎与采集获取食物。土地的丰富资源，如野生动物、可食用植物和水源，直接决定了人类的生存。远古人类通常居住在资源丰富的区域，如河流、湖泊和森林旁，以便能方便获取食物和水源。

狩猎和采集的生产方式决定了人类的游牧生活方式。为了寻找食物，人类必须不断迁徙。由于土地资源的有限性和季节变化的影响，某一地区的资源一旦被耗尽，人类便会迁往其他地方寻找新的资源。在这一过程中，人类逐渐形成了适应不同地理环境的能力，掌握了辨别有毒植物、追踪猎物和利用自然工具的技巧。这种游牧的生活方式虽然动荡不定，但也帮助人类在不同的生态环境中生存下来。

2. 早期定居与农业的起源

随着人类对土地的利用不断深化，农业的起源成为远古社会的一次重要转折。农业的兴起标志着人类开始从自然的直接索取者，转变为土地的耕作者。考古学家普遍认为，农业最早出现在约公元前 10 000 年的新石器时代。最早的农业形式可能是无意中发现的种植行为，比如人类在采集果实时无意中掉落的种子在来年生长出新的植物。这一发现促使人类开始有意识地进行植物栽培。

农业的出现促使人类逐渐转向定居生活。随着农业生产的规模扩大，人类需要固定的土地来进行耕作。农业生产不仅提供了相对稳定的食物来源，也使得人口数量得以增加，社会组织形式逐渐复杂化。农业社区的形成，使得人类社会从原本的游牧状态向定居状态转变，为早期村落和城市的兴起奠定了基础。

3. 土地与社会结构的演变

在远古社会中，土地的使用方式与社会结构之间存在着密切的联系。农业的兴起带来了劳动力的分工，随着生产力的提高，人类社会逐渐分化为不同的职业群体，如农民、工匠、商人和战士等。这种职业分工不仅提高了生产效率，也促使社会层级的形成。

土地的所有权问题在这一时期开始显现。随着人口的增加和农业生产的扩展，土地逐渐成为一种稀缺资源。为了争夺肥沃的土地，不同的群体之间开始产生冲突，甚至引发战争。在这种背景下，土地的分配和管理成为社会治理的核心问题。统治者往往通过控制土地来巩固自己的权力，而农民则通过耕种土地来维持生计。这种土地与权力的关系，成为后续封建社会土地制度的雏形。

4. 宗教与土地崇拜

在远古社会中，土地不仅是生产和生活的基础，也是宗教信仰的重要对象。许多早期文明都有对土地的崇拜，认为土地是生命的源泉，能够孕育万物。例如，古埃及人将尼罗河流域的肥沃土地视为神灵的恩赐，印度河流域

的早期居民则崇拜大地母亲，认为她掌控着自然界的生死轮回。

这种土地崇拜在远古社会中有着深远的影响。一方面，它使得人类在利用土地资源时更加慎重，崇拜大地母亲的信仰促使人类保持对自然的敬畏；另一方面，土地崇拜也强化了社会的凝聚力，祭祀活动往往成为社区成员聚集的机会，增强了群体的认同感。

5. 土地与生态平衡

远古社会的土地利用方式，在很大程度上体现了人与自然的和谐共生关系。由于生产力水平低下，人类对自然资源的开发和利用具有明显的局限性。这种局限性，使得远古社会在一定程度上保持了生态平衡。狩猎和采集活动虽然对环境有所影响，但由于人类数量有限，且依赖于自然环境的直接供给，生态系统能够在较短时间内恢复。

农业的兴起虽然增加了人类对土地的需求，但早期的农业形式较为粗放，对环境的破坏相对有限。耕地的轮作、休耕制度，以及对自然灾害的防范措施，都是为了在保持土地生产力的同时，不至于过度消耗自然资源。远古社会的生态智慧，在后来的农耕文明中得到了延续，成为农业社会可持续发展的基础。

6. 小结

远古社会的土地依赖性，深刻地影响了人类文明的发展进程。从游牧到定居，从狩猎采集到农业耕作，土地始终是人类生存和发展的依托。在这个过程中，土地不仅是物质财富的来源，也是社会结构、宗教信仰和生态平衡的核心要素。远古社会的土地利用方式，虽然粗放，但却蕴含着与自然和谐共生的智慧。这种智慧，在后续的文明演进中逐渐被遗忘，但它所传达的对土地的敬畏和珍惜，仍然是当今社会应当汲取的宝贵经验。

二、可控的不稳定时代：农耕社会

1. 农耕社会的兴起：从游牧到定居

农耕社会的兴起标志着人类文明的一次深刻转型。相比于游牧和狩猎采

集的生活方式，农耕社会以土地为中心，定居成为主要特征。人类通过驯化植物和动物，逐步掌握了农业技术，使得粮食生产具有了可预见性和稳定性。定居生活不仅提供了更稳定的粮食供给，还促进了人口的增长和村落的形成。随着农业生产的发展，早期农耕社会开始逐步出现村落、集市，并逐渐形成了较为复杂的社会结构。

这种定居的农业生活方式，使人类开始依赖于土地的长期耕作。土地不仅是粮食生产的基础，更成为家庭和社会财富的象征。在这一过程中，土地的分配和使用方式对社会结构和权力关系产生了重要影响。土地的占有与管理成为社会秩序的重要组成部分，各类制度和文化规范逐渐围绕土地的使用和保护形成。

2. 土地的分配与社会不平等的加剧

随着农耕社会的发展，土地资源成为一种稀缺的、不可再生的财富，其分配不均问题愈加凸显。土地集中在少数地主和贵族手中，形成了明显的社会不平等。这种不平等不仅在经济层面表现为财富的差距，还在社会和政治层面表现为权力的集中。地主阶层通过占有大量土地，掌握了社会的经济命脉，农民则在这种结构中被边缘化，沦为依附于土地的劳动力。

在一些地区，地主通过租佃制度来控制土地和农民，农民必须向地主缴纳租金或贡献劳动力，换取耕种土地的权利。租佃制度虽然保障了地主阶层的经济利益，但也加剧了社会矛盾。农民的经济状况普遍贫困，面临着自然灾害、赋税和战乱的多重压力，而地主阶层则凭借土地的收益积累了巨大的财富。这种不平等的土地制度不仅造成了社会的分化，还引发了许多农民起义和社会动荡。

3. 农业技术的革新与生态的破坏

农耕社会的发展离不开农业技术的不断革新。从最初的刀耕火种到后来的耕犁使用和灌溉系统的建立，农业技术的进步极大地提高了土地的生产力。然而，这种技术进步也带来了生态环境的压力。大规模的土地开垦和农业扩张，导致了自然植被的破坏、土壤侵蚀、水资源枯竭等一系列生态问题。

在农耕社会中，农业生产往往强调短期的产量最大化，而忽视了对土地的可持续管理。过度耕作和不合理的土地利用，导致了土壤肥力的下降和荒漠化的扩展。此外，农耕社会中普遍存在的森林砍伐行为，加剧了气候变化和水土流失的问题。这些生态危机在短期内可能不易察觉，但随着时间的推移，其影响逐渐显现，对农耕社会的长期稳定构成了威胁。

为了应对这些生态挑战，农耕社会内部逐渐发展出一套生态管理的经验和智慧。例如，通过轮作、休耕和有机肥料的使用来保持土壤的肥力；通过植树造林来防止水土流失；通过兴建水利工程来改善灌溉条件。然而，这些措施虽然在一定程度上缓解了生态压力，但并未从根本上解决问题。农耕社会的生态危机依然是其不稳定性的潜在因素。

4. 战争与土地的争夺

农耕社会中的土地不仅是农业生产的基础，更是权力和财富的象征，因此围绕土地的争夺成为社会冲突的主要形式之一。在古代社会，土地是国家之间战争的主要原因，许多战争的直接目标就是掠夺和占有土地资源。土地战争的结果不仅重塑了国家的边界，还改变了土地的分配格局，导致了社会的重新分化。

土地争夺不仅发生在国家之间，也存在于内部的社会阶层之间。随着农耕社会的发展，人口的增加和土地的有限性，使得土地成为稀缺资源。地主和农民之间围绕土地的冲突愈演愈烈，往往导致农民起义和社会动荡。在一些历史时期，统治者为了平息社会矛盾，不得不采取土地改革的措施，如重新分配土地或废除租佃制度。这些改革虽然暂时缓解了社会矛盾，但往往难以持久，随着新的社会力量的兴起，土地争夺的循环往复依然难以避免。

土地战争对社会的不稳定性影响深远。战争导致的土地兼并和人口减少，往往使得农业生产遭受重大打击，进而引发粮食危机和社会崩溃。此外，战争还加剧了社会的不平等，使得权力进一步集中在少数人手中，这种集中又反过来引发新的冲突和动荡。土地争夺的历史反复证明，农耕社会的稳定始终是脆弱的，内部和外部的冲突时刻威胁着其生存基础。

5. 农耕社会中的宗教与土地的神圣性

在农耕社会中，宗教不仅是人们精神生活的核心，也是社会秩序的重要维系力量。土地在宗教信仰中被赋予了神圣的意义，许多文化中都有对土地的崇拜和敬畏之情。土地被视为神灵的赐予，其使用和管理往往受到严格的宗教规范约束。例如，在古代埃及和美索不达米亚，土地祭祀是农业社会的重要活动，通过祭祀来祈求土地的丰收和国家的繁荣。

宗教在土地管理中的作用体现在对土地资源的保护和合理利用上。许多宗教规定了土地的禁忌区域和休耕制度，以防止土地的过度利用和资源的枯竭。此外，宗教机构往往拥有大量土地，这些土地被用来供奉神灵或供养祭司阶层。宗教土地的存在使得社会结构更加复杂，也为统治者提供了一种通过宗教权威来维持社会秩序的手段。

然而，随着社会的发展，宗教对土地的控制也引发了新的矛盾。宗教土地的集中往往导致了土地资源的闲置和社会财富的浪费，特别是在经济困难时期，宗教机构对大量土地的垄断引发了民众的不满。例如，在中世纪的欧洲，天主教会拥有大量的教会土地，这些土地免于税收和征用，成为教会权力的重要基础。教会对土地的控制不仅增强了其经济力量，也使得其与世俗权力的冲突更加激烈。

宗教与土地的关系在农耕社会中具有双重性。一方面，宗教通过神圣化土地和规范其使用，维护了社会的稳定；另一方面，宗教对土地的垄断和控制，又加剧了社会的不平等，成为社会矛盾的根源之一。随着农耕社会的发展，这种宗教与土地之间的张力不断积累，最终在某些历史时期导致了宗教改革和社会变革。

6. 农业社会的经济循环与资源分配

农耕社会的经济基础是农业生产，这一基础决定了其经济循环的特点。农业生产具有明显的周期性和地域性，季节的更替和土地的肥力直接影响着农耕社会的经济活动。每年的耕作、收获和再播种，构成了农耕社会的基本经济循环。土地作为主要的生产资料，其分配和使用方式对经济活动的组织

和社会资源的分配起着关键作用。

在农耕社会中，土地资源的分配往往伴随着一定的社会规范和法律制度。例如，在中国古代，井田制和均田制是土地分配的重要制度，旨在通过合理分配土地，保障农业生产的稳定和社会的公平。然而，随着时间的推移，土地集中和资源分配不均的问题逐渐显现。地主阶层的崛起，使得土地资源逐渐集中在少数人手中，导致了大量农民失去土地，社会贫富差距加剧。

这种土地集中现象不仅影响了农耕社会的经济循环，也对社会的整体稳定构成了威胁。随着土地的兼并和集中，农民的生存压力加大，社会矛盾不断积累。许多农民因失去土地而被迫离开家园，涌入城市或成为流民，社会的动荡性增加。为了解决这些问题，一些统治者不得不采取土地改革措施，重新分配土地资源，以缓解社会矛盾。

资源分配的合理性直接影响着农耕社会的经济效率和社会稳定。土地资源的集中不仅降低了农业生产的效率，也削弱了农耕社会的整体抗风险能力。当气候变化或自然灾害发生时，土地集中导致的单一经济结构使得农耕社会更加脆弱。相反，合理的资源分配和多样化的农业生产结构，可以增强社会的稳定性和经济的可持续性。

7. 社会动荡与土地改革的循环

农耕社会的土地问题始终是社会动荡的源泉之一。由于土地资源的稀缺性和其在经济、政治中的重要地位，围绕土地的矛盾不断引发社会动荡。在许多历史时期，土地改革成为社会矛盾激化后的必然选择。土地改革不仅是经济层面的调整，更是社会结构和权力关系的再分配。

土地改革的历史充满了反复和波折。在某些时期，统治者为了缓解社会矛盾，实施了土地改革，如重新分配土地、减免赋税或废除租佃制度。这些改革往往在短期内取得一定成效，减轻了农民的负担，稳定了社会秩序。然而，随着时间的推移，土地再次集中，社会不平等加剧，新的矛盾又开始积累。

这种土地改革与社会动荡的循环，反映了农耕社会内部的不稳定性。这种不稳定性既来源于土地资源的有限性和分配不均，也源于社会结构的固化和权力关系的失衡。土地改革虽然可以暂时缓解社会矛盾，但往往难以从根本上解决问题，社会的稳定始终处于一种可控但不稳定的状态中。

8. 农耕社会的衰落与城市化的兴起

随着农耕社会的发展，其内部的不稳定性逐渐显现。土地资源的有限性和分配不均问题，加上生态环境的恶化和社会矛盾的激化，使得农耕社会逐渐陷入衰退。尤其是在一些自然条件恶劣、农业生产难以为继的地区，农耕社会的崩溃更为明显。农民纷纷离开土地，涌入城市寻找新的生计，促使城市化进程的加快。

城市化的兴起标志着农耕社会的衰落和新社会形态的形成。随着城市的发展，手工业和商业逐渐取代了农业，成为社会经济的主要支柱。土地不再是唯一的生产要素，资本、技术和劳动力开始在经济活动中发挥更大的作用。城市化的进程，使得社会结构发生了深刻变化，新的阶级关系和社会矛盾也随之产生。

农耕社会的衰落不仅是经济结构转型的结果，也是社会价值观和生活方式变化的表现。传统的土地崇拜和农业信仰逐渐被新的商业伦理和城市文化所取代，土地的神圣性和社会的农本位观念受到挑战。随着城市化的推进，农耕社会的遗产逐渐被抛弃，取而代之的是一个以城市为中心、以资本为动力的社会结构。

尽管如此，农耕社会的遗产在后来的社会发展中仍然发挥着重要作用。农业作为国民经济的基础地位在很长一段时间内未曾改变，土地问题依然是国家治理和社会发展的核心议题之一。即使在城市化高度发展的现代社会，土地的分配与管理仍然直接影响着社会的稳定与发展。农耕社会的经验教训，尤其是关于土地管理和生态平衡的智慧，依然对现代社会具有重要的启示意义。

9. 小结

农耕社会作为人类历史的重要阶段，展现了土地在社会发展中的关键作用。虽然农耕社会带来了相对稳定的社会结构和持续的农业生产力，但其内在的不稳定性也不可忽视。土地资源的有限性、社会结构的分化、生态环境的挑战以及战争与冲突的频发，使得农耕社会始终处于一种可控的不稳定状态中。

这种不稳定性促使农耕社会不断进行调整和变革，从早期的土地制度到后来的社会改革，都是对这种不稳定性的一种回应。然而，随着社会的发展，农耕社会的局限性逐渐显现，城市化的兴起最终导致了农耕社会的衰落。尽管如此，农耕社会的遗产和智慧依然深刻影响着后来的社会形态，尤其是在土地管理和生态平衡方面，农耕社会的经验对现代社会仍然具有重要的借鉴意义。

农耕社会的发展历程，既是一部土地利用和管理的历史，也是人类社会在追求稳定与发展的过程中，如何应对不稳定因素的生动写照。这种历史经验对于理解现代社会中土地问题和社会不稳定性，具有重要的参考价值。

三、农耕社会的重要贡献与启迪

农耕社会由于生产活动受到天时、地利和人和的局限，产生"天""地""人"统一的发展理念。

1. 农耕社会的重要贡献

农耕社会作为人类历史的一个重要阶段，对文明的形成和发展具有深远的影响。它的贡献主要体现在以下几个方面：

（1）粮食生产的稳定性与人口增长

农耕社会的出现使得粮食生产从自然采集转向了有计划的耕作，从而实现了食物供给的稳定性。这种稳定性不仅确保了人类在自然环境中的生存，还促进了人口的快速增长。粮食生产的剩余，使得部分人口可以脱离农业劳动，从事其他领域的工作，如手工业、商业、教育和文化活动，进而推动了社会的多元化和复杂化。

（2）社会结构的分化与国家的形成

随着农耕社会的发展，土地成为财富和权力的重要象征，社会开始出现阶级分化。土地的占有和管理催生了地主阶层，而依附于土地的农民阶层也逐渐形成。伴随着社会结构的分化，权力集中于少数统治者手中，国家的雏形开始出现。这种社会结构和国家的形成，为后来的文明发展奠定了基础。农耕社会的组织形式，如土地制度、赋税制度和法律体系，成为了早期国家治理的重要工具。

（3）农业技术的创新与生态管理

农耕社会推动了农业技术的不断创新，例如灌溉系统的建设、农具的改进、轮作制度的推广等。这些技术创新不仅提高了土地的生产力，还为后来的农业革命奠定了基础。此外，农耕社会也逐渐积累了丰富的生态管理经验，如休耕、植树造林、河流治理等。这些生态管理实践，尽管在某些方面存在局限性，但为人类与自然的共生关系提供了宝贵的经验。

（4）文化与宗教的繁荣

农耕社会的定居生活促进了文化和宗教的发展。随着定居点的扩大和社会的复杂化，文字、宗教仪式、建筑艺术、历法等文化元素逐渐丰富并得以传承。土地在许多农耕社会中被视为神圣之物，这种宗教观念不仅为农业生产提供了精神支持，还成为社会秩序的重要维系力量。例如，土地祭祀和丰收节庆是许多农耕社会的重要文化活动，反映了人类对自然的敬畏与依赖。

2. 农耕社会的启迪

农耕社会不仅为人类文明的发展奠定了基础，也为现代社会提供了许多重要的启示：

（1）可持续发展的理念

农耕社会的兴衰表明，土地资源的合理利用和管理至关重要。过度开垦、土地集中、生态破坏等问题曾导致许多农耕社会的衰落。这些历史教训告诉我们，在追求经济增长的同时，必须注重资源的可持续利用和生态环境的保护。现代社会在发展过程中，仍然需要借鉴农耕社会的生态管理经验，以避免重蹈覆辙。

（2）社会结构的平衡与公平

农耕社会中出现的土地集中和社会不平等现象，曾引发了大量的社会矛盾和动荡。现代社会在发展过程中，应更加重视社会公平和资源分配的合理性，避免财富过度集中引发的社会问题。通过土地改革、税收政策和社会保障制度，现代社会可以在经济发展中实现更为公平的资源分配，从而维护社会的长久稳定。

（3）技术创新与文化传承的结合

农耕社会的历史表明，技术创新与文化传承是相辅相成的。农业技术的进步推动了社会的发展，而文化的繁荣则为技术创新提供了精神动力。现代社会在推动科技进步的同时，必须重视文化的传承与创新，以确保社会在物质和精神层面上的全面发展。

农耕社会作为人类历史上的重要阶段，其贡献与启迪对现代社会的发展具有重要的参考价值。理解和借鉴农耕社会的经验教训，有助于我们在当今复杂的社会环境中，找到更加平衡和可持续的发展道路。

第二节　以资本为依托的社会

一、资市社会的形成与发展

1. 资本社会的起源

资本社会的形成是人类历史上一场深刻的变革。其起源可以追溯到中世纪晚期的欧洲，尤其是在意大利和荷兰等地，资本主义萌芽逐渐显现。随着城市的崛起和商业活动的扩展，资本的积累开始在社会经济中扮演越来越重要的角色。城市的商人、银行家和手工业者积累了大量财富，这种财富的再投资和扩张成为资本主义发展的基础。

在中世纪，封建制度的衰落和城市经济的兴起为资本主义的形成创造了条件。封建社会的经济活动主要集中在土地和农业生产上，社会结构相对封

闭和固定。然而，随着十字军东征和地理大发现，欧洲与外部世界的接触日益增多，贸易活动逐渐活跃，资本积累开始加速。意大利的威尼斯和佛罗伦萨等城市成为早期资本主义的中心，这些城市通过贸易和金融活动积累了大量资本，为后来的资本主义发展奠定了基础。

2. 工业革命与资本主义的兴起

资本社会的真正发展始于工业革命。18 世纪末至 19 世纪初，英国率先进入工业化时代，机器的发明和工厂制度的建立彻底改变了生产方式。工业革命不仅提高了生产效率，还促进了资本的快速积累。资本家通过对工厂和机器的投资，获得了大量的利润，推动了资本主义经济的飞速发展。

工业革命使得资本主义从以商业为主的"商人资本主义"阶段，逐渐转变为以工业为核心的"工业资本主义"阶段。在此过程中，资本不仅成为生产资料的主要形式，而且开始掌控社会的经济命脉。随着资本的积累和扩展，工厂主和企业家逐渐取代了封建贵族，成为社会的主导力量。

资本主义的发展还得益于劳动力市场的形成。随着封建土地制度的瓦解，大量农民失去了土地，涌入城市寻找工作。工厂制度的建立为这些无地农民提供了就业机会，但他们的劳动条件往往十分恶劣，工资低廉，工作时间长。资本家通过压榨工人的剩余价值，进一步积累资本，巩固了资本主义的经济基础。

3. 自由市场与资本扩张

自由市场是资本主义发展的核心机制。在自由市场经济中，价格由供求关系决定，资源通过市场机制进行配置。资本家通过市场交换活动实现资本增值，市场成为资本扩张的主要舞台。自由市场经济强调个人自由和竞争，资本家通过投资、生产和销售商品获取利润，并通过市场竞争扩大自己的资本规模。

资本的扩张不仅体现在国内市场的扩展上，也表现为国际贸易的增长。随着地理大发现和殖民活动的展开，欧洲的资本家逐渐将资本主义经济体系扩展到全球。殖民地的资源和劳动力被欧洲资本家利用，推动了资本的全球

扩张。资本主义的全球扩展加速了世界经济的一体化进程，同时也加剧了各国之间的经济不平等。

在自由市场经济中，资本逐渐成为社会资源的主要分配机制。资本主义社会强调个人财富的积累，资本家通过投资和创新不断追求利润的最大化。市场机制虽然在一定程度上促进了经济效率的提高，但也带来了贫富差距的扩大和社会不平等的加剧。自由市场经济的内在矛盾为后来的经济危机和社会动荡埋下了隐患。

4. 金融资本的崛起

随着资本主义的发展，金融资本逐渐崛起，成为资本主义经济的重要支柱。19 世纪末至 20 世纪初，随着工业资本的集中和垄断资本的形成，金融资本开始掌握社会的经济命脉。银行、保险公司和证券市场等金融机构通过资本运作和金融创新，控制了大量的生产资料和财富，成为资本主义社会的主导力量。

金融资本的崛起不仅改变了资本主义的经济结构，也对社会发展产生了深远影响。金融资本通过资本市场的运作，实现了资本的跨国流动和全球扩张。大型跨国公司通过金融资本的支持，控制了全球的生产和销售网络，形成了以资本为核心的全球经济体系。

然而，金融资本的扩张也带来了新的问题。资本市场的波动性和金融危机的频发，成为资本主义社会不稳定的根源。资本家为了追求短期利润，往往忽视了实体经济的发展，导致经济泡沫的产生。当金融市场出现问题时，往往会引发大规模的经济危机，影响到全球经济的稳定。

5. 社会结构的变迁与阶级分化

资本社会的发展深刻改变了社会结构，导致了社会阶级的分化。在封建社会，社会结构以土地所有权为基础，地主和农民是主要的社会阶层。然而，在资本社会，资本成为主要的财富形式，社会结构逐渐转向以资本所有权为基础。资本家阶层和工人阶层成为资本社会的主要阶层。

资本家的财富来源于对生产资料的占有和对工人剩余价值的剥削。工人

阶层则通过出卖劳动力获取工资，依赖于资本家提供的就业机会。随着资本的积累和扩展，资本家阶层的财富逐渐集中，而工人阶层的生活条件则相对恶化。这种财富的不平等加剧了社会矛盾，导致了工人运动和社会改革的兴起。

社会结构的变迁不仅体现在经济领域，还反映在政治和文化领域。随着资本主义的发展，资产阶级逐渐取代了封建贵族，成为社会的主导阶层。他们通过控制国家机器和影响舆论，巩固了自己的经济地位和政治权力。与此同时，工人阶级的觉醒和工人运动的发展，推动了社会的变革和进步。社会的阶级斗争成为资本主义社会的一个重要特征，推动了社会的不断演变和发展。

6. 政府与资本的互动

在资本社会，政府与资本的关系变得越来越复杂。早期的资本主义强调自由市场和政府的"无为而治"，即政府不干预经济活动，市场在资源配置中发挥主导作用。然而，随着资本主义的发展和经济危机的频发，政府逐渐在经济中发挥更为积极的作用。

20世纪初的经济危机促使政府开始干预市场，进行经济调控。以凯恩斯主义为代表的经济理论认为，政府应通过财政政策和货币政策来调节经济，以避免市场失灵和经济危机。此后，政府逐渐加强了对资本的监管，通过制定法律和政策，规范资本市场和金融活动，维护经济的稳定。

政府与资本的互动不仅体现在经济领域，还涉及社会政策的制定。为了缓解资本主义带来的社会不平等，政府在一定程度上通过税收和福利制度，进行财富的再分配。这种社会政策虽然在一定程度上缓解了社会矛盾，但也引发了关于政府干预程度和市场自由的争论。

7. 全球化与资本的再扩张

资本社会的发展进入20世纪末和21世纪初，全球化成为资本扩张的主要形式。随着信息技术的进步和全球交通的便捷，资本的跨国流动变得更加频繁和迅速。跨国公司通过全球化扩展其市场和生产网络，资本在全球范围内的流动和配置达到了前所未有的规模。

全球化不仅加速了资本的扩张，也带来了新的挑战。资本在全球范围内的流动加剧了国家之间的经济竞争和社会不平等。发达国家通过资本输出和技术垄断，继续在全球经济中占据主导地位，而发展中国家则面临资本外逃和经济依赖的困境。此外，全球化还引发了关于文化同质化和环境破坏的争论。

全球化的进程中，资本主义的内在矛盾日益显现。资本的过度追逐利润导致了全球资源的过度开发和环境的恶化，气候变化和生态危机成为全球性问题。与此同时，资本的集中和垄断加剧了社会的不平等和动荡。全球化背景下的资本主义，需要在经济增长与社会公正、环境保护之间寻找新的平衡点。

8. 资本社会的未来挑战

资本社会的发展经历了几百年的演变，已经成为当今世界的主导经济形式。然而，资本主义的发展也面临着严峻的挑战。经济危机的频发、社会不平等的加剧、环境问题的恶化以及全球化带来的冲击，都是资本社会未来需要应对的重大问题。

未来，资本社会可能面临着一系列转型的压力。集中体现在国家货币代替世界统一货币的匹配问题上。同时，一方面，随着科技的进步和自动化的普及，传统的劳动力市场将发生重大变化，失业率上升和就业结构的调整将成为社会问题。另一方面，环境问题的日益严重要求资本主义经济模式做出调整，向更加可持续的发展模式转型。此外，全球化进程中的国家利益冲突和社会动荡，也对资本社会的稳定性构成挑战。

为了应对这些挑战，资本社会需要在制度设计和政策制定上做出调整。政府需要加强对资本市场的监管，促进社会公平和资源的合理分配。同时，社会各界也需要加强对环境问题的关注，推动绿色经济的发展。资本社会的未来发展，取决于能否在经济增长、社会公正和环境保护之间找到新的平衡点。

9. 结语

资本社会的发展是人类历史上一场深刻而复杂的变革。它从中世纪的商业萌芽开始，通过工业革命、自由市场、金融资本的崛起和全球化的扩展，逐渐演变为当今世界的主导经济形式。资本社会在推动经济增长和技术进步的同时，也带来了社会不平等、环境破坏和经济危机等问题。

理解资本社会的形成与发展，对于认识当今世界的经济和社会结构具有重要意义。在全球化的背景下，资本社会需要不断适应和调整，以应对新的挑战和机遇。未来的发展方向，将决定资本社会在世界舞台上的地位和影响力。

二、资本社会的典型特征

资本社会是以资本为依托的社会。

1. 生产资料的私有制

资本社会的一个显著特征是生产资料的私有制，即生产工具、土地、工厂等由个人或企业所有，并通过市场进行自由交易。生产资料的私有制使得资本家可以独立决定生产过程，并追求个人利益的最大化。在资本社会中，资本家通过对生产资料的控制和管理，获取生产过程中的剩余价值，从而实现财富的积累和扩大。

私有制为资本社会的发展提供了动力。资本家为了增加利润，通常会不断投资于生产工具的改进和生产技术的创新，这推动了生产力的发展。然而，私有制也导致了财富的高度集中，社会阶层逐渐分化为拥有生产资料的资本家阶层和依赖于出卖劳动力的工人阶层。这种不平等的社会结构成为资本社会的内在矛盾之一，往往引发社会冲突和阶级斗争。

2. 市场经济与自由竞争

市场经济是资本社会的基础，市场通过供求关系调节资源的配置。在资本社会中，市场经济的自由竞争原则得到充分体现。资本家通过自由竞争来争夺市场份额、资源和利润。自由竞争激发了企业的创新和效率提升，因为每个企业都试图在竞争中保持优势。

自由竞争带来的市场活力使得资本社会在很大程度上推动了技术进步和经济增长。然而，自由竞争也伴随着垄断和不公平竞争的风险。当市场中的少数企业获得了足够的市场控制力时，竞争就可能转变为垄断，这不仅会限制新企业的进入，还可能导致市场价格的操纵和资源的非合理配置。此外，自由市场的波动性也常常导致经济不稳定和周期性的经济危机。

3. 劳动力商品化

在资本社会中，劳动力被视为一种商品，工人通过出售劳动力来获取工资。这种劳动力的商品化是资本主义生产关系的核心。在资本主义生产体系中，工人通过签订劳动合同，将一定的劳动时间出卖给资本家，而资本家通过支付工资获得工人的劳动力，以此进行生产。

劳动力商品化使得工人处于资本控制之下，工资水平和就业条件往往由市场供求关系决定。当劳动力供过于求时，工资水平就会下降，工人的生活条件恶化。资本家为了降低生产成本，常常会压低工人工资或延长工作时间，这导致了工人阶级的贫困和不满。历史上，劳动力商品化导致的社会不平等和工人阶级的压迫，促使了工人运动和劳工权利斗争的兴起。

4. 资本积累与扩大再生产

资本积累是资本社会的重要特征之一。在资本社会中，资本家通过剥削工人劳动价值获取利润，然后将这些利润再投资于生产过程，以实现资本的增值和扩大再生产。这种资本积累的过程不仅推动了生产力的发展，也导致了资本的集中和财富的不平等分配。

扩大再生产是资本积累的核心机制。通过再投资，资本家可以扩大生产规模、引进新技术、开拓新市场，从而进一步提高利润水平。这种扩展性再生产使得资本主义经济呈现出快速增长的态势。然而，资本积累的无节制扩展也带来了资源的过度消耗和环境的破坏。为了追求利润的最大化，资本社会往往忽视可持续发展的问题，这为后来的生态危机埋下了隐患。

5. 金融资本与虚拟经济

随着资本主义的发展,金融资本在资本社会中扮演了越来越重要的角色。金融资本通过银行、证券市场、保险公司等金融机构进行运作,实现资本的快速增值。金融资本的扩张使得资本社会的经济结构变得更加复杂和多元化,虚拟经济逐渐成为资本主义经济的重要组成部分。

虚拟经济的兴起主要体现在股票、债券、期货等金融产品的交易上。这些金融产品的价值并不直接与实体经济的生产过程挂钩,而是基于市场预期和投机行为。金融资本的运作可以迅速提高资本的流动性和增值能力,但同时也增加了经济体系的脆弱性。金融市场的波动性和泡沫的产生往往导致经济危机的爆发,如 2008 年的全球金融危机就是由于虚拟经济的失控所引发的。

6. 全球化与资本的国际扩张

资本社会的一个典型特征是全球化,即资本通过跨国企业和国际市场在全球范围内进行扩张。全球化不仅加速了资本的国际流动,也推动了世界经济的一体化。跨国公司通过资本输出和技术转移,控制了全球的生产和销售网络,资本主义的经济模式逐渐在全球范围内扩展。

全球化使得资本可以在全球范围内配置资源和寻找利润最大化的机会。发达国家的资本家通过在发展中国家投资设厂,利用廉价劳动力和资源,实现了资本的快速增值。然而,全球化也加剧了全球经济的不平等,发达国家通过资本的控制和垄断,继续主导全球经济,而发展中国家则在全球化进程中面临资源枯竭、环境恶化和经济依赖的挑战。

7. 消费文化与社会价值的转变

消费文化是资本社会的另一个重要特征。在资本主义经济中,消费被视为经济增长的主要动力,消费文化得以兴起。广告、媒体和市场推广等手段被广泛运用,以刺激消费者的购买欲望和消费行为。消费不仅成为个人身份和社会地位的象征,还逐渐演变为一种社会文化现象。

消费文化的盛行使得资本社会的价值观发生了深刻的转变。在消费文化的影响下，个人的成功往往通过消费能力来衡量，物质消费成为个人满足感和幸福感的重要来源。这种价值观的转变不仅推动了资本主义经济的发展，还在一定程度上改变了社会的道德观念和文化传统。然而，消费文化的泛滥也带来了资源浪费和环境污染的问题，同时导致了社会的过度物质化和精神空虚。

8. 经济周期与资本主义危机

资本社会具有周期性经济波动的特征，这种波动通常表现为经济繁荣与衰退的交替出现。资本主义经济的内在矛盾，如供需失衡、市场过度竞争、利润率下降等，导致了经济周期的产生。经济繁荣时期，资本家大规模投资，生产过剩问题逐渐显现；经济衰退时期，需求下降，资本家减少投资，导致经济萎缩和失业率上升。

经济周期是资本主义经济的内在特征，而经济危机则是资本主义发展的必然结果。每一次经济危机都会对社会造成严重的冲击，企业倒闭、失业率攀升、社会动荡加剧。然而，经济危机也在一定程度上促进了资本主义的自我调整和革新。政府和企业通过应对危机的措施，推动了经济结构的转型和技术的进步，使得资本主义经济在危机后往往能够重新走上增长的轨道。

三、资本社会的扭曲性

资本社会在推动经济增长和技术进步的同时，也带来了许多负面影响。资本的逐利性和市场机制的缺陷使得资本社会在某些方面出现了扭曲，这种扭曲性不仅影响了社会的公平和正义，还加剧了环境的破坏和资源的枯竭。以下是资本社会扭曲性的几个重要表现。

1. 社会不平等的加剧

资本社会的一个主要特征是财富和资源的集中，这导致了社会不平等的不断加剧。由于生产资料的私有制和市场竞争机制，财富往往集中在少数资本家手中，而广大工人阶级则只能依靠出卖劳动力维持生计。随着资本的积累和垄断，贫富差距日益扩大，这种不平等不仅体现在收入分配上，还表现在教育、医疗、住房等社会资源的获取上。

社会不平等的加剧对社会稳定构成了严重威胁。贫富差距过大容易引发社会矛盾和阶级冲突，导致社会动荡和不安。在一些国家，社会不平等已经成为制约经济发展的重要因素，甚至导致了政治危机和社会革命。资本社会的不平等问题亟需通过制度改革和政策干预来解决，否则将可能陷入难以逆转的社会危机。

2. 资源的过度消耗与环境的破坏

资本社会的经济增长模式往往以大量消耗自然资源为代价。为了追求利润最大化，资本家通过大规模开采和使用资源，推动了工业化和城市化的进程。然而，这种以牺牲环境为代价的经济发展模式，导致了资源的过度消耗和环境的严重破坏。

资本社会对自然资源的过度依赖，导致了资源的不可持续利用。矿产资源、森林资源、渔业资源等都在迅速减少，许多资源面临枯竭的风险。与此同时，工业生产和消费行为也带来了大量的污染问题，如空气污染、水污染、土壤污染等，严重影响了生态系统的稳定性和人类的健康。

环境破坏是资本社会的一个重要扭曲性表现，已经引发了全球范围内的生态危机。气候变化、物种灭绝、森林砍伐等问题日益严重，这些问题的根源在于资本社会对资源和环境的过度依赖和无节制的开发利用。为了应对环境危机，资本社会必须转变发展模式，推动可持续发展和绿色经济的实现。

3. 资本对政治的操控

资本社会中，资本不仅影响经济领域，还渗透到了政治领域，资本对政治的操控成为一个重要问题。随着资本的积累和集中，大企业和富裕阶层往往通过捐赠、游说、选举资助等方式影响政治决策，推动有利于自身利益的政策出台。这种资本对政治的干预，破坏了民主制度的公平性和透明度。

资本对政治的操控使得政治权力与经济利益之间形成了紧密的联盟。政府在制定政策时，往往倾向于保护资本家的利益，而忽视了普通民众的需求。这种政治与资本的勾结，不仅加剧了社会不平等，还削弱了政府的公共职能，使得社会治理陷入困境。

　　资本对政治的操控也导致了政策的短视和失衡。在一些国家，政府为了维护资本利益，放松了对企业的监管，甚至牺牲环境和社会福利以换取经济增长。这种政策导向的不平衡，既损害了公共利益，也削弱了社会的长远发展能力。

　　4. 劳动者的异化与剥削

　　在资本社会中，劳动者的地位和角色发生了深刻的变化。随着劳动力的商品化，工人在生产过程中被视为可替代的生产要素，他们的劳动成果被资本家占有，而劳动者自身却被排斥在生产的决策和管理之外。这种劳动者与劳动产品的分离，使得劳动者在工作中感到疏离和异化。

　　马克思曾指出，资本主义生产方式导致了劳动者的异化。在资本社会中，工人只是生产机器中的一个齿轮，他们的劳动被简化为单一的、重复性的操作，丧失了创造性和主体性。劳动者在工作中不仅感受不到劳动的成就感，反而因为生产过程的枯燥和压抑而产生心理上的痛苦和不满。

　　资本社会中的劳动剥削问题也十分严重。资本家为了获取更多利润，常常通过压低工资、延长工时、减少福利等方式剥削工人的劳动价值。这种剥削不仅使得工人的生活条件恶化，还导致了劳资关系的紧张和冲突。在一些发展中国家，劳动者的权利得不到保障，工人阶级处于极度贫困和被压迫的状态，这进一步加剧了社会的不平等和动荡。

　　5. 经济危机与社会动荡

　　经济危机是资本社会的一个周期性特征，每一次经济危机都对社会造成了严重的冲击。资本主义经济的内在矛盾，如生产过剩、需求不足、市场失灵等，导致了周期性的经济危机。每一次经济危机都会引发企业倒闭、失业率上升、社会动荡等问题，严重影响社会的稳定和发展。

　　经济危机不仅是经济问题，也是社会问题。经济危机往往导致社会的不安和动荡，工人失业、收入减少，社会矛盾加剧，犯罪率上升，甚至引发政治危机。在一些国家，经济危机还导致了政府的倒台和社会秩序的崩溃。

资本社会的经济危机暴露了其内在的脆弱性和不稳定性。尽管每次经济危机后，资本主义经济通过调整和创新能够暂时走出困境，但危机的周期性出现表明，资本社会难以从根本上解决其内在的矛盾和问题。为避免未来更严重的经济危机，资本社会需要进行深刻的制度改革和政策调整，以实现经济的可持续增长和社会的长期稳定。

6. 消费主义的过度膨胀

消费主义是资本社会的一个重要文化特征，但也是其扭曲性的表现之一。在资本社会中，消费不仅被视为经济增长的动力，还被塑造成一种社会文化现象。通过广告、媒体和市场推广，资本家不断刺激消费者的购买欲望，鼓励他们追求更多的物质享受。

然而，消费主义的过度膨胀带来了许多负面影响。首先，过度消费导致了资源的浪费和环境的污染。为了满足日益增长的消费需求，自然资源被无节制地开采，生产过程中产生的大量废弃物也对环境造成了严重的破坏。其次，消费主义的盛行导致了社会的物质化和精神空虚。在过度追求物质财富的同时，人们往往忽视了精神生活和社会责任，这导致了个人价值观的扭曲和社会关系的冷漠。

消费主义的过度膨胀还加剧了社会的不平等。富裕阶层通过奢侈消费展示其社会地位，而低收入群体则因无法参与这种消费文化而感到被边缘化。这种消费文化的两极分化，进一步加剧了社会的分裂和矛盾。

第三节　生态系统的有序性与资本社会的失序性

一、生态系统的有序性

1. 生态系统的定义与结构

生态系统（Ecosystem）是一个复杂的自然系统，由生物成分（如植物、动物、微生物等）和非生物成分（如水、空气、土壤等）相互作用和相互依

赖组成。生态系统的基本功能在于维持生物之间及其与环境之间的物质循环和能量流动，从而保障生物的生存与繁衍。生态系统的结构和功能决定了其稳定性和可持续性，而这一稳定性依赖于生态系统内部的有序性。

生态系统的结构可以分为垂直和水平两个维度。垂直结构主要涉及植物、动物、微生物等在不同层次的生态位，反映了能量从生产者到消费者再到分解者的流动。水平结构则描述了生物种群在空间上的分布及其相互关系，如植被的分层分布、水体的层次结构等。

在生态系统中，各种生物和非生物因素通过食物链、食物网、营养级等关系形成了一个复杂的网络系统，这些关系不仅确保了能量的有效传递，也实现了物质的循环利用。生态系统的有序性正是在这种网络关系中体现出来，生物之间的相互作用、资源的利用效率、环境的承载能力等因素共同维持了生态系统的动态平衡。

2. 能量流动与物质循环的有序性

生态系统的有序性首先体现在能量流动和物质循环的有序性上。能量流动指的是太阳能通过光合作用转化为植物的化学能，然后通过食物链逐级传递到动物和其他生物体中，最后以热能形式散失到环境中。在这个过程中，能量从生产者到消费者，再到分解者，逐级减少，但每一级的能量利用都是有效和有序的。

物质循环则是指碳、氮、磷、水等元素在生态系统中的循环过程。这些元素在生物体内通过呼吸、消化、排泄等过程进行转化，并最终通过分解者将物质重新释放到环境中，为植物的生长提供营养，从而形成了一个闭合的循环系统。物质循环的有序性确保了生态系统中的资源能够被持续利用，不会因某一物质的短缺或过剩而导致生态失衡。

能量流动与物质循环的有序性是生态系统稳定的基础。这种有序性不仅体现在宏观层面，如森林、草原、海洋等生态系统的整体平衡，也体现在微观层面，如细菌在土壤中分解有机质，或是植物根系与土壤微生物的共生关系。生态系统中的每一个环节、每一个生物体都在其特定的生态位中发挥作用，确保了整个系统的和谐运转。

3. 生物多样性与生态平衡

生物多样性（Biodiversity）是指生态系统中不同生物种类的多样性，以及它们在生态位上的分布和功能的多样性。生物多样性是生态系统有序性的重要体现之一，因为它确保了生态系统的复原力和适应性，使得生态系统能够应对环境变化和外部干扰。

生物多样性对生态平衡至关重要。不同种类的生物通过共存和竞争，形成了稳定的生态网络。例如，捕食者与被捕食者之间的动态平衡、植物与传粉者之间的协同进化、分解者对有机物的分解作用等，这些相互作用确保了生态系统中各个物种的稳定存在。即使某一物种因外界因素发生变化或消失，生物多样性所提供的功能冗余（如多个物种具有相似功能）也能够使生态系统迅速恢复平衡，避免系统的整体崩溃。

生物多样性还促进了生态系统的生产力和稳定性。研究表明，多样化的生态系统通常具有更高的生物生产力，因为不同种类的生物能够更有效地利用资源，如水、光、养分等。此外，生物多样性还能够增强生态系统的抗逆性，使其在面对气候变化、病虫害等压力时，能够更快地恢复到稳定状态。

4. 生态系统自我调节机制

生态系统的有序性还体现在其自我调节机制上。自我调节机制是生态系统在面对外部环境变化或内部扰动时，通过一系列反馈过程，维持自身稳定和平衡的能力。这种自我调节机制包括生物间的相互作用、种群的动态变化以及生态系统整体的结构调整等。

负反馈机制是生态系统自我调节的核心。负反馈机制通过抑制或减少某一过程的过度增长，防止生态系统发生剧烈波动。例如，在捕食者-被捕食者系统中，如果被捕食者种群数量增加，捕食者的数量也会随之增加，从而控制被捕食者的数量，避免其对植物或其他资源的过度消耗。相反，当被捕食者数量减少时，捕食者的数量也会相应减少，允许被捕食者种群恢复。

另一个典型的例子是植物对环境变化的适应性调节。当环境中某种养分缺乏时，植物可以通过改变根系生长模式或与共生微生物合作，提高养分的获取效率。此外，生态系统还通过物种的进化和生态位的调整，逐步适应环境的长期变化，如气候变化、地形变动等。

生态系统的自我调节机制不仅维持了其内部的有序性，还使其能够在外界环境发生剧烈变化时，保持一定的稳定性。这种自我调节能力是生态系统长期存在和演化的关键，也是人类在进行生态保护和管理时需要充分考虑的因素。

5. 生态系统的时空有序性

生态系统的有序性不仅表现在空间上的结构和功能分布上，还体现在时间上的动态变化，即时空有序性。时空有序性指的是生态系统在不同时间尺度上表现出的周期性、季节性和长期演化趋势。

在短时间尺度上，生态系统的时空有序性表现为日周期和季节周期。例如，植物的光合作用、动物的觅食行为和繁殖活动，都具有明显的昼夜节律和季节变化。这种周期性变化使得生态系统中的物质流动和能量转换能够与环境条件的变化相协调，确保了生态系统的稳定性。

在长期时间尺度上，生态系统通过演替（Succession）过程实现了时空有序性。生态演替是指生态系统在时间推移中，通过生物群落的更替和生态环境的变化，从一个阶段逐步演化到另一个阶段的过程。例如，裸岩或沙漠在经过植物的逐步定居和土壤的形成后，可能演化为草地或森林，这一过程可能需要几十年甚至上百年。在生态演替过程中，生态系统的结构和功能逐渐趋于复杂化和稳定化，从而实现了长期的有序性。

时空有序性还体现在生态系统对环境变化的响应上。例如，气候变化引起的温度和降水模式的变化，会影响植物的生长季节和动物的迁徙模式，但生态系统往往能够通过物种间的互动和功能替代等机制，实现对这种变化的适应和调整。

6. 人类活动对生态系统有序性的影响

尽管生态系统具有天然的有序性和自我调节能力，但人类活动的干预往往往会打破这种有序性。工业化、城市化、农业开发等人类活动，使得大量自然生态系统被破坏或转变为人工生态系统，导致了生态系统的退化和功能的丧失。

例如，过度的森林砍伐和土地开发，导致了生物多样性的丧失和生态系统的退化，进而影响了物质循环和能量流动的有序性。此外，污染物的排放、气候变化、外来物种入侵等因素，也对生态系统的结构和功能造成了负面影响，削弱了生态系统的自我调节能力。

人类活动的影响不仅是生态系统结构的改变，还包括时空有序性的扰乱。例如，气候变化导致了植物生长季节的提前或延迟，动物迁徙路径的改变，以及生态系统演替过程的中断。这种时空有序性的扰乱，使得生态系统难以维持原有的动态平衡，增加了生态系统崩溃的风险。

二、农耕社会的有序性

1. 农耕社会与自然和谐共处

在资本主义社会崛起之前，人类经历了漫长的农耕社会时期。在这个阶段，人类与自然的关系更加紧密且和谐。农耕社会的生产方式主要依赖土地、阳光、水和劳动，而不是对自然资源的过度消耗或工业化的过度依赖。农业生产活动与自然周期紧密相连，农民依据季节变化进行播种、耕作和收获，尊重自然规律，因而对环境的影响相对较小。

在农耕社会中，土地并不仅被视为一种可供无尽开发的资源，而更像是一个需要呵护的生存基础。这种对土地的敬畏和珍视，促使农民采取可持续的农业实践，如轮作、休耕、施肥等，以保证土地的长期肥力和生产能力。这种做法有效地维护了生态平衡，使得人与自然之间保持了一种相对有序的关系。

相比之下，资本社会的特点是对自然资源的无节制开发，常常导致生态失衡和环境危机。而农耕社会的有序性则体现在它对自然资源的适度利用和对生态系统的良性维护上。这种有序性为生态环境的稳定性提供了保障，避免了现代资本社会中普遍存在的生存危机。

2. 农耕社会的有限需求与环境压力的缓和

农耕社会的物质需求相对有限，生活方式也相对简朴。这种生活方式使得农耕社会对自然资源的需求较低，减少了对环境的压力。与现代资本社会中无限制的消费主义不同，农耕社会的生产和消费都围绕基本的生活需求展开，生产过剩的情况较少发生，因此也没有资本主义社会中常见的资源浪费和环境污染问题。

农耕社会的经济活动主要是为了满足自身的生存需要，而不是为了积累财富或追求经济增长的最大化。这种自给自足的经济模式决定了其对外部资源的依赖性较低，减少了对生态环境的掠夺性开发。例如，在传统的村落社区中，家庭单位是农业生产的核心，生产和消费在小范围内循环，资源的使用效率较高，废弃物的产生较少，对环境的负担也相对轻微。

在现代资本社会中，资本的驱动使得资源消耗和环境破坏呈现出指数级增长，而农耕社会的有限需求和简朴生活方式则大大缓和了这种压力，为生态环境的持续性提供了可能。因此，农耕社会的有序性不仅体现在人与自然的和谐共处上，还反映在其对环境的低消耗和可持续发展理念上。

3. 农耕社会的社会结构与生态平衡

农耕社会的社会结构相对简单而稳定，人与人之间的关系基于共同的土地和生产活动，形成了紧密的社区纽带和互助机制。这种社会结构不仅有助于维持社会的稳定，还在一定程度上促进了生态系统的稳定。农业社区往往通过合作和共享来解决生产中的问题，这种集体主义的文化和实践，有助于维护环境的可持续性。

例如，传统的农耕社区会通过共同的耕作和土地管理来维持土地的肥力和水资源的合理使用。这种社区集体行动的机制，不仅减少了对自然资源的过度开发，还促进了生态系统的自我修复能力。农耕社会的社会结构与生态环境之间形成了一种相互支持的关系，这种关系是以维护生态平衡和社会秩序为目标的。

相比之下，资本社会的社会结构复杂且充满竞争，人与人之间的关系更多地被资本利益驱动，导致社会和生态的双重失序。在资本社会中，个人和企业往往优先考虑自身的经济利益，而忽视了集体的长远利益和生态环境的可持续性，这种短视行为最终导致了生态危机的加剧。

4. 农耕社会的有序性与生存危机的防范

农耕社会的有序性不仅体现在其生产方式、生活方式和社会结构上，还体现在其对生存危机的防范和应对能力上。在农耕社会，生产活动以自然为中心，人们遵循自然的节律进行生产和生活，这种方式在一定程度上避免了现代资本社会中常见的生存危机。

农耕社会强调对自然的尊重和依赖，避免了对生态系统的过度干预和破坏。因此，农耕社会中的环境问题相对较少，生态系统的自我调节能力也较强。例如，农民通常会在长期的经验基础上制定农作物种植计划，避免过度耕作和土壤退化，这种对土地的可持续管理方式有效减少了环境灾害的发生。

此外，农耕社会中的社区结构和社会制度也有助于抵御生存危机。在传统农业社会中，社区成员之间的互助机制和共同责任感，使得个体在面对自然灾害或经济困境时能够得到集体的支持，从而增强了社会整体的应对能力。

相比之下，现代资本社会中的个体主义和市场竞争机制，使得人们在生存危机面前更加孤立无援，社会的安全网变得脆弱。因此，农耕社会的有序性不仅是社会稳定的基础，也为防范生存危机提供了有效的保障。

三、资市社会的失序性

1. 资本的扩张与生存危机的交织

在现代社会，资本的扩张无处不在，它不仅改变了生产方式和社会结构，还深刻影响了人类的生存环境。工业革命以来，资本通过不断的技术创新和资源整合，推动了经济的快速增长。然而，这种增长往往伴随着巨大的社会和生态成本。资本的逐利本性使其在追求利润最大化的过程中，无视甚至破坏了生态平衡，进而引发了一系列生存危机。

生存危机的首要表现便是环境的急剧恶化。资本主义经济体制强调生产效率和经济收益，导致了对自然资源的过度开发和环境的无序破坏。大规模的森林砍伐、工业污染、温室气体排放等问题不断累积，最终酝酿成全球气候变化、物种灭绝、土地荒漠化等危机。这些生态危机不仅威胁到自然界的持续性，更直接影响到人类社会的生存基础，迫使我们重新思考资本扩张的合理性和可持续性。

2. 资本逻辑与社会失序

资本社会中的另一个突出问题是社会的失序。资本的逻辑主导了现代社会的方方面面，从经济活动到社会价值观念，无不受到资本逐利驱动的影响。在这种逻辑下，个人利益和资本增值被放到了首位，而公共利益和社会福祉则往往被忽视或牺牲。

这种失序在社会层面表现为贫富差距的扩大和阶级矛盾的加剧。资本的积累使得财富越来越集中在少数人手中，而大量劳动者则陷入了贫困和不稳定的生活状态。随着资本的全球化，跨国公司和金融机构通过对全球资源的垄断，进一步加剧了全球范围内的社会不平等。这种不平等不仅带来了社会的动荡和不满情绪，还削弱了社会的凝聚力和稳定性。

此外，资本逻辑下的社会失序还表现在道德的滑坡和人际关系的异化。在资本主导的社会中，物质利益被置于道德和伦理之上，商业欺诈、腐败行为屡见不鲜。个人在追逐资本利益的过程中，逐渐失去了对他人的关怀和对社会责任的担当。人与人之间的关系变得冷漠和功利，社会信任度下降，社会的整体有序性遭到严重挑战。

3. 资本与生态系统的冲突

资本与生态系统的冲突是资本社会失序性的重要体现。资本的本质在于不断扩张和增值，而这种扩张往往以牺牲生态系统的稳定为代价。在资本的驱动下，经济活动不断向自然界索取资源，但却缺乏相应的环境保护和生态修复措施，导致了生态系统的严重失衡。

这一失序现象在工业化和城市化进程中尤为明显。工厂的排污、城市的扩张、农业的集约化经营等行为，大大破坏了自然生态的平衡。河流被污染、空气质量下降、土地退化，这些环境问题的背后，都是资本无序扩张的结果。生态系统作为一个有机整体，其稳定性依赖于各个部分的协调发展，而资本社会的行为模式却打破了这种协调，进而威胁到了生态系统的整体生存能力。

资本与生态的冲突不仅表现在资源的过度利用上，还包括对自然界本身的异化。自然在资本社会中被视为一种可以无限开发的资源，而非一个需要尊重和保护的生命共同体。这种异化使得人类与自然的关系愈发紧张，也让生存危机愈加深重。

4. 资本无序扩张与全球危机

随着资本的全球化扩张，资本的失序性不再局限于单一国家或地区，而是引发了全球性的生存危机。资本在全球范围内的流动性和渗透性，使得任何一国的经济波动或环境问题都可能迅速扩散，影响全球的稳定和安全。

例如，全球金融危机的爆发就是资本无序扩张的一个典型案例。2008年的金融危机源自资本市场的失序，过度投机和高风险操作导致了全球经济的崩溃和社会的动荡。这场危机不仅使得数以百万计的人失去工作和生活保障，也暴露了资本全球化过程中缺乏有效监管和协调的问题。

此外，资本全球化还导致了环境问题的全球化。发达国家在追求经济增长的过程中，将高污染、高能耗的产业转移到发展中国家，导致这些地区的环境压力急剧上升。而跨国资本通过对资源的垄断和操控，使得全球资源分配不公，进一步加剧了全球生态失衡和社会危机。

5. 资本社会的生存挑战与未来展望

资本社会的失序性带来了诸多生存挑战，迫使我们必须重新审视资本的本质和作用。在当前的全球环境和社会背景下，如何在资本扩张与生态保护、社会公正之间找到平衡，成为人类社会面临的重大课题。解决资本社会失序问题，关键在于建立一种新的经济和社会模式，这种模式不仅要追求经济效益，还要注重环境的可持续性和社会的公平正义。

首先，需要对资本进行有效的监管和引导，使其从短期利益的追逐转向长期可持续发展。政府、企业和社会各界应共同努力，制定并实施符合生态文明要求的政策和法规，限制资本对自然资源的无序开发，促进绿色经济的发展。

其次，社会价值观的转变也是应对资本失序的重要一环。我们需要重新强调道德和伦理的价值，倡导以人类整体利益为重、兼顾环境与社会福祉的发展模式。通过教育和文化建设，引导人们树立正确的消费观念和生活方式，减少对物质财富的盲目追求，增加对社会责任和环境保护的重视。

最后，全球合作对于解决资本社会的失序问题至关重要。生存危机是全球性的挑战，单一国家或地区难以独自应对。国际社会应加强合作，建立公平公正的全球治理机制，共同应对环境问题和社会不公，推动全球范围内的可持续发展。

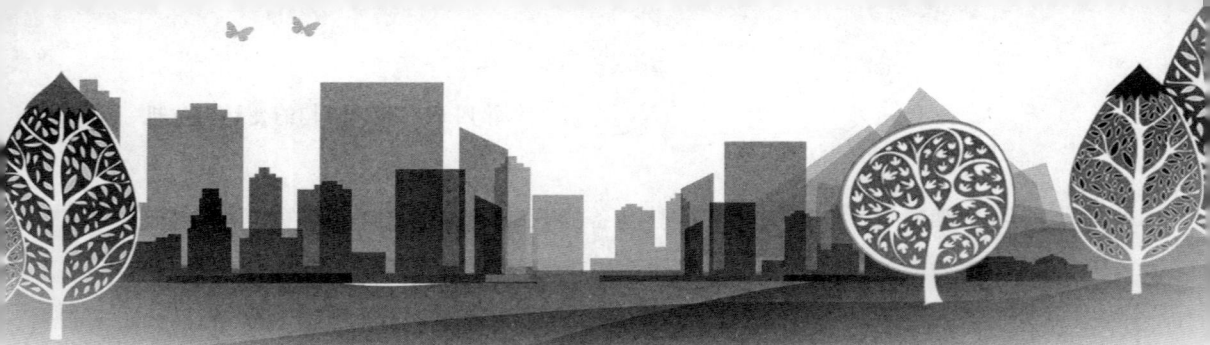

第五章 经济与社会危机

第一节 全球经济不平等的加剧

一、资市集中与财富分配不均

1. 资本集中趋势的历史与现状

全球经济自工业革命以来发生了深刻变化，特别是在资本的集中和财富分配方面。随着资本主义的兴起，资本的集中化趋势逐渐显现。早期的资本集中主要体现在工业生产领域，少数企业家通过技术创新和市场扩展积累了大量财富。然而，随着时间的推移，资本集中开始向金融领域转移，特别是在全球化和金融自由化的推动下，资本在少数人手中迅速积累，导致财富分配日益不均。

（1）资本主义的发展与财富集中

资本主义经济体制的本质是通过市场竞争和资本积累实现财富的最大化。在这一过程中，成功的企业和个人通过技术创新、市场扩展和垄断等手段，不断积累财富，逐渐形成了资本集中。工业革命时期，英国和美国的资本家通过大规模工业生产和海外市场的扩展，迅速积累了大量财富，资本集中现象初显端倪。随着资本主义的发展，这一趋势逐渐加剧。

20 世纪以来，特别是在全球化和金融自由化的推动下，资本的集中化趋势进一步加剧。全球范围内，跨国公司和金融机构通过兼并收购、市场扩展

和金融投资等手段，积累了巨额财富，形成了高度集中的资本结构。例如，在全球财富 500 强企业中，少数几家公司占据了全球市场的大部分份额，如苹果、亚马逊、谷歌等科技巨头，这些企业的市值动辄上万亿美元，其财富远远超过了许多国家的国内生产总值（GDP）。

（2）全球化与金融资本的集中

全球化进程极大地推动了资本的集中，尤其是在金融领域。金融自由化和跨国资本流动使得资本可以在全球范围内自由流动，寻找最高的回报率。这一过程中，少数跨国金融机构和投资公司迅速积累了大量财富，进一步加剧了资本的集中。

全球化带来的一个显著变化是金融市场的全球化。20 世纪 70 年代以后，随着布雷顿森林体系的崩溃和各国金融市场的开放，资本在全球范围内自由流动，金融资本的集中度大幅提高。特别是在 1980 年代以来的金融自由化浪潮中，全球金融市场的整合加速，跨国金融机构通过兼并收购和投资扩展，迅速壮大。如今，全球几大金融机构掌控了全球大部分的金融资产，如摩根大通、高盛和黑石等，这些机构通过控制全球资本流动，直接影响着全球经济的发展和财富的分配。

（3）技术进步与新兴行业的资本集中

技术进步，特别是信息技术和数字经济的发展，进一步推动了资本的集中。以互联网和数字技术为代表的新兴行业，迅速崛起并形成了新的资本集中领域。科技巨头如谷歌、苹果、亚马逊和脸书（现在的 Meta）等企业，通过技术创新和市场垄断，积累了巨大的资本和市场份额，成为全球经济中的主导力量。

数字经济的崛起进一步加剧了财富的集中。技术巨头通过控制数据和信息流，垄断了数字市场的主要环节，形成了极高的市场进入壁垒。少数公司控制了全球范围内的技术标准、信息流动和市场资源，从而获得了巨额利润。这种技术垄断不仅加剧了资本的集中，也扩大了全球范围内的贫富差距。

2. 财富分配不均的加剧

资本的集中不可避免地导致了财富分配的不均。在全球范围内，少数富有阶层掌握了大部分财富，而绝大多数人则处于财富金字塔的底层，导致了严重的经济不平等。这种财富分配不均不仅体现在个人财富的差距上，也体现在国家之间的贫富差距上。

（1）全球贫富差距的扩大

近年来，全球贫富差距日益加剧。根据国际货币基金组织（IMF）的数据，全球最富有的 1%人口拥有的财富占全球财富总量的 40%以上，而最贫困的 50%人口仅拥有不到 2%的财富。财富分配的不均加剧了全球经济的不稳定性，也导致了社会矛盾的加剧。

《全球财富报告》（Global Wealth Report）显示，近年来全球财富的不平等情况愈发严重。2000 年到 2020 年间，全球财富总量增长了三倍多，但这种增长并没有惠及大多数人口。相反，财富主要集中在少数富人手中，特别是全球最富有的 1%人口的财富增长速度远远超过其他群体。2020 年，全球最富有的 26 人拥有的财富相当于最贫困的 38 亿人口的财富总和。

这种财富分配的不均不仅体现在个人层面，也体现在国家层面。发达国家的财富集中度远高于发展中国家，特别是一些小型经济体，如瑞士、卢森堡等国家，其人均财富远高于全球平均水平，而许多低收入国家的人均财富却远远低于全球平均水平。这种财富分配的不均加剧了全球经济的不稳定性，也导致了发展中国家在全球经济体系中的边缘化。

（2）财富不均对社会稳定的影响

财富分配的不均不仅影响经济发展，也对社会稳定产生了深远的影响。随着贫富差距的扩大，社会矛盾日益加剧，社会的不满情绪也在上升。许多国家出现了大规模的抗议活动，要求政府采取措施缩小贫富差距，改善社会公平。

例如，近年来欧美国家的"占领华尔街"运动和"黄背心"运动，反映了普通民众对财富分配不均的强烈不满。这些抗议活动表明，财富分配的不

均已经成为社会不满和政治动荡的主要原因之一。在许多国家，经济不平等导致了社会阶层的固化和社会流动性的下降，这种现象进一步加剧了社会的不满情绪，增加了社会不稳定的风险。

此外，财富分配的不均还对政治稳定产生了不利影响。在一些国家，财富的高度集中导致了政治权力的集中，少数富有阶层通过政治捐款和游说活动，影响政府决策，进一步加剧了社会不公。这种政治和经济权力的集中使得普通民众感到无力改变现状，增加了对现行制度的不满情绪，最终可能导致社会动荡和政治危机。

（3）财富分配不均的区域差异

财富分配的不均在不同地区表现出显著的差异。发达国家内部的贫富差距相对较小，但在发展中国家，特别是非洲和拉丁美洲，财富分配的不均极为严重。这种区域差异不仅反映了各国经济发展的不平衡，也反映了全球化过程中资本流动的地域性差异。

以非洲为例，尽管该大陆拥有丰富的自然资源，但由于长期的殖民历史和全球资本的掠夺性开发，非洲国家普遍面临严重的贫富差距问题。少数政治精英和跨国公司通过控制资源积累了巨额财富，而广大民众则处于贫困线以下。这种财富分配的不均不仅阻碍了非洲的经济发展，也加剧了该地区的社会不稳定性。

拉丁美洲也是财富分配不均的重灾区。尽管该地区的经济发展相对较快，但贫富差距依然十分严重。以巴西为例，虽然该国是全球第九大经济体，但其国内的贫富差距却在全球名列前茅。少数富有阶层控制了大部分财富，而广大民众则生活在贫困线以下，社会矛盾十分尖锐。

（4）贫富差距的社会后果

财富分配的不均不仅对经济发展产生了负面影响，也对社会产生了深远的后果。随着贫富差距的扩大，社会分裂加剧，不同阶层之间的矛盾和对立情绪逐渐加深。这种现象在一些发达国家表现得尤为明显，社会的不平等引发了广泛的社会不满，成为社会动荡的潜在根源。

此外，财富分配的不均还导致了社会资源的分配不公，教育、医疗等公共服务资源往往向富有阶层倾斜，而贫困人口则难以获得应有的社会保障和公共服务。这种资源分配的不均进一步加剧了社会的不平等，使得贫困人口难以通过自身努力改变处境，形成了社会阶层的固化。

3. 资本集中与财富分配不均的未来展望

在全球化和技术进步的推动下，资本集中和财富分配不均的趋势可能在未来进一步加剧。特别是随着数字经济的快速发展，少数科技巨头和金融机构可能进一步积累巨额财富，全球贫富差距可能继续扩大。

（1）技术进步的双重效应

技术进步既可能促进经济增长，也可能加剧财富的不均。以人工智能和自动化技术为例，这些技术的应用可能导致大量低技能工人失业，进而加剧社会的不平等。同时，掌握这些技术的企业和个人可能通过技术垄断积累巨额财富，进一步扩大贫富差距。

未来，技术进步可能带来更多的经济机遇，但也可能带来更多的社会挑战。如何在促进技术进步的同时，确保财富分配的公平性，将成为全球经济发展的重要议题。

（2）全球治理的挑战与机遇

全球化进程中的资本集中和财富分配不均，给全球治理带来了新的挑战。如何通过全球合作，缩小全球贫富差距，促进财富的公平分配，成为全球治理的重要议题。

未来，全球治理机构如联合国、国际货币基金组织等，可能在促进全球财富公平分配方面发挥更大的作用。同时，各国政府也需要加强合作，通过政策协调和资源共享，共同应对全球范围内的贫富差距问题。

（3）可持续发展的路径选择

在未来的经济发展中，如何实现可持续发展，将成为应对资本集中和财富分配不均的关键。通过推动绿色经济、促进社会公平和提高公共服务质量，全球社会可以在保持经济增长的同时，缩小贫富差距，实现经济的可持续发展。

　　未来，各国政府、企业和社会各界需要共同努力，推动财富的公平分配，促进社会的和谐与稳定。这不仅是实现可持续发展的必要条件，也是全球社会应对未来挑战的重要途径。

二、失序的资本如何推动全球经济不平等

1. 资本失序的背景与概念

　　全球化与自由市场经济的迅速发展，使得资本在全球范围内得以广泛流动。然而，资本的自由流动并未按理想中的市场规则进行，而是在失序的状态下无序扩张。这种资本失序指的是在缺乏有效监管和治理的情况下，资本通过不平等的方式获取利益，导致全球经济不平等现象加剧。

　　资本失序的一个显著特征是其逐利性，这种逐利性往往忽视了社会责任和环境可持续性。为了最大化利润，资本倾向于寻找那些监管薄弱、劳动成本低廉的地区进行投资和扩展。这不仅加剧了全球财富分配的不均，也导致了社会不平等和环境恶化。

　　（1）资本失序与全球化的关系

　　全球化本身并不是一个导致经济不平等的过程，但在资本失序的情况下，全球化往往变成了资本逐利的工具。资本借助全球化的便利，避开了发达国家的高税收和严格的劳动法规，转而将生产转移到发展中国家。这种转移并没有改善这些国家的经济状况，反而在某些情况下加剧了资本的逐利性和贫富差距。

　　全球化过程中的资本失序使得跨国公司可以通过复杂的供应链和金融结构，将利润转移到避税天堂，从而减少其在运营国家的税收负担。这不仅削弱了各国政府的财政能力，也使得全球范围内的财富更加集中在少数资本所有者手中。根据经济合作与发展组织（OECD）的数据显示，全球约有 40%的跨国公司通过避税策略大幅降低其税负，而这些资本并未对当地经济发展产生实际的推动作用，反而使得社会经济不平等加剧。

（2）资本自由化与金融失序

金融资本的自由化是资本失序的另一重要表现。在 20 世纪下半叶，特别是 20 世纪 80 年代以后，许多国家放松了对金融市场的监管，允许资本在全球范围内自由流动。这一政策初衷是为了促进经济增长和资源配置效率，但却在资本失序的情况下导致了全球范围内的金融不平等。

资本自由化使得全球金融市场更加开放和互联，但也让金融资本可以在缺乏监管的情况下，通过投机和套利获取超额利润。以 2008 年的全球金融危机为例，正是由于金融资本的失序和监管的缺失，大量金融机构通过复杂的金融衍生品进行投机，最终导致了全球范围内的经济衰退。这场危机的后果是贫富差距的进一步扩大，全球大量中低收入人群的财富缩水，而少数金融巨头则通过政府救助和市场波动获利颇丰。

金融资本失序对发展中国家影响尤为显著。这些国家往往因为资本的突然流入或流出而面临经济的剧烈波动。例如，亚洲金融危机期间，资本的大规模撤出导致了泰国、印尼等国的经济崩溃，使得这些国家的贫困人口急剧增加，社会不平等现象进一步加剧。

2. 资本失序如何加剧全球经济不平等

失序的资本通过多种渠道加剧了全球经济的不平等，从资本流动到跨国公司运作，每一个环节都在不平等的基础上进一步深化了全球的经济鸿沟。

（1）跨国公司的失序运作与财富转移

跨国公司在全球经济中扮演着重要角色，但它们的运作方式往往加剧了全球经济不平等。为了降低成本、最大化利润，跨国公司通常在全球范围内进行供应链布局，将生产和制造环节转移到劳动成本低廉、监管较为宽松的发展中国家，而将高附加值的环节保留在发达国家。这种运作方式虽然在短期内促进了全球贸易和经济增长，但却进一步拉大了发达国家和发展中国家之间的财富差距。

跨国公司的失序运作不仅影响了国家之间的财富分配，也导致了企业内部的收入不平等。高管层和股东通过股权分红和资本增值获取了大部分利润，而基层员工的工资和福利却长期停滞不前，甚至在某些情况下还出现了倒退。根据世界经济论坛的数据显示，全球范围内，企业高管和普通员工之间的收入差距在过去几十年里持续扩大，特别是在那些由跨国公司主导的行业中，这种差距尤为显著。

这种运作模式导致了全球范围内的财富转移。发达国家的资本通过跨国公司的全球化布局，在发展中国家获取了大量资源和市场份额，但这部分财富并未在这些国家实现再分配，而是通过资本回流或避税等手段返回发达国家，进一步加剧了全球范围内的经济不平等。

（2）劳动市场的失序与低收入群体的边缘化

资本失序的另一个重要表现是全球劳动市场的不平等加剧。在资本逐利的驱动下，劳动市场被分割成了高收入的精英阶层和低收入的边缘化群体。特别是在全球化背景下，资本倾向于投资于那些技术密集型产业，而将低技能工作外包或转移到发展中国家。这种资本配置方式导致了全球范围内的收入不平等。

在发达国家，由于自动化和技术进步，大量低技能岗位被淘汰，传统的制造业和服务业劳动者被边缘化，收入水平大幅下降，社会保障不足，贫困率上升。而那些掌握高科技和创新能力的精英则通过资本市场获取了巨额财富，形成了两极分化的社会结构。根据皮尤研究中心的报告，过去几十年里，美国中产阶级的收入占比不断下降，而富裕阶层的财富占比则持续上升，反映出劳动市场的不平等加剧。

在发展中国家，尽管全球化和资本流入在一定程度上创造了就业机会，但这些工作往往是低薪、缺乏保障的劳动密集型岗位。跨国公司为了追求最大利润，往往忽视了劳动者的权益，导致工人长期处于低收入状态，无法改善生活水平。这种劳动市场的不平等不仅限制了这些国家的发展潜力，也加剧了全球范围内的经济不平等。

（3）资本流动的失序与经济主权的丧失

资本失序还表现为资本流动的无序性和发展中国家经济主权的丧失。发展中国家为了吸引外资，往往在政策上作出让步，降低税率、放松监管，甚至在某些情况下允许跨国公司享有超过本国企业的特权。这种资本流动的失序不仅没有带来预期中的经济增长，反而使得这些国家的经济结构更加脆弱，对外资依赖性更强，经济主权逐渐丧失。

外资的大规模流入和流出往往带来经济的剧烈波动，尤其是在没有健全金融体系和监管机制的国家，资本流动失序会导致严重的经济危机。例如，拉丁美洲国家在 20 世纪后期频繁爆发的债务危机，就是由于资本流动失序所引发的。在资本流入期，这些国家通过外资推动了经济增长，但一旦资本外逃，经济便陷入衰退，贫困率急剧上升，经济不平等问题更加突出。

此外，资本流动失序还削弱了发展中国家的政策独立性和经济自主性。这些国家为了吸引和留住资本，不得不放弃一些社会福利政策和收入再分配措施，导致贫富差距进一步扩大。跨国公司通过控制资源和市场，操纵价格和供应链，进一步加剧了发展中国家内部的经济不平等。

3. 应对资本失序导致的经济不平等

要解决资本失序导致的全球经济不平等问题，必须采取多方面的措施，包括加强国际合作、改革全球治理机制以及推动各国的政策调整。

（1）强化全球经济治理与资本监管

首先，必须强化全球经济治理，特别是对跨国资本的监管。在当前全球化的背景下，资本的流动已经超越了国家边界，国际社会必须加强合作，通过多边机制对跨国资本进行有效监管。比如，建立全球统一的税收制度，打击跨国公司避税行为，确保资本的利润在全球范围内公平分配。

此外，各国政府应加强对金融资本的监管，防止金融市场的过度投机行为和泡沫经济的形成。通过国际金融监管机构的协调，可以在全球范围内推行更加稳健的金融政策，防止资本流动失序引发的经济危机。

（2）促进公平的全球贸易与投资

其次，促进公平的全球贸易与投资是应对资本失序的关键。各国应在贸易协定和投资协议中，加入有关劳动权利、环境保护和社会责任的条款，确保资本在全球范围内的运作符合可持续发展和社会公平的原则。通过多边贸易谈判，可以推动建立更加公平的全球贸易体系，防止资本通过不平等的贸易和投资方式获取超额利润。

（3）推动收入再分配与社会保障改革

最后，各国应推动收入再分配和社会保障改革，缩小国内的贫富差距。通过税收政策和福利制度的调整，可以在国内层面上抵消资本失序带来的不平等影响。比如，提高对高收入群体的税收，增加对低收入群体的社会保障，推动教育和医疗等公共服务的普及，增强社会的包容性和公平性。

总之，资本失序是推动全球经济不平等的主要因素之一，只有通过加强国际合作、改革全球治理机制以及各国的政策调整，才能有效应对这一挑战，推动全球经济向更加公平和可持续的方向发展。

三、不平等对社会稳定的冲击

1. 经济不平等与社会稳定之间的关系

经济不平等不仅是一个经济问题，更是一个社会问题。它直接影响着社会的稳定与和谐。在一个高度不平等的社会中，财富和机会集中在少数人手中，而大多数人则被排除在经济繁荣之外。这种财富和机会的分配不公会引发社会矛盾，导致不满和冲突的增加。

经济不平等与社会稳定之间的关系可以从以下几个方面进行分析：首先，经济不平等导致了社会阶层的固化，使得社会流动性下降。随着贫富差距的扩大，低收入群体难以通过努力改善自己的经济状况，这种无力感和挫折感会导致社会不满情绪的积累。其次，经济不平等破坏了社会的公平感和正义感，使得人们对社会制度的信任下降，增加了社会动荡的风险。最后，经济不平等还会导致社会资源的不公平分配，进而影响社会服务的质量和覆盖面，进一步加剧社会矛盾。

（1）社会阶层固化与社会流动性下降

经济不平等导致了社会阶层的固化，降低了社会的流动性。在一个高度

不平等的社会中，财富和资源往往集中在少数人手中，而大多数人则处于经济的底层。由于经济资源和机会的垄断，低收入群体很难通过努力实现向上流动，从而陷入贫困的恶性循环。

社会流动性是指个体或家庭在社会阶层结构中向上或向下移动的能力。在一个具有较高社会流动性的社会中，个人通过教育、劳动和创新等方式可以获得更多的机会，改善自己的经济状况，提升社会地位。然而，当社会流动性下降时，个人和家庭的社会地位会在代际间保持不变，社会阶层的固化会导致社会分裂，增加社会不稳定的风险。

以美国为例，近年来经济不平等的加剧导致社会流动性下降，越来越多的家庭陷入贫困。根据经济合作与发展组织（OECD）的研究，美国的社会流动性已经明显低于其他发达国家，贫困家庭的子女很难通过教育和就业改善经济状况。这种阶层固化现象不仅影响了社会的公平性，也加剧了社会不满情绪的积累，增加了社会动荡的风险。

（2）社会公平感与正义感的丧失

经济不平等会破坏社会的公平感和正义感，使得人们对社会制度的信任下降。在一个不平等的社会中，财富和机会的分配往往是不公正的，少数富人占据了大量的社会资源，而大多数人则被排斥在外。这种不公平的分配方式会导致社会成员之间的对立和不满情绪的增加，使得社会更加不稳定。

社会公平感和正义感是维持社会稳定的重要基础。人们只有在感受到社会的公平和正义时，才会对现行制度产生认同感，并愿意遵守社会规则。然而，当经济不平等加剧，特别是当这种不平等被认为是由不公正的制度造成时，社会成员的公平感和正义感会受到严重挑战，从而导致社会信任的丧失。

以拉丁美洲为例，这一地区长期以来一直是全球经济不平等最严重的地区之一。由于财富分配的不公和社会资源的集中，拉丁美洲国家频繁爆发社会动荡和政治危机。巴西、阿根廷等国的不平等问题不仅导致了贫困和犯罪率的上升，也使得社会对政府的信任度大幅下降，社会冲突和暴力事件屡见不鲜。这些现象表明，经济不平等破坏了社会的公平感和正义感，成为社会不稳定的重要根源。

（3）社会资源的分配不均与服务质量的下降

经济不平等还会导致社会资源的分配不均，进而影响社会服务的质量和覆盖面。在一个高度不平等的社会中，富人往往可以获得更多的社会资源，如优质的教育、医疗和住房等，而贫困群体则难以享受到这些基本服务。这种资源分配的不公会加剧社会矛盾，使得社会更加不稳定。

社会资源的不公平分配不仅体现在物质资源上，还体现在公共服务的质量和覆盖面上。在不平等社会中，政府往往更倾向于满足富人的需求，而忽视了贫困群体的基本权益。公共服务的质量下降和覆盖面的缩小，会导致社会不满情绪的积累，增加社会动荡的风险。

例如，在南非，尽管在种族隔离结束后政府实施了多项社会改革，但由于经济不平等的持续存在，贫富差距依然显著。富裕阶层可以享受到优质的私人教育和医疗服务，而大量贫困人口却面临着公共服务不足的问题。由于社会资源的分配不公，南非社会内部的矛盾不断激化，频繁爆发的抗议和骚乱就是这一现象的体现。

2. 经济不平等引发的社会不满与冲突

经济不平等不仅对社会的结构产生深远影响，还会引发社会不满情绪的积累，并最终导致社会冲突和动荡。随着贫富差距的扩大，社会各阶层之间的利益冲突加剧，不同群体之间的对立情绪也日益严重。

（1）贫富差距扩大与社会不满情绪的积累

贫富差距的扩大是引发社会不满情绪的重要因素。在一个不平等的社会中，低收入群体不仅面临着经济上的困境，还感受到社会地位的边缘化和不公平待遇。这种经济上的相对剥夺感会导致社会不满情绪的积累，使得人们对现行制度产生敌对态度。

社会不满情绪的积累往往是社会动荡的前兆。当经济不平等加剧时，低

收入群体难以通过合法渠道表达自己的诉求，往往会选择通过抗议、示威甚至暴力的方式来发泄不满。这种社会不满情绪的积累不仅会破坏社会秩序，还会对社会的稳定性产生严重威胁。

例如，在中东和北非地区，贫富差距的扩大和社会不公正现象的积累是2011年阿拉伯之春运动的重要背景之一。由于长期以来财富和机会集中在少数精英手中，而大多数人则生活在贫困和不公之中，这些国家的社会矛盾日益激化，最终爆发了大规模的抗议和社会动荡。这一事件充分说明了经济不平等如何引发社会不满情绪的积累，并导致社会冲突的爆发。

（2）社会对立情绪的增强与群体冲突

经济不平等还会加剧社会对立情绪，特别是不同群体之间的对立。在一个高度不平等的社会中，富人与穷人之间的利益冲突日益明显，社会各阶层之间的隔阂也越来越深。这种对立情绪的增强会导致群体之间的冲突，进一步破坏社会的稳定。

社会对立情绪的增强不仅体现在阶层之间，也体现在不同民族、种族和宗教群体之间。在一个经济不平等严重的社会中，不同群体往往会将经济困境归咎于其他群体，从而引发族群冲突和社会分裂。例如，在美国，经济不平等的加剧使得种族之间的对立情绪日益严重。黑人和拉丁裔等少数族裔在就业、教育和住房等方面长期处于不利地位，这种经济不平等现象加剧了种族之间的对立，导致了近年来频繁爆发的种族冲突和抗议活动。

（3）政治极化与社会动荡

经济不平等还会导致政治极化，从而增加社会动荡的风险。在一个高度不平等的社会中，不同阶层和群体往往会支持不同的政治立场和政策主张，这种政治上的分裂会导致社会的不稳定。

政治极化是指社会中不同群体在政治立场上的分裂和对立加剧。在一个经济不平等严重的社会中，富人往往支持维持现状的保守派政治力量，而穷人则倾向于支持改革或革命的激进派力量。这种政治上的极化不仅会导致社会的分裂，还会使得政府的治理能力受到挑战，增加社会动荡的风险。

例如，在欧洲，近年来经济不平等的加剧导致了极右翼和极左翼政治力量的崛起。这些极端政治力量利用社会的不满情绪，主张激进的经济和社会改革，吸引了大量失业和低收入群体的支持。这种政治极化现象不仅加剧了社会的分裂，还使得政府在应对社会问题时面临更大的困难，增加了社会不稳定的风险。

3．应对经济不平等带来的社会挑战

经济不平等对社会稳定的冲击是多方面的，解决这一问题需要从经济政策、社会制度和政治改革等多个层面入手，以缓解贫富差距，促进社会的和谐与稳定。

（1）促进公平的收入分配

首先，政府应通过税收政策和社会福利制度，促进公平的收入分配，缩小贫富差距。具体措施包括提高高收入群体的税收，增加对低收入群体的转移支付，以及扩大社会保障的覆盖面和力度。通过收入再分配，可以在一定程度上缓解经济不平等对社会稳定的负面影响。

（2）加强社会保障和公共服务

其次，政府应加强社会保障和公共服务的提供，特别是在教育、医疗和住房等基本社会服务领域。通过提高公共服务的质量和覆盖面，可以减少社会资源的不平等分配，增强社会成员的安全感和幸福感，从而降低社会不满情绪，促进社会的稳定与和谐。

（3）推动社会和谐的政治改革

最后，政府应推动社会和谐的政治改革，特别是在参与和民主治理方面。通过扩大公民的政治参与渠道，提高政府决策的透明度和公正性，可以增强社会各阶层对政府的信任，减少社会矛盾的激化。此外，政府还应积极应对政治极化现象，推动社会各群体之间的对话与合作，以实现社会的长治久安。

总之，经济不平等对社会稳定的冲击是多方面的，解决这一问题需要从收入分配、社会保障和政治改革等多个层面入手。只有通过综合措施，才能

有效应对经济不平等带来的社会挑战，促进社会的和谐与稳定。

第二节　金融危机与资本失序

一、金融市场的投机行为与泡沫经济

1. 投机行为的动因

（1）市场参与者的逐利动机

金融市场上的投机行为主要源于市场参与者的逐利动机。投机者在市场中寻找短期价格波动带来的获利机会，而不是通过长期投资来获取稳定的收益。这种逐利动机驱动着投机者不断寻找机会，通过高风险、高回报的操作在短期内获取巨额利润。

在投机者眼中，金融市场的价格波动本身就是一种商品，可以通过预测市场走势来获取收益。投机者通常会利用市场信息的不对称性、套利机会和市场操纵等手段来获取利润。这种逐利动机不仅推动了投机行为的发展，还加剧了市场的波动性和不确定性。

以 20 世纪 90 年代的东南亚金融危机为例，大量的国际资本涌入东南亚国家的股票和房地产市场，投机者期望通过短期操作从中获利。然而，当市场出现逆转时，这些资本迅速撤出，导致市场崩溃，引发了严重的金融危机。这一事件表明，市场参与者的逐利动机在推动投机行为的同时，也为金融市场埋下了不稳定的种子。

（2）金融衍生工具的滥用

金融衍生工具的滥用是投机行为的另一个重要动因。金融衍生工具是指基于某种基础资产或指标（如股票、债券、货币、利率等）的金融合约，常见的衍生工具包括期货、期权、掉期等。这些工具原本是为了管理风险和对冲不确定性而设计的，但在实践中却被广泛用于投机活动。

投机者利用衍生工具进行杠杆操作，以小额资金撬动大额交易，追求高回报。然而，这种高杠杆操作也意味着巨大的风险，一旦市场走势与预期相反，投机者可能面临巨额亏损，甚至导致市场的系统性风险。

例如，2008 年的全球金融危机中，复杂的金融衍生品，如次级抵押贷款支持证券（MBS）和信用违约互换（CDS）等被广泛用于投机活动。金融机构通过这些衍生品进行高杠杆操作，追求短期利润，然而当房地产市场崩溃时，这些衍生品迅速贬值，导致金融机构的巨额亏损，并最终引发了全球金融危机。

（3）市场信息的不对称性

市场信息的不对称性是投机行为的另一重要动因。在金融市场中，信息的获取和分析能力往往不平衡，部分市场参与者能够比其他人更早或更全面地获取市场信息，从而在市场操作中占据优势地位。

投机者利用信息不对称，通过内幕交易、市场操纵和高频交易等手段获取超额收益。这种信息不对称性不仅助长了投机行为，还加剧了市场的不公平性和不透明性，导致市场的失序和动荡。

例如，在 2001 年的安然公司丑闻中，公司管理层通过虚假财务报告和隐瞒债务等手段误导投资者，制造了公司的盈利假象。部分内部人员利用信息不对称进行股票交易，在公司破产前迅速抛售股票，从中获利，而普通投资者则在公司破产后遭受了巨额损失。这一事件揭示了信息不对称在推动投机行为方面的重要作用。

（4）政府政策的影响

政府政策的变化也可能成为投机行为的催化剂。政府在实施货币政策、财政政策或监管政策时，往往会对金融市场产生深远的影响。投机者通过预测政府政策的走向，利用政策变化带来的市场波动进行投机操作。

例如，在低利率政策的环境下，投机者倾向于借入低成本资金进行高风险投资，从而推动资产价格泡沫的形成。而当政府收紧货币政策，提高利率时，投机资本可能迅速撤出市场，导致资产价格暴跌，引发市场崩溃。

1997 年的亚洲金融危机中，泰国政府为了维持泰铢的固定汇率制度，实

施了高利率政策，吸引了大量投机资本的涌入。然而，当政府无法维持固定汇率时，投机资本迅速撤出，导致泰铢贬值和金融市场的崩溃。这一事件表明，政府政策的变化如何成为投机行为的催化剂，进一步加剧了金融市场的波动性。

2. 泡沫经济的形成

（1）资产价格的持续上涨

泡沫经济的形成通常始于资产价格的持续上涨。在金融市场中，资产价格的上涨往往会吸引更多的投资者和投机者入场，进一步推动资产价格的上升，形成正反馈循环。然而，当资产价格的上涨超出其基本面价值时，市场便开始出现泡沫。

资产价格的持续上涨通常伴随着市场的乐观情绪和投资者的非理性繁荣。投资者在市场中追逐高回报，忽视了资产价格上涨背后的风险，导致市场泡沫不断膨胀。然而，这种泡沫经济往往是不可持续的，当市场情绪逆转时，资产价格可能会迅速下跌，泡沫破裂，引发金融危机。

以 20 世纪末的美国"网络泡沫"为例，当时互联网相关公司的股票价格在短时间内大幅上涨，吸引了大量投资者和投机者的关注。然而，随着市场意识到这些公司缺乏实际盈利能力，市场情绪迅速逆转，互联网公司的股票价格暴跌，泡沫破裂，导致大量投资者损失惨重。

（2）投资者的非理性繁荣

投资者的非理性繁荣是泡沫经济形成的重要特征。在泡沫经济中，投资者往往被市场的乐观情绪所驱动，忽视了资产价格上涨背后的风险和基本面因素。他们相信市场会持续上涨，从而推动了投机行为的蔓延。

非理性繁荣通常表现为市场参与者的"羊群效应"，即投资者盲目跟随市场趋势，忽视了个体判断。这种现象导致市场价格的剧烈波动，并最终形成泡沫。当市场情绪逆转时，非理性繁荣迅速崩溃，资产价格大幅下跌，市场陷入恐慌。

1929 年的美国股市崩盘就是非理性繁荣导致泡沫经济破裂的典型案例。

在 20 世纪 20 年代，美国股市持续上涨，投资者普遍认为市场将继续走高，纷纷借贷购买股票，推动了股市泡沫的膨胀。然而，当市场情绪逆转时，股市崩盘，投资者损失惨重，引发了全球经济大萧条。

（3）金融机构的过度放贷

金融机构的过度放贷也是泡沫经济形成的重要原因。为了追求利润，金融机构往往放松信贷标准，向市场提供大量的贷款。这些贷款大多流入了高风险的投资领域，如房地产和股票市场，进一步推动了资产价格的上涨，形成了市场泡沫。

过度放贷不仅加剧了市场的投机行为，还增加了金融系统的脆弱性。当市场出现逆转时，借款人可能无法按时偿还贷款，金融机构将面临巨大的坏账风险，甚至可能引发金融危机。

例如，2008 年的全球金融危机中，美国的次级抵押贷款市场就是金融机构过度放贷导致泡沫经济形成的典型案例。金融机构通过放松贷款标准，向信用记录不良的借款人提供住房贷款，这些贷款被打包成金融衍生品，广泛在市场上出售。然而，当房地产市场下滑时，借款人无法偿还贷款，导致金融衍生品迅速贬值，金融机构遭受巨额亏损，引发了全球范围的金融危机。

（4）政府监管的缺失

政府监管的缺失是泡沫经济形成的重要因素之一。在金融市场中，政府监管机构的职责是确保市场的公平性、透明性和稳定性。然而，当政府监管不到位或存在缺陷时，投机行为和市场泡沫便会迅速发展，最终导致金融危机的发生。

监管缺失通常表现为对金融创新的放任、不合理的市场准入标准以及对金融机构风险管理的松懈。这种监管漏洞为投机行为的蔓延和市场泡沫的形成提供了土壤，使得金融市场的风险不断积累，最终导致泡沫破裂。

例如，在 2008 年的全球金融危机中，美国的金融监管机构未能有效监管次级抵押贷款市场和相关的金融衍生品交易，导致市场投机行为泛滥，资产价格泡沫不断膨胀，最终泡沫破裂，引发了全球金融市场的动荡。

3. 泡沫经济的后果

（1）金融市场的崩溃

泡沫经济破裂后的首要后果是金融市场的崩溃。当市场泡沫达到顶峰并开始破裂时，资产价格迅速下跌，投资者纷纷抛售资产，市场陷入恐慌。金融市场的崩溃不仅导致大量投资者损失惨重，还可能引发连锁反应，影响到整个金融系统的稳定。

以 1997 年的亚洲金融危机为例，当泰铢贬值、股市崩盘后，亚洲多个国家的金融市场迅速陷入混乱，资本外流、货币贬值和银行倒闭接踵而至，金融体系的崩溃导致了经济的全面衰退。

（2）实体经济的衰退

泡沫经济的破裂不仅影响金融市场，还对实体经济造成严重冲击。金融市场的崩溃通常会导致信贷紧缩，企业和消费者的借贷成本上升，消费和投资需求下降，进而导致经济增长放缓甚至衰退。大量企业倒闭、失业率上升，经济陷入低迷。

例如，2008 年的全球金融危机导致了全球范围内的经济衰退。金融机构的倒闭和信贷紧缩使得企业无法获得融资，消费和投资需求急剧下降，全球经济增长停滞，失业率大幅上升，特别是在欧美国家，经济衰退持续多年，直到实施大规模的财政刺激和货币宽松政策后，经济才逐渐复苏。

（3）社会不稳定的加剧

泡沫经济破裂后的社会后果通常是社会不稳定的加剧。金融市场的崩溃和实体经济的衰退往往导致失业率上升、贫困加剧和社会不满情绪的积聚。社会的收入分配不均和生活水平的下降会引发社会动荡，甚至导致政治极端主义的抬头。

例如，1929 年美国股市崩盘后，大萧条时期美国社会的不稳定达到了极点。失业率飙升、贫困加剧，社会矛盾激化，政府面临巨大的社会压力，这一时期的社会不稳定为后来的政治和经济改革埋下了伏笔。

4. 应对投机行为与泡沫经济的措施

（1）加强金融监管

为了防止投机行为和泡沫经济的形成，政府和监管机构应加强金融市场的监管。具体措施包括对金融衍生品的严格监管、限制高杠杆操作、加强信息披露要求，以及提高金融机构的风险管理能力。

（2）规范市场行为

政府应通过立法和政策引导金融市场的行为，规范投机行为，维护市场的公平性和透明度。政府还可以通过货币政策和财政政策，调控市场的流动性，防止资产价格泡沫的形成。

（3）加强投资者教育

政府和市场机构应加强对投资者的教育，提升投资者的风险意识和理性决策能力，减少非理性繁荣和"羊群效应"对市场的影响。

（4）推动国际合作

金融市场的全球化要求各国政府加强国际合作，共同应对跨境资本流动带来的风险。通过国际合作，可以有效监管跨国投机行为，防止全球金融市场的系统性风险。

总之，投机行为与泡沫经济是金融市场中不可忽视的现象。它们不仅对市场的稳定性构成威胁，还可能引发广泛的经济和社会问题。为了防范和应对这些风险，政府、监管机构和市场参与者必须共同努力，通过有效的监管、政策引导和市场教育，维持金融市场的健康发展。

二、金融危机对全球经济的破坏

1. 金融危机的资本因素概述

金融危机作为经济系统中的重大冲击事件，其发生往往伴随着资本市场的剧烈动荡。这种动荡不仅源于市场内部的技术性因素，更深层次的驱动力是资本的逐利性与其在市场中的失序。资本在追逐利润最大化的过程中，可能导致市场的过度投机、资产价格泡沫的形成以及金融杠杆的过度使用，这些因素共同构成了金融危机的资本根源。

从历史上看，许多金融危机的发生都可以追溯到资本市场的失序，例如1980年代的美国储贷危机、1997年的亚洲金融危机、2008年的全球金融危机等。这些危机的共性在于，资本在寻求短期高回报的过程中忽视了长期的风险管理和市场稳定，最终导致了系统性风险的积累和爆发。

2. 资本逐利与市场泡沫的形成

（1）资本逐利性驱动的投机行为

资本的逐利性是市场运作的核心动力之一，但在资本市场中，这种逐利性往往会催生出投机行为。投机者利用市场信息的不对称性和短期价格波动，通过高频交易、杠杆操作等手段，追求高额利润。这种行为虽然能够带来短期的收益，但从长期来看，却可能导致市场的不稳定性。

以2008年全球金融危机为例，当时的美国房地产市场成为了投机资本的主要目标。投资者利用低利率环境和放松的贷款标准，进行大规模的房产投资和高杠杆操作，推高了房价。然而，随着次级抵押贷款市场的崩溃，房地产泡沫破裂，资本迅速撤出，导致了市场的剧烈波动和金融系统的崩溃。

（2）资产价格泡沫的膨胀

资产价格泡沫的形成通常是资本在市场中追逐高回报的结果。当市场处于牛市或经济繁荣期时，资本大量涌入某些资产领域，推高了这些资产的价格。投资者往往预期价格将继续上涨，从而进一步推动了市场的非理性繁荣。这种资产价格的持续上涨逐渐脱离了其基本面，形成了泡沫。

泡沫经济的典型例子包括2000年的"网络泡沫"以及2008年的房地产泡沫。在这些案例中，资本的过度集中和市场的非理性繁荣共同推动了资产价格的迅速膨胀。然而，当市场情绪逆转或经济基本面发生变化时，泡沫往往会迅速破裂，导致资产价格的大幅下跌，进而引发金融危机。

（3）金融杠杆的滥用

资本市场中，金融杠杆的广泛使用是资产泡沫形成的重要推动因素之一。金融杠杆使得投资者能够以较少的自有资金撬动更大规模的投资，从而放大了潜在的回报。然而，高杠杆操作也伴随着高风险，一旦市场发生逆转，投资者可能会面临巨额亏损，甚至引发连锁反应。

在 2008 年的全球金融危机中，次级抵押贷款市场的大规模扩张正是依赖于高杠杆操作。金融机构通过复杂的金融衍生品，将高风险的次级贷款打包出售，这些衍生品被进一步杠杆化，放大了整个金融系统的风险。当房地产市场出现问题时，这些杠杆化的金融工具迅速贬值，导致金融机构面临巨额损失，最终引发了全球金融市场的崩溃。

3. 金融危机对全球经济的连锁反应

（1）金融市场的崩溃与信贷紧缩

金融危机爆发后，资本市场的崩溃往往会导致全球金融体系的动荡。资产价格的急剧下跌使得投资者和金融机构的资产负债表严重受损，市场流动性迅速枯竭，信贷紧缩现象随之而来。银行和其他金融机构为了防范风险，纷纷收紧信贷条件，减少放贷。这种信贷紧缩不仅抑制了企业的投资和消费者的支出，还导致了实体经济的恶化。

以 2008 年的金融危机为例，危机爆发后，美国和欧洲的主要银行纷纷面临破产或严重的流动性危机。信贷市场陷入停滞，大量企业无法获得运营所需的资金，消费者信心大幅下降，经济活动骤然减缓。全球经济因此陷入了深度衰退，失业率大幅上升，经济增长停滞。

（2）全球贸易的萎缩

金融危机的蔓延不仅影响到金融市场，还对全球贸易产生了严重冲击。金融体系的不稳定和信贷紧缩使得跨国贸易和投资活动大幅减少，全球供应链受到冲击。企业在面临融资困难的情况下，纷纷缩减生产规模和跨境业务，导致国际贸易额大幅下降。

在 2008 年的全球金融危机期间，全球贸易额出现了大幅下滑。根据世界贸易组织（WTO）的数据，2009 年全球贸易量下降了 12%，这是自二战以来最大的年度降幅。这一现象不仅影响了全球经济的增长，还加剧了各国之间的经济不平衡，使得一些依赖出口的国家面临更为严重的经济困境。

（3）实体经济的衰退与失业率的上升

金融危机对实体经济的冲击往往是深远且广泛的。当金融市场崩溃、信贷紧缩时，企业的融资能力受到严重限制，生产投资活动大幅减少。经济活动的下降导致企业利润减少，许多公司不得不裁员、关闭生产线或倒闭，从而引发大规模的失业潮。

在2008年的金融危机中，美国的失业率在危机后期达到了10%以上，全球范围内的失业人数增加了数千万。失业率的上升不仅导致了个人和家庭的经济困境，也使得社会矛盾加剧，影响了社会的稳定性和公共秩序。

（4）政府债务的飙升与财政压力

金融危机爆发后，各国政府为了应对经济衰退和金融市场的不稳定，纷纷采取了大规模的财政刺激措施，包括救助银行业、扩大公共支出和减税等。这些措施在短期内帮助稳定了市场和经济，但也导致了政府债务的急剧增加。

例如，在2008年金融危机后，美国政府实施了总额达数万亿美元的经济刺激计划，用于救助金融机构和促进经济复苏。虽然这些措施成功地缓解了危机的最严重影响，但也使得美国的国债规模急剧扩大，财政赤字不断攀升。政府债务的激增使得后续的财政政策面临更大的压力，也为未来的经济发展埋下了隐患。

4. 资本失序与系统性风险的扩散

（1）全球金融市场的高度关联性

现代金融市场的高度全球化和关联性，使得一个国家或地区的金融危机很容易扩散至全球。资本在全球范围内的自由流动加剧了金融市场的相互依赖性，当一个市场出现动荡时，其他市场往往会受到连带影响。

在2008年的全球金融危机中，美国次贷危机的爆发迅速波及到全球金融市场，欧洲和亚洲的银行纷纷受到影响，导致全球范围内的股市暴跌和金融系统的不稳定。这种金融危机的传染性表明，资本市场的高度关联性使得系统性风险难以控制，一旦危机爆发，可能引发全球经济的连锁反应。

（2）资本失序与监管缺失

资本市场的失序往往与监管的缺失密切相关。在追求高利润的过程中，金融机构和投资者往往通过创新的金融工具和复杂的交易结构，绕过监管法规，进行高风险的操作。这种行为不仅加剧了市场的投机性，也使得系统性风险难以被及时识别和管理。

2008年的全球金融危机就是资本失序与监管缺失相互作用的典型例子。金融机构通过复杂的衍生品交易和高杠杆操作，积累了大量的系统性风险，而监管机构未能有效监控这些风险的累积。当次贷市场崩溃时，这些隐藏的风险迅速暴露，导致全球金融系统的崩溃。

（3）系统性风险的全球扩散

金融危机爆发后，资本市场的系统性风险往往会通过各种渠道扩散到全球经济中。这种扩散不仅表现在金融市场的动荡上，还可能影响到实体经济、国际贸易、汇率波动等多个方面。系统性风险的扩散使得危机的影响范围更为广泛，后果更为严重。

例如，2008年金融危机后，全球经济陷入了深度衰退。金融系统的不稳定导致信贷市场冻结，企业无法获得融资，生产活动大幅减少，国际贸易急剧萎缩。这种系统性风险的全球扩散使得各国经济都受到严重影响，复苏过程也因此更加艰难。

5. 应对金融危机的资本因素

（1）强化全球金融监管

为了应对金融危机中资本因素带来的挑战，全球金融监管的强化是必要的。各国政府应加强国际合作，制定统一的金融监管标准，提高对跨境资本流动和金融创新的监管力度，以防止资本失序导致的系统性风险。

（2）推动金融市场的透明化

提高金融市场的透明度是防范投机行为和资本失序的重要措施。金融机构应加强信息披露，确保投资者和监管机构能够及时了解市场风险状况。政府也应通过立法和政策，引导市场行为，维护市场的公平性和透明度。

（3）加强系统性风险管理

系统性风险的管理是应对金融危机的关键。金融机构和监管机构应加强对系统性风险的识别和管理，建立完善的风险预警和应对机制，防止风险的累积和扩散。同时，政府应加强对金融市场的宏观审慎管理，以减少系统性风险对全球经济的影响。

总之，资本因素在金融危机中的作用是深远而复杂的。理解和应对这些因素，不仅需要政府和监管机构的积极参与，还需要金融市场的自我规范和投资者的理性决策。通过有效的监管、政策引导和市场教育，金融市场的稳定性和健康发展才能得到保障。

三、资本失序中的监管失灵

1. 金融监管的基本职能与挑战

金融监管是维护金融市场秩序和稳定的重要机制。其基本职能包括防范系统性风险、保护投资者利益、维护市场公平性，以及促进金融市场的可持续发展。然而，随着全球金融市场的复杂化和资本的高度流动性，金融监管面临着越来越多的挑战。

（1）金融市场的复杂性与监管难度的增加

现代金融市场的发展带来了诸多创新和复杂的金融工具，如衍生品、对冲基金、和高频交易等，这些工具的出现使得市场变得更加复杂和难以监管。金融机构通过这些工具进行高杠杆操作和跨境资本流动，增加了市场的不透明性和系统性风险的累积，而这些新兴风险往往难以被传统的监管机制及时识别和应对。

（2）资本全球化与监管协调的挑战

随着资本全球化进程的加快，金融市场的跨境资本流动性显著增强，使得单一国家的监管政策难以应对全球性风险。例如，一国的金融危机可能迅速蔓延至全球，而各国在金融监管上的分歧和协调不足，往往导致危机的扩大化和复杂化。不同国家的金融监管标准和政策差异，使得跨国金融机构容

易利用监管套利，在监管较为宽松的市场进行高风险操作，从而加剧全球金融体系的脆弱性。

2. 资本失序与监管失灵的表现

（1）市场泡沫与监管滞后

在资本市场中，资产价格的非理性上涨往往伴随着监管的滞后。在市场繁荣时期，投资者和金融机构的风险偏好增加，导致资产价格不断攀升。此时，监管机构往往未能及时采取措施进行干预，市场泡沫迅速膨胀，最终导致资产价格泡沫破裂，金融危机爆发。

以 2008 年全球金融危机为例，美国房地产市场的泡沫形成期间，监管机构未能对次级抵押贷款市场进行有效监管，导致大量高风险贷款积聚在金融系统内。尽管市场中已经出现了明显的风险信号，但由于政治压力、利益集团的影响以及对市场自我调节能力的过度依赖，监管措施迟迟未能到位，最终酿成了全球性的金融危机。

（2）影子银行系统与监管空白

影子银行系统（Shadow Banking System）是指那些在传统银行体系之外运作，但执行类似银行功能的金融实体和活动。这些影子银行系统通常不受传统银行监管框架的约束，却参与到信用创造和金融市场操作中，成为了系统性风险的重要来源。影子银行系统的存在和扩展，进一步加剧了资本失序的风险。

由于影子银行系统的复杂性和隐蔽性，监管机构难以全面掌握其运作情况。缺乏监管的影子银行系统可以进行高杠杆操作和风险转移，推高了金融市场的风险水平。2008 年的金融危机中，大量影子银行活动助长了金融泡沫的形成和风险的传播，加剧了危机的严重性。

（3）金融衍生品市场的失控

金融衍生品的广泛使用是资本失序的重要表现之一。衍生品市场的膨胀使得金融风险更加复杂和难以预测，特别是在监管不力的情况下，衍生品成为了投机和风险转移的重要工具。例如，信用违约掉期（CDS）等衍生品在金融危机中扮演了重要角色，它们被广泛用于风险规避和投机，却也成为了金融系统中风险扩散的渠道。

衍生品市场的复杂性使得监管机构难以全面监控和管理其风险。许多衍生品交易是在场外市场进行，缺乏透明度和监管，使得监管者难以识别和应对系统性风险的累积。当危机来临时，衍生品市场的失控往往会放大市场波动，导致金融系统的崩溃。

（4）政治影响与监管捕获

监管捕获（Regulatory Capture）是指监管机构被行业利益集团影响或控制，导致其无法有效履行监管职能。资本在金融市场中的强大影响力使得监管捕获成为了一个普遍现象。通过游说、政治捐款和其他影响手段，资本利益集团往往能够影响监管政策的制定和实施，使得监管机构在面对资本失序时缺乏足够的独立性和执行力。

在 2008 年的金融危机前，美国的许多监管机构被认为是受到了华尔街大型金融机构的影响，未能对金融市场中的高风险行为进行有效监管。例如，投资银行和其他金融机构通过游说，成功阻止了对衍生品市场的有效监管，最终导致了系统性风险的累积和爆发。

3. 应对资本失序的监管改革措施

（1）强化金融市场的透明度

提高金融市场的透明度是应对资本失序的关键措施之一。监管机构应要求金融机构加强信息披露，确保市场参与者和监管者能够及时、准确地了解市场风险状况。特别是在衍生品市场，应该通过建立集中清算平台和交易报告机制，提升交易的透明度，减少系统性风险的隐患。

（2）加强对系统性风险的监管

系统性风险的监管是防范金融危机的重要环节。监管机构应加强对大规模金融机构和跨境资本流动的监控，确保这些机构的风险管理符合全球标准。同时，应建立跨国监管合作机制，加强国际金融监管协调，防止资本在全球范围内的失序扩散。

例如，金融稳定理事会（FSB）在金融危机后成立，旨在促进国际金融监管的协调和系统性风险的管理。通过强化全球金融体系的稳健性，FSB 为应对未来可能出现的金融危机提供了一个重要的监管框架。

（3）改进宏观审慎监管

宏观审慎监管（Macroprudential Regulation）是指通过政策措施防范和控制系统性金融风险的累积。它关注整个金融体系的稳定性，而不仅是单个金融机构的稳健性。宏观审慎监管的核心目标是通过逆周期资本缓冲、杠杆率限制和风险权重调整等措施，减少金融体系的脆弱性和风险传染效应。

在 2008 年金融危机后，许多国家的监管机构开始采用宏观审慎监管工具，以防止金融体系的过度杠杆化和资产价格泡沫的形成。通过这些措施，监管者能够更好地应对资本失序所带来的系统性风险，维护金融市场的长期稳定。

（4）提高监管机构的独立性与问责性

为了应对监管捕获问题，提升监管机构的独立性和问责性是必要的。监管机构应脱离行业利益的影响，保持政策制定和执行的独立性。同时，应建立健全的问责机制，确保监管机构在应对资本失序时能够有效履行职责。

例如，欧盟在金融危机后加强了对欧盟范围内金融监管机构的独立性和问责性，通过设立新的监管机构，如欧洲系统风险委员会（ESRB），来监督和管理系统性风险。这些措施旨在确保金融监管的有效性，减少资本失序对市场稳定的负面影响。

（5）推动国际金融监管合作

资本全球化背景下，单一国家的金融监管往往无法应对全球性金融风险。因此，推动国际金融监管合作，建立统一的全球监管标准，是应对资本失序的重要手段。通过国际合作，各国能够共享信息、协调政策，共同应对跨境资本流动带来的挑战。

例如，巴塞尔委员会通过制定《巴塞尔协议》系列标准，推动全球银行监管的统一化。通过设立资本充足率、杠杆率等监管指标，《巴塞尔协议》为

全球银行业提供了一个共同的监管框架，有效降低了跨境金融风险的传染性。

4. 未来金融监管的展望

（1）金融科技与监管科技的融合

随着金融科技（Fintech）的迅速发展，传统的金融监管模式面临新的挑战和机遇。金融科技带来了金融服务的创新，同时也带来了新的风险和不确定性。因此，监管机构需要借助监管科技（Regtech）的手段，提升监管效率和效果。

通过大数据分析、人工智能和区块链技术，监管机构能够更好地监测市场动态、识别风险，并采取及时的监管措施。这种技术驱动的监管模式将有助于应对未来可能出现的资本失序，维护金融市场的稳定性。

（2）绿色金融监管的兴起

全球气候变化和环境问题的加剧，使得绿色金融监管成为一个新的焦点。资本市场在环境保护和可持续发展中扮演着重要角色，如何通过金融监管引导资本流向绿色产业，防止资本失序对环境的负面影响，是未来金融监管的重要议题。

绿色金融监管要求金融机构在其投资和融资活动中考虑环境风险，并通过政策激励和市场引导，推动绿色金融的发展。随着全球对可持续发展的关注度提升，绿色金融监管将在未来的金融体系中占据重要地位。

第三节　社会不平等与阶级固化

一、社会阶层的分化与固化

1. 社会阶层的演变与分化

社会阶层是指社会成员根据经济地位、社会地位和政治权力等因素划分出来的不同社会群体。随着历史的发展，社会阶层的结构和分化模式经历了多次演变。在传统的封建社会，社会阶层基本上是由血缘、家族和土地占有决定的，阶层的流动性非常低。而随着工业革命的到来，资本主义社会逐渐形成，社会阶层的分化开始以经济收入、职业类型和教育背景等因素为基础，阶层之间的流动性也有所增加。

然而，随着资本主义的发展，社会阶层的分化愈发明显。资本主义社会的生产方式和市场机制在推动经济增长的同时，也加剧了社会不平等的扩大。少数资本家和富有阶层通过资本积累和垄断，掌握了大量的社会资源和经济权力，而广大劳动阶层则在市场竞争中处于弱势地位，收入水平低下，生活条件相对贫困。

这种社会阶层的分化不仅体现在经济收入的差距上，还包括社会地位、教育机会和政治影响力的不同。例如，高收入阶层往往能够享受更好的教育资源、医疗条件和居住环境，而低收入阶层则在这些方面面临严重的不足。这种分化进一步加剧了社会的不平等，并使得阶层之间的鸿沟逐渐扩大。

2. 阶级固化的形成机制

社会阶层的固化是指社会阶层之间的流动性降低，个人难以通过努力改变自己的社会地位，从而使得阶层结构变得僵化。阶级固化现象的形成机制复杂多样，主要包括以下几个方面：

（1）教育资源的分配不均

教育资源的分配不均是导致阶层固化的重要因素之一。优质教育资源往往集中在富裕阶层和富裕地区，而低收入家庭的子女则难以获得同等的教育机会。这种教育资源的不平等使得富裕阶层的子女更容易获得高学历和高收入的工作，从而维持甚至扩大他们的社会地位，而低收入阶层的子女则陷入教育质量低下、职业选择受限的困境中，难以打破社会阶层的壁垒。

（2）经济资源的集中和财富的代际传递

经济资源的集中和财富的代际传递也是阶级固化的一个重要机制。富裕阶层不仅通过经济资本积累财富，还通过财产继承、投资和商业网络等手段将财富和社会地位传递给后代。这种财富的代际传递使得富裕阶层的后代在经济和社会上占据了显著优势，而低收入阶层的后代则难以获得同样的资源和机会，导致阶层间的流动性降低。

（3）社会资本的差异

社会资本是指个体通过社会关系和网络获得的资源和支持。在阶层固化的背景下，富裕阶层通常拥有更广泛、更有影响力的社会关系网络，这些网络可以为他们提供更多的就业机会、商业合作和社会支持。而低收入阶层由于社会资本的不足，在就业、升迁和社会参与等方面面临更多的困难，从而难以实现阶层的跨越。

（4）政治权力和政策的影响

政治权力和政策也在阶级固化中起到了推波助澜的作用。富裕阶层往往能够通过政治捐款、游说和利益集团等方式影响政策制定，以维护和扩大自身的利益。例如，一些国家的税收政策、福利制度和金融监管政策在一定程度上偏向于富裕阶层，使得他们能够在资本市场和经济竞争中获得更多的优势。这种政策上的倾斜进一步固化了社会阶层之间的差距，限制了底层社会成员的上升空间。

（5）劳动市场的分割

劳动市场的分割也是阶层固化的一个重要表现。现代社会的劳动市场往往被分割为高技能、高收入的职位和低技能、低收入的职位。这种分割不仅体现在职业类别上，还包括地域、行业和性别等方面的分化。由于劳动市场的分割，低收入阶层的成员难以获得高薪职业的机会，从而导致他们难以摆脱贫困，维持甚至恶化了阶级固化的现象。

3. 阶级固化的社会影响

阶级固化的社会影响是多方面的，它不仅加剧了社会不平等，还对社会的整体稳定性、经济发展和社会公正产生了深远的影响。

（1）社会不平等的加剧

阶级固化直接导致了社会不平等的加剧。富裕阶层通过对资源的垄断和财富的积累，继续扩大与低收入阶层之间的差距。这种不平等不仅体现在收入分配上，还体现在生活质量、教育机会、医疗条件和政治参与等多个方面。随着社会不平等的扩大，社会的分裂和矛盾也愈加突出，容易引发社会动荡和冲突。

（2）社会流动性的下降

阶级固化导致社会流动性的下降，个体难以通过自身努力改变社会地位。社会流动性是衡量一个社会开放性和公平性的重要指标，而阶级固化则使得这种流动性大幅降低，造成社会阶层的固定化和封闭化。这种现象不仅抑制了社会创新和活力，还导致了社会成员的挫败感和无力感，削弱了社会的凝聚力和向心力。

（3）经济发展的阻碍

阶级固化对经济发展也产生了负面影响。在一个社会流动性较低的环境中，许多有才能和创造力的个体可能因为出身阶层的限制而无法获得相应的教育和职业机会，导致人才的浪费和社会资源的低效配置。另一方面，富裕阶层的垄断行为和利益固守也可能阻碍市场竞争和创新，削弱经济增长的动力和潜力。

（4）社会公正感的丧失

阶级固化削弱了社会成员对社会公正的信任感。当人们普遍感到无论如何努力都无法改变自己的社会地位时，社会公正感就会受到严重冲击。这种感受不仅导致社会成员的疏离和冷漠，还可能引发对社会制度的不满和抵制，危及社会的稳定和和谐。

4.阶级固化的应对措施

为了应对阶级固化带来的社会问题，社会各界需要采取一系列措施来增强社会流动性、减少不平等、促进社会公平。

（1）教育公平的推动

教育公平是打破阶级固化的重要途径。政府和社会应加大对教育资源的投入，尤其是在贫困地区和弱势群体中提供优质教育资源。通过普及教育、提升教育质量和保障教育机会，可以为更多人提供通过教育改变命运的机会，

增强社会流动性。

（2）财富分配的改革

财富分配的公平性对减少社会不平等、打破阶层固化至关重要。政府可以通过税收制度改革、财富再分配政策和社会保障体系的完善，减少财富集中和经济资源的不均分布。此外，鼓励企业实行公平薪酬政策，缩小企业内部的收入差距，也是推动社会平等的重要措施。

（3）社会资本的培育

社会资本的培育是增强社会流动性、促进阶层跨越的重要手段。政府和社会组织应积极推动社区建设、志愿服务和社会合作，增强社会成员之间的联系和支持网络。同时，通过职业培训、就业服务和创业支持等方式，帮助低收入阶层增强社会资本，提高他们在劳动力市场中的竞争力。

（4）政治参与的扩大

扩大政治参与是增强社会公正、减少阶级固化的重要手段。政府应推动民主制度建设，保障社会各阶层的平等参与权，特别是弱势群体的政治参与机会。此外，加强对利益集团和政治捐款的监管，防止富裕阶层对政治决策的不当影响，确保政策制定的公正性和透明度。

二、社会流动性的降低与阶级对立

1. 社会流动性的概念与重要性

社会流动性指的是社会成员在社会阶层之间的移动能力，包括向上流动（提升社会地位）和向下流动（降低社会地位）。高社会流动性通常意味着一个社会中的个人和家庭有机会通过努力和才干提升社会地位，从而实现个人发展和社会公平。因此，社会流动性是社会开放性、公平性和活力的重要标志。

社会流动性对个体和社会整体都具有重要意义。对于个体而言，高社会流动性提供了通过教育、职业和经济机会改善生活条件的可能性；而对于社会而言，流动性保证了人才的合理配置，减少了社会不平等，增强了社会的

创新能力和经济活力。

　　然而，近年来许多国家和地区的社会流动性呈现出下降趋势，这一趋势不仅加剧了社会不平等，还引发了阶级对立的加剧，对社会的稳定和可持续发展构成了严峻挑战。

　　2. 社会流动性降低的原因

　　社会流动性的降低是多种因素共同作用的结果，主要包括以下几个方面：

　　（1）经济不平等的扩大

　　经济不平等的扩大是导致社会流动性降低的主要原因之一。随着全球化和技术进步的推进，高收入阶层通过资本积累、金融投资和企业控制等方式不断扩大其财富和经济优势，而低收入阶层的实际收入和生活水平则相对停滞甚至下降。这种经济不平等的扩大使得富裕阶层能够通过代际传递财富和资源，保持其社会地位的稳定，而低收入阶层则因缺乏资源和机会，难以实现社会地位的上升。

　　（2）教育资源的不平等

　　教育资源的不平等是社会流动性降低的另一个重要原因。在许多国家，优质教育资源集中在富裕地区和富裕家庭，而贫困家庭的子女则难以获得同等的教育机会。这种教育资源的不均衡导致了"阶级再生产"现象，即社会阶层通过教育资源的继承与分配得到延续，富裕家庭的子女更容易获得高学历和高收入的工作，从而保持和延续家庭的社会地位，而贫困家庭的子女则因教育质量的低下而难以突破阶层的限制。

　　（3）劳动力市场的分割

　　劳动力市场的分割和结构性失业也是社会流动性降低的重要因素。在现代经济中，劳动力市场逐渐分化为高技能、高收入的职业和低技能、低收入的职业。高技能职业往往需要较高的教育背景和社会资本，而低技能劳动者则面临就业机会有限、工资低廉和职业上升空间狭窄的困境。这种劳动力市场的分割使得低收入阶层难以通过职业晋升改变社会地位，从而导致社会流动性的降低。

（4）社会资本的匮乏

社会资本指的是个体通过社会关系和网络获得的资源和支持。在一个社会流动性低下的环境中，社会资本的匮乏进一步加剧了社会阶层的固化。高收入阶层通常拥有更广泛、更有影响力的社会关系网络，这些网络可以为他们提供更多的就业机会、商业合作和社会支持，而低收入阶层由于社会资本的不足，在就业、升迁和社会参与等方面面临更多的困难，从而难以实现社会阶层的跨越。

（5）政策与制度的限制

政策和制度的设计在很大程度上影响着社会流动性。一些政策可能无意中加剧了社会阶层的固化，例如，过于严格的劳动力市场管制、高昂的教育费用、以及不公平的税收制度等。这些政策和制度限制了低收入阶层获得平等机会的可能性，从而阻碍了社会流动性的实现。

3. 社会流动性降低的后果

社会流动性降低带来了严重的社会后果，特别是加剧了阶级对立和社会紧张。

（1）阶级对立的加剧

社会流动性降低使得社会阶层之间的界限变得更加分明，阶级对立也因此愈加激化。富裕阶层通过各种手段巩固和延续其社会地位，而低收入阶层则因缺乏机会和资源而被困在社会底层，导致阶级之间的不满和敌意不断积累。阶级对立的加剧不仅表现为经济利益的冲突，还反映在社会文化、政治观点和生活方式的差异上，最终可能引发社会的分裂和对抗。

（2）社会不平等的恶化

社会流动性降低导致社会不平等进一步恶化。由于个体难以通过努力改变其社会地位，富裕阶层的财富和资源不断积累，而低收入阶层的贫困状况则难以改善。这种不平等的固化不仅侵蚀了社会公平的基础，还对社会的整体稳定性构成了威胁。在一个不平等日益加剧的社会中，社会成员之间的信任感下降，社会矛盾增多，甚至可能导致社会动荡和暴力事件的发生。

（3）经济增长的减缓

社会流动性的降低对经济增长也产生了负面影响。社会流动性有助于激励个体通过努力和创新提升自身的经济地位，从而推动经济发展。然而，当社会流动性降低时，低收入阶层的机会受到限制，导致人才的浪费和创新能力的不足。此外，社会阶层的固化和经济不平等的扩大也可能削弱消费者的购买力，抑制市场需求，最终影响经济的可持续增长。

（4）社会信任与公正感的丧失

在社会流动性降低的环境中，社会成员对社会的信任和公正感可能受到严重打击。人们可能普遍认为社会阶层的上升几乎是不可能的，导致对社会制度和政府的信任感下降。这种信任感的丧失不仅会导致社会成员的疏离和冷漠，还可能引发对社会制度的不满和反抗，危及社会的稳定和和谐。

（5）代际不平等的传递

社会流动性降低还可能导致代际不平等的延续。由于教育资源、经济资本和社会资本的传递，富裕家庭的子女更容易保持其社会地位，而贫困家庭的子女则难以突破阶层的限制，继续处于社会底层。这种代际不平等的传递使得社会阶层的流动性进一步降低，固化了社会的不平等结构，阻碍了社会的长期发展。

4. 阶级对立的表现形式

阶级对立在社会流动性降低的背景下表现为多种形式，包括经济对立、文化对立和政治对立。

（1）经济对立

经济对立是阶级对立最直接的表现形式。富裕阶层和低收入阶层在经济利益上的冲突日益尖锐，表现为财富分配的不公、劳动报酬的差距、以及对资源和机会的争夺。在经济对立加剧的情况下，低收入阶层可能会通过抗议、罢工和抵制等方式表达不满，而富裕阶层则可能采取进一步巩固自身利益的措施，导致阶级对立的进一步恶化。

（2）文化对立

文化对立是阶级对立的另一种表现形式。社会阶层的分化往往伴随着文化上的差异和对立。富裕阶层和低收入阶层在生活方式、价值观念、教育背景和社会态度等方面存在显著差异，这些差异可能导致彼此之间的误解、偏见和排斥。在文化对立加剧的情况下，不同社会阶层之间的沟通和理解变得更加困难，社会的凝聚力和团结性受到挑战。

（3）政治对立

政治对立是阶级对立在政治领域的延伸。不同社会阶层的政治立场和利益诉求往往存在显著差异，富裕阶层通常倾向于支持有利于自身经济利益的政策，而低收入阶层则更倾向于支持有利于社会公平和福利保障的政策。这种政治立场的对立可能导致社会的政治极化，增加政策制定的难度，并加剧社会的分裂和冲突。

第四节　劳动与生产力的矛盾

一、现代劳动者的困境

1. 劳动者面临的经济压力

在现代社会中，经济压力成为了劳动者面临的首要困境。随着生活成本的不断上升，尤其是在城市化进程加速的背景下，住房、教育、医疗等基本生活需求的支出显著增加。尽管许多劳动者的名义工资有所增长，但实际收入在通货膨胀和生活成本上升的双重压力下往往并未显著改善。与此同时，劳动市场上的竞争日趋激烈，尤其是在高技能岗位和高薪行业中，劳动者不仅需要保持长时间的工作，还需要不断提升自身的技能，以应对快速变化的市场需求。这种经济压力使得许多劳动者感到疲惫不堪，甚至陷入"工作贫困"的状态，即尽管有工作，但收入不足以应对生活开支。

此外，全球化带来的产业转移和技术进步导致了许多传统岗位的消失，使得一些劳动者失去了稳定的就业机会。即使他们能够找到新的工作，往往也只能接受更低的工资和更差的工作条件。这种经济不稳定性进一步加剧了劳动者的经济压力，使得他们在生活和职业发展中面临着更多的不确定性和焦虑感。

2. 劳动强度与健康问题

随着现代经济的发展，劳动强度的增加和工作时间的延长已经成为普遍现象。尤其在技术密集型行业和服务业，劳动者往往需要长时间的集中精力，并且在高压环境中工作。这种高强度的劳动不仅消耗了劳动者的体力和精力，还对他们的身心健康造成了严重影响。长时间的工作和高压的工作环境容易导致劳动者患上各种职业病，如颈椎病、腰椎间盘突出、慢性疲劳综合症等。

精神健康问题也日益成为现代劳动者的困境之一。由于工作压力大、工作时间长以及缺乏足够的休息和娱乐时间，许多劳动者感到焦虑、抑郁和压力重重。这种心理压力不仅影响了劳动者的工作效率，还对他们的生活质量和家庭关系造成了负面影响。与此同时，许多劳动者在高压环境下，往往忽视了自身的健康管理，缺乏足够的运动和健康饮食，进一步加剧了健康问题。

3. 工作与生活的平衡

在现代社会，工作与生活的平衡问题日益突出。由于工作的高强度和高压力，许多劳动者难以在工作和生活之间找到平衡。他们往往不得不牺牲休息时间、家庭时间以及个人娱乐时间，以应对工作的需求。这种不平衡不仅影响了劳动者的身心健康，还对他们的家庭关系和社会关系造成了负面影响。

对于许多劳动者来说，家庭和工作之间的矛盾尤为突出，特别是在双职工家庭和单亲家庭中。这些劳动者既要承担工作中的压力，又要照顾家庭的需求，常常感到身心俱疲，难以兼顾两者。这种长期的工作生活不平衡不仅影响了劳动者的幸福感，还可能导致家庭关系的紧张和破裂，进一步加剧了劳动者的困境。

与此同时，技术的发展，特别是信息技术的普及，使得"工作时间"与"休息时间"的界限变得模糊。智能手机、电子邮件和远程办公等技术手段，

使得劳动者在下班后依然处于工作的状态，无法完全放松和享受个人时间。这种"隐形的工作时间"进一步加剧了工作与生活的矛盾，使得劳动者始终处于高压的工作环境中，难以得到充分的休息和恢复。

4. 技术变革带来的就业挑战

技术变革尤其是自动化和人工智能的发展，对现代劳动者的就业稳定性构成了新的挑战。随着越来越多的工作被自动化设备和算法取代，劳动者面临着前所未有的失业风险。尤其是在制造业、零售业和金融服务业等领域，技术进步导致了一大批传统岗位的消失，这使得大量劳动者不得不面对职业转换的压力。

然而，职业转换并非易事。许多劳动者缺乏必要的技能和培训机会，难以适应新的岗位需求。这种技能差距使得他们在就业市场上处于劣势，进一步加剧了经济不稳定性和社会不平等。即使能够找到新工作，许多劳动者也只能接受低薪、低保障的岗位，导致他们的生活质量进一步下降。

此外，技术变革还带来了职业的不稳定性和工作方式的变化。例如，零工经济的发展使得越来越多的劳动者从事非全职、不稳定的工作。这些工作通常缺乏稳定的收入和社会保障，使得劳动者在面对经济风险和不确定性时更加脆弱。技术变革虽然在某些方面提升了生产力，但同时也加剧了劳动者的就业困境，特别是在技能水平较低、缺乏职业转换能力的劳动者中尤为明显。

5. 劳动者权益的弱化

在全球化和自由市场经济的背景下，劳动者权益的弱化成为了现代劳动者困境的重要表现之一。企业为了追求利润最大化，往往采取压低工资、削减福利和增加工作时间等方式来降低成本。这种情况下，劳动者的权益得不到有效保障，工作环境和劳动条件的恶化也成为常态。

特别是在一些劳动密集型行业和发展中国家，劳动者的权益经常受到忽视。他们在工作中面临着低工资、长工时和恶劣的工作环境，甚至没有基本的劳动保障和社会保险。这种权益的弱化使得劳动者处于不利地位，无法有

效维护自身的利益。

与此同时，全球化带来的竞争压力使得劳动者的议价能力进一步下降。在跨国企业和资本的控制下，劳动者的集体谈判权利和工会组织的影响力不断削弱，导致劳动者在面对企业和资本的剥削时缺乏有效的反抗手段。这种情况下，劳动者不仅要承受经济压力，还要面临权益得不到保障的困境。

6. 精神困境与身份危机

在现代社会的高压环境中，劳动者不仅面临着经济和健康方面的困境，还经常遭遇精神困境和身份危机。随着社会价值观的变化和市场经济的深入发展，劳动者的身份和价值越来越与工作挂钩。成功与失败、社会地位的高低，往往由职业和收入决定。这种以工作为中心的价值观念使得许多劳动者在面临职业挫折或失业时，感到巨大的精神压力和身份危机。

这种身份危机尤其在中年劳动者中表现得尤为明显。许多中年劳动者在职业生涯的中后期，面临着技术变革、产业转型和职业转换的挑战。他们不仅需要应对工作的压力，还要面对职业定位的困惑和自我价值的重新审视。这种精神困境和身份危机，使得劳动者在生活中感到迷茫和无助，进一步加剧了他们的困境。

二、劳动价值与资本剥削的关系

1. 劳动价值理论的基础

劳动价值理论是理解资本剥削的核心概念之一。根据经典的经济学理论，劳动是创造价值的唯一源泉。马克思在《资本论》中进一步发展了这一理论，认为商品的价值由劳动时间决定，即在生产过程中耗费的社会必要劳动时间越多，商品的价值就越大。这一理论揭示了劳动在生产过程中所扮演的重要角色，即劳动者通过劳动创造出商品的价值，而资本则在商品流通过程中实现其增值。

在劳动价值理论的框架下，劳动者是商品价值的创造者，而资本家则通过控制生产资料，剥削劳动者所创造的剩余价值。剩余价值是劳动者在工作时间内创造的超过其自身再生产所需的价值部分，这部分价值被资本家无偿占有，成为其利润的来源。因此，劳动价值理论为理解资本剥削的本质提供了理论依据。

2. 资本剥削的本质

资本剥削的本质在于资本家通过占有生产资料，迫使劳动者出卖劳动力，并以低于其劳动价值的价格进行支付，从而获取剩余价值。这种剥削机制使得劳动者在生产过程中创造的价值的一部分被资本家无偿占有，而劳动者只能获得维持其基本生活所需的工资。马克思将这种剥削关系称为"必要劳动时间"与"剩余劳动时间"的划分，前者指的是劳动者为自身生存所需的劳动时间，而后者则是为资本家创造剩余价值的劳动时间。

资本剥削的根源在于资本家对生产资料的占有。由于劳动者缺乏生产资料，只能通过出卖劳动力来维持生计，这使得他们在资本主义生产关系中处于被剥削的地位。资本家通过压低工资、延长工作时间和提高劳动强度等手段，进一步加剧了对劳动者的剥削，从而最大化地获取剩余价值。资本剥削不仅是个体劳动者与资本家之间的关系，也是资本主义生产方式的核心机制。

3. 资本积累与剥削的循环

资本剥削是资本积累的基础，二者形成了一个相互促进的循环。在资本主义经济中，资本家通过剥削劳动者获取剩余价值，然后将这部分剩余价值投入再生产过程中，以实现资本的进一步积累。随着资本的不断积累，资本家能够购买更多的生产资料和劳动力，扩大生产规模，进一步增强其剥削能力。

这种资本积累与剥削的循环导致了贫富差距的不断扩大。随着资本的集中和垄断，少数资本家掌握了大量的社会财富，而广大劳动者则在日益激烈的竞争和剥削中陷入贫困和困境。这种不平等的经济结构不仅加剧了社会矛盾，也为资本主义社会的危机埋下了隐患。

在全球化背景下，资本的跨国流动进一步强化了这种剥削关系。跨国公司通过在全球范围内寻找廉价劳动力和资源，进一步扩大了剥削范围，并将剥削的成本转嫁给了全球南方国家的劳动者和自然环境。这种全球资本剥削机制不仅加剧了全球不平等，也对全球生态环境造成了严重破坏。

4. 劳动价值与现代资本剥削的演变

在现代资本主义社会中，资本剥削的形式和手段随着技术进步和经济结构的变化而不断演变。自动化、人工智能和信息技术的发展使得劳动者在生产过程中的地位发生了深刻变化。一方面，这些技术的应用提高了生产效率，使得劳动价值在商品价值中的比例相对下降；另一方面，技术进步带来的劳动替代效应，使得许多劳动者失去了工作机会，或被迫接受更低的工资和更差的工作条件，从而加剧了资本剥削。

此外，金融资本主义的兴起也改变了传统的资本剥削方式。在金融资本主义下，资本剥削不仅表现在生产领域，还扩展到了金融领域。通过金融工具和市场操作，资本家能够获取巨额利润，而不需要直接参与生产过程。这种金融剥削使得劳动者不仅在生产过程中被剥削，还在消费和生活中面临被剥削的风险。高利率、债务和金融投机等手段，使得劳动者的财富进一步被资本家无偿占有，导致了更为复杂和隐蔽的剥削形式。

与此同时，零工经济和灵活用工模式的兴起，也成为现代资本剥削的重要手段。在这种新型劳动关系中，劳动者的劳动价值被进一步压低，他们往往缺乏稳定的收入和社会保障，面临更大的经济不稳定性。这种"外包式剥削"使得资本家可以通过剥离劳动者的福利和权利，降低劳动力成本，进一步扩大了剥削范围和程度。

5. 劳动价值的异化与剥削的意识形态

资本剥削不仅体现在经济领域，还通过意识形态的手段对劳动价值进行异化。在资本主义社会中，劳动者的劳动价值往往被掩盖或扭曲，资本家通过各种意识形态工具，如广告、媒体和文化产品，将剥削关系合法化和自然化，使得劳动者难以意识到自身被剥削的事实。

这种劳动价值的异化使得劳动者在剥削关系中处于被动和麻木的状态。他们往往被引导相信，成功和财富是个人努力的结果，而忽视了资本剥削和

社会不平等的结构性因素。通过这种意识形态的控制，资本家得以维持和强化剥削关系，使得资本主义生产方式得以持续和稳定。

在现代消费社会中，劳动价值的异化表现得尤为明显。劳动者不仅在生产过程中被剥削，还在消费过程中被引导去追求各种物质消费，陷入无休止的消费主义漩涡。这种消费主义不仅掩盖了剥削关系，还通过资本的再循环，使得劳动者的劳动价值进一步被资本所占有，从而加剧了资本剥削的深度和广度。

第五节　货币体系与金融市场的失序

一、混乱的货币系统

当今人类社会的混乱局面在许多方面得以体现，其中尤以工具、科学技术、以及金融技术的无制约发展最为显著。全球经济的混乱局面，尤其集中体现在货币体系的混乱现象上。尽管世界范围内有如国际货币基金组织（IMF）、世界银行（WB）和世界贸易组织（WTO）等机构试图管理全球经济，但这些机构未能有效改变当前全球金融与经济的混乱局面。

货币的混乱现象表现为经济大国的货币代替世界统一货币，在全球范围内流通，从而加剧了国家间的经济不平等。这种不平等不仅体现在货币本身的价值差异上，更通过货币的使用造成了对他国的剥削。货币作为一种工具，其无序和无制约的发展，也使得人类与生态系统的关系愈发疏远。

在国家与世界的层面上，货币的使用问题可以看作是局部与全局概念的混淆所致。国家货币代表着国家的主权，而世界货币则应当代表世界组织的主权。用国家货币代替世界统一货币的现象，导致了国家主权的不平等，使得经济强国通过其货币体系对其他国家进行财富剥削和主权侵犯。因此，建立一个统一的世界货币体系，以消除全球经济和金融的混乱局面，已经成为势在必行的任务。

二、国家与世界：货币的双重角色

每个国家的经济体系都是有秩序、有制度保障的系统，其最宝贵的财富在于制度文明。然而，随着全球化的深入，世界经济也亟需一个有秩序、有制度保障的世界体系，这不仅是为了维护经济大国的利益，更是为了确保全球经济的均衡发展。如今的全球经济面临的结构性问题之一，就是经济大国的虚拟化货币泛滥发展，这种货币替代其他国家的货币使用，导致了全球经济的不稳定。

以冰岛为例，这个仅有 32 万人口的小国，因其实体经济基础薄弱，主要依赖发达的金融业维持经济。然而，2008 年美国金融危机爆发后，冰岛因无法在国际金融市场上获取低利率的短期债务，而迅速陷入了破产状态。这一案例充分说明了虚拟货币泛滥带来的风险，也揭示了全球金融体系中存在的深层次问题。

表　西方几个国家的债务、赤字的情况占 GDP 的%

	美国	日本	西德	英国	法国	意大利	西班牙	葡萄牙	爱尔兰
债卷	87.5	214.3	76.6	83.1	78.2	116.7	66.3	84.6	82.9
赤字	11.4	8.8	3.2	11.5	7.9	5.3	11.2	9.4	14.3

从上表中可以看出，西方主要国家的债务和赤字问题在 2008 年金融危机后尤为严重。这种负债发展模式虽然看似能够推动经济发展，实则是通过债券的隐蔽式剥削，加剧了全球经济的不平等和不稳定。

三、货币的本质与主权

货币作为一种金融工具，其基本功能早已为人所熟知：它是商品和服务交易的媒介、价值的衡量标准、以及储存财富的手段。然而，货币的深层本质却超越了这些表面的功能，它同时也是国家主权的重要象征。

1. 货币的信用工具属性

货币首先是一种信用工具，这意味着它的价值建立在对发行国政府的信任之上。无论是纸币、硬币，还是银行存款，这些货币本身并不具备内在价值，其价值依赖于发行国的经济状况和政治稳定性。例如，美国政府通过控制美元的发行，来调节国内经济。然而，这种信用工具在全球市场中流通时，其价值就不仅是美国经济的反映，更是全球经济体信任度的象征。

2. 货币与国家主权

货币作为国家主权的象征，反映了一个国家的经济实力和综合国力。不同国家的货币在国际市场上的地位往往直接反映出该国的经济影响力。以美元为例，美元之所以成为全球通用货币，不仅因为美国经济实力强大，更因为美国在全球政治、军事和经济领域的主导地位。美元的这种主导地位，使得美国能够在全球市场中占据有利地位，并通过其货币政策影响全球经济。

然而，这种货币的主权属性也存在着巨大的风险。由于货币价值高度依赖于国家主权，当一个国家的经济或政治局势发生变化时，其货币的价值也会随之波动。这种波动在全球化的背景下，可能引发连锁反应，导致全球市场的动荡。例如，当一个国家的货币贬值时，不仅该国经济会受到影响，其他依赖该国货币的国家也会受到波及。

3. 货币的独立性挑战

在全球经济一体化的背景下，货币的独立性也受到挑战。传统上，国家通过控制货币发行量和利率来调节国内经济。然而，当货币进入全球市场时，其独立性往往会被削弱。国际市场上，货币的价值受多种因素影响，如国际投资、贸易平衡、以及其他国家的经济政策。这使得各国政府难以完全控制其货币的价值，尤其是在面对国际投机资本时，货币独立性更是岌岌可危。

4. 货币的主权性与国际货币体系的矛盾

货币的主权性与全球化背景下的国际货币体系之间存在着内在矛盾。随着全球贸易和投资的扩展，各国货币逐渐在国际市场上相互交织。这种交织既加强了国家间的经济联系，也带来了货币政策上的复杂性。许多国家在进

行货币政策时，不得不考虑到国际市场的反应以及其他国家的政策影响。这种情况导致了一些国家的货币政策不得不服务于全球经济，而非仅仅为本国利益服务。

四、全球货币体系的重构

面对当前全球货币体系中的诸多问题，重构一个更加公正、稳定的全球货币体系已经成为势在必行的任务。这个新的体系应当能够消除现有的不平等，降低全球经济的风险，并促进全球经济的可持续发展。

1. 建立全球货币共识

全球货币体系的重构首先需要建立在全球共识的基础之上。这意味着各国需要放弃单一主权货币的主导地位，共同建立一个由国际机构管理的世界货币。这种世界货币应当不依赖于任何单一国家的经济实力，而是通过全球合作来维护其价值和稳定性。这种安排将使得全球经济更加公平，有助于消除现有的经济不平等。

2. 强化货币与实际经济的联系

当前货币体系中，货币与实际经济活动的脱节是导致经济不稳定的重要原因之一。虚拟经济的迅速扩展，使得货币越来越多地脱离了实际商品和服务的支撑，成为投机资本追逐的对象。这种现象不仅导致了通货膨胀和经济泡沫，还增加了金融市场的风险。因此，在新的全球货币体系中，必须强化货币与实际经济活动的联系，确保货币发行和流通与实际生产力相匹配。这样一来，货币将更能够反映真实的经济状况，减少金融市场的不稳定性。

3. 全球货币体系与生态文明

新的全球货币体系不仅需要关注经济发展，还应当融入生态文明的理念。当前的经济发展模式往往忽视了环境的可持续性，导致生态系统的退化。通过在全球货币体系中引入生态文明的理念，可以促使各国在经济发展中更加关注环境保护，减少对地球资源的过度消耗。

例如，新的全球货币体系可以将环境因素纳入货币发行的考虑范围。通

过发行基于可持续发展的货币，各国可以在促进经济增长的同时，推动环境保护和资源节约。这种体系将有助于实现全球经济的长期稳定和可持续发展，避免由于资源枯竭和环境恶化导致的经济危机。

4. 重构全球货币体系的挑战与前景

尽管重构全球货币体系的目标明确，但这一过程面临着诸多挑战。首先，各国之间在经济实力和政治影响力上的差异，使得全球共识的达成并非易事。其次，如何有效管理和监督新的世界货币，也是全球货币体系重构中的一个难题。国际社会需要建立起一套公平、透明的管理机制，确保新体系的有效运作。

然而，重构全球货币体系的前景依然值得期待。通过国际社会的共同努力，新体系有望消除现有货币体系中的不平等，降低全球经济风险，实现全球经济的均衡和可持续发展。这不仅将使得各国在全球经济中获得更加公平的发展机会，也将推动世界朝着更加和平与繁荣的方向迈进。

第三部分　深层反思与未来展望

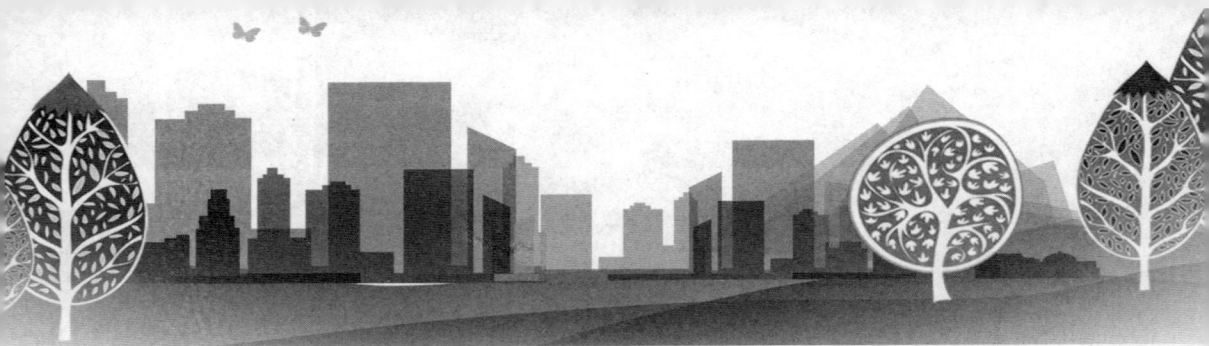

第六章　科学技术与生态系统危机

第一节　工具与科学技术膨胀

一、工具、科学技术的性质与发展

1. 工具的性质与发展

工具是人类在自然界中创造的物质手段，用于提高生产效率、扩大活动范围和增强控制力。最早的工具是简单的石器，如石刀和石斧，用于狩猎、采集和防御。随着人类文明的发展，工具逐渐变得复杂和多样化，从简单的手工工具到机械设备，再到现代的自动化装置和智能设备，工具的演进不仅反映了人类技术能力的提升，也体现了社会生产力的发展水平。

工具的演化过程伴随着人类对自然的不断探索和理解。随着农业革命的到来，工具不再仅仅是生存的基本手段，而是成为促进社会分工和经济发展的重要因素。铁器、耕具的使用极大地提高了农业生产效率，使得人类能够生产出超出自身生存所需的物质财富，从而推动了人口增长、城市化和国家的形成。

工业革命标志着工具发展的新阶段。蒸汽机的发明和应用不仅彻底改变了生产方式，还引发了交通运输和通信的革命性变化。工业化的工具如纺织机、蒸汽机车和印刷机等，极大地提升了生产效率，催生了现代资本主义经济体系。此时，工具已不再只是简单的物质手段，而是代表着人类对自然资源的系统化开发和利用。

进入信息时代，计算机和互联网成为新型工具的代表，它们不仅重新定义了信息处理和传播的方式，还深刻影响了社会的各个方面。工具的数字化和智能化使得人类可以在更广泛的领域实现自动化，从而彻底改变了工作、生活和学习的方式。与此同时，工具的泛滥和依赖也引发了对其社会伦理和生态影响的广泛讨论。

2. 科学技术的性质与发展

科学技术是人类认识和改造世界的重要手段。科学技术的发展史就是一部人类认知能力和控制力不断提升的历史。科学是一种系统化的知识体系，它通过观察、实验和理论推演来揭示自然规律；技术则是将科学原理应用于实践的手段，用以解决具体问题并实现人类目标。

从远古的天文观测到中世纪的化学实验，再到近代物理学的突破，科学的进步为技术的发展奠定了理论基础。随着牛顿力学、达尔文进化论和爱因斯坦相对论等科学理论的提出，技术的应用范围和深度不断扩展。从最初的农业技术、冶金术到现代的纳米技术、基因编辑，技术的发展不仅改变了生产和生活方式，也深刻影响了社会结构和价值观。

科学技术的快速发展在 20 世纪达到顶峰。量子力学、信息论、分子生物学等领域的突破，不仅开创了新的研究方向，也推动了原子能、计算机、互联网等技术的飞速发展。与此同时，科学技术的应用领域从传统的工业、农业扩展到医疗、通信、能源和环境等各个方面，形成了一个全新的科学技术生态系统。

然而，科学技术的发展并非总是带来积极的结果。核技术的军事化应用、化学污染的广泛传播、信息技术的隐私问题和人工智能的伦理挑战，都是科学技术滥用和失控的典型例子。这些问题引发了对科学技术的伦理反思和社会批判，呼吁在追求技术进步的同时，必须重视其对人类社会和自然生态的潜在威胁。

3. 工具与科学技术的互动关系

工具和科学技术之间存在着紧密的互动关系。工具的发展为科学研究提供了物质基础和实验手段，而科学进步则为工具的创新和改良提供了理论支持。例如，显微镜和望远镜的发明，使得科学家能够观察到微观和宏观世界的细节，从而推动了生物学和天文学的发展。反过来，物理学、化学等科学领域的突破，又为新型工具的研发提供了理论依据，如基于量子力学原理的半导体器件和激光技术。

在工业革命时期，蒸汽机和纺织机等新工具的发明和应用，极大地促进了物理学和工程学的发展。而现代计算机的诞生，则直接源于数学、逻辑学和电子学的进步。随着技术与科学的互促共进，工具的多样性和复杂性不断增加，科学技术的应用范围也日益广泛。

进入 21 世纪，人工智能、大数据和物联网等新兴技术的兴起，使得工具与科学技术的关系更加密切。科学研究依赖于强大的计算工具，如超级计算机和量子计算机，技术的发展也越来越依赖于科学研究的推动。两者的协同作用不仅加速了技术的更新换代，还使得人类能够以前所未有的速度和精度解决复杂的科学问题和工程挑战。

4. 工具与科学技术的发展趋势

展望未来，工具和科学技术的发展将继续朝着智能化、网络化和可持续化的方向迈进。智能工具和自动化设备将进一步解放人类劳动，提高生产效率，减少资源消耗。新材料、新能源和绿色技术的应用，将使得科学技术更加环保和可持续。人工智能和大数据技术的普及，将使得科学研究更加高效和精准，推动人类对自然和宇宙的认识不断深入。

然而，随着工具和科学技术的不断膨胀，人类也面临着前所未有的挑战和风险。技术的滥用、资源的过度消耗和生态的持续恶化，都是人类社会必须应对的问题。如何在推动科学技术进步的同时，避免其对社会和生态系统的负面影响，成为未来发展的关键课题。

二、工具、科学技术对生态系统的影响

1. 工具与生态系统的双向作用

工具作为人类改造自然的手段，在提高生产效率、扩展生存空间的同时，也深刻影响了生态系统的结构和功能。早期人类使用的简单工具，如石器、木器等，对环境的影响有限，因为这些工具主要依赖自然界现有的资源，如石材、木材等，且使用范围有限。然而，随着工具的复杂化和广泛应用，生态系统受到的影响愈发显著。

农业工具的出现，如铁制犁铧、灌溉工具等，标志着人类开始大规模改造土地资源。通过清理森林和草地，人类能够种植更多的粮食作物，但这也导致了原始森林的大规模消失，生物多样性显著下降。农耕社会对土地的集约化利用，在提升生产力的同时，也破坏了许多原生态的自然环境，导致土壤肥力下降和水资源枯竭等问题。

工业革命进一步加剧了工具对生态系统的破坏。蒸汽机、机械化生产工具和采矿设备的广泛应用，使得资源开采规模和生产速度空前提升。然而，这种以消耗自然资源为代价的发展模式，导致了空气、水和土壤的污染问题，全球生态系统逐步恶化。现代的机械化农业、工业生产工具更是加速了生态系统的退化，造成了大规模的生态失衡。

2. 科学技术推动下的资源过度开发

科学技术的发展使得人类能够深入探索和利用自然资源，但这种能力也带来了资源过度开发的风险。随着地质学、化学、物理学等科学领域的进步，人类发现了大量新的矿产资源和能源，并通过技术手段大规模开采和利用这些资源。然而，科学技术在提高资源利用效率的同时，也加速了资源的消耗。

矿产资源的开采，尤其是煤炭、石油和天然气等不可再生能源的过度使用，对生态系统造成了严重威胁。采矿活动不仅破坏了地表植被，还导致了水土流失、土地荒漠化和地下水污染。燃烧化石燃料所产生的二氧化碳和其

他温室气体，则是全球气候变暖的主要原因之一。科学技术在推动能源开发的同时，也未能有效解决这些资源利用带来的环境问题。

此外，农业科技的发展使得人类能够通过化肥、农药和基因改良技术，显著提高农作物的产量。然而，这种以牺牲生态系统稳定性为代价的高产农业模式，导致了土壤质量下降、生物多样性减少和水资源污染。化学农药的广泛使用，虽然有效控制了农作物的病虫害，但也破坏了生态系统中的自然调节机制，导致有益生物数量的减少和抗药性害虫的繁殖。

3. 工具与科技造成的污染和生态破坏

工业革命以来，科学技术的快速发展和工具的广泛应用导致了全球范围内的污染和生态破坏问题。工业生产过程中的废气、废水和固体废弃物，严重污染了大气、水体和土壤，危害了生态系统的健康。特别是重金属、化学品和放射性物质的排放，不仅对环境造成长期的污染，还对人类健康构成了潜在威胁。

空气污染是工业化带来的最严重的生态问题之一。燃烧化石燃料产生的大量二氧化碳、硫氧化物、氮氧化物等污染物，导致了酸雨、雾霾和温室效应。这些污染物不仅影响空气质量，还通过沉降进入土壤和水体，进一步影响生态系统的平衡。酸雨的形成破坏了土壤的酸碱平衡，导致植物生长受阻，森林生态系统退化，淡水湖泊和河流的水质恶化。

水污染也是工具与科学技术过度使用的结果之一。工业废水、农业径流和城市污水的排放，导致了江河、湖泊和地下水的污染。水体中的化学污染物，如重金属、农药残留和有机污染物，不仅破坏了水生生态系统，还通过食物链对陆地生态系统和人类健康造成了长期影响。特别是在发展中国家，由于工业化的迅速推进和环保措施的缺失，水污染问题尤为严重。

土壤污染主要来源于工业废弃物、农业化学品和城市垃圾的沉积。这些污染物在土壤中累积，影响植物的生长和作物的安全性，同时也通过地表径流污染水体。土壤的重金属污染不仅直接影响农产品质量，还通过生物富集作用，危及食物链的上层生物，最终影响人类健康。

4. 科技进步与生物多样性的危机

生物多样性是生态系统稳定性和生产力的重要基础。然而，随着科学技术的不断进步，人类对自然资源的开发和环境的改造，导致了生物多样性危机的加剧。科学技术使得人类能够大规模开发自然资源和改造自然环境，但也因此破坏了许多原始生态系统，导致大量物种灭绝和生态系统服务功能的丧失。

现代农业技术，特别是单一作物种植和转基因技术的推广，导致了农业生态系统的单一化和生物多样性的减少。大规模的单一作物种植使得农田生态系统变得脆弱，对病虫害的抵抗力降低，需要依赖大量农药进行防治，这进一步加剧了生态系统的不稳定性。转基因技术虽然提高了作物的抗性和产量，但也可能对生态系统中的其他物种产生不利影响，甚至导致基因污染问题。

在工业化过程中，森林砍伐、湿地开发和城市扩张等活动，直接导致了生物栖息地的破坏。许多物种因失去栖息地而面临灭绝的威胁，生态系统的结构和功能也因此受到严重影响。特别是在热带雨林和珊瑚礁等生物多样性丰富的地区，工业化开发和气候变化的双重压力，使得这些地区的生态系统面临前所未有的危机。

科学技术还通过对自然资源的过度利用，间接影响了生物多样性。例如，过度捕捞导致了海洋渔业资源的枯竭，许多海洋物种面临灭绝风险。森林资源的过度砍伐和开垦导致了森林覆盖率的下降，影响了森林生态系统中的物种多样性和生态服务功能。科学技术的滥用，使得人类在享受技术红利的同时，也付出了生物多样性丧失的巨大代价。

5. 科技与工具膨胀对全球气候的影响

全球气候变化是科学技术与工具膨胀对生态系统影响的最显著表现之一。自工业革命以来，大量温室气体的排放导致了全球气温的持续上升，气候变化的影响已经波及到全球各地的生态系统和人类社会。科学技术的发展虽然带来了便利和经济增长，但也直接或间接地加剧了气候变化的速度和影响。

气候变化的主要驱动因素是二氧化碳、甲烷和一氧化二氮等温室气体的排放。化石燃料的大规模使用、电力生产、交通运输和工业生产活动，是温室气体排放的主要来源。科学技术虽然为这些活动提供了技术支持，但也因此导致了温室气体排放的增加和全球气候系统的变化。

全球气候变化的影响包括极端天气事件的频发、海平面上升、冰川融化和生态系统的退化。极端天气事件如热浪、干旱、洪水和飓风等，已经对全球的生态系统和人类社会造成了严重的破坏。气候变化还导致了物种的分布范围变化、生物季节性行为的改变，以及生态系统服务功能的衰退。

气候变化的加剧进一步加重了其他环境问题，如土地荒漠化、水资源短缺和森林火灾的频发。特别是在发展中国家，由于科学技术和基础设施相对落后，这些国家在应对气候变化带来的生态和社会挑战时，面临着更大的困难和风险。

第二节　人口问题与生态系统的承载力

一、人口膨胀的原因与危害

1. 人口膨胀的主要原因

资本、科学技术、资本失序发展产生的后果。资本社会失序发展，并将其发展理念向世界推广。具体体现了将工业产品，跨国公司、科学技术、虚拟化货币向世界推广。表面上看来，对这些国家受益。导致世界人口迅速增长。这是近代社会世界人口迅速增长的根本原因。

（1）医疗技术的进步与死亡率的降低

现代医学的进步极大地延长了人类的寿命并降低了死亡率，尤其是在 20 世纪。抗生素的发明、疫苗的广泛应用以及公共卫生条件的改善，使得许多原本致命的疾病得以控制或消除。这导致了全球范围内的人口显著增长，尤其是在发展中国家。婴儿死亡率的降低和寿命的延长使得人口迅速膨胀。

（2）农业生产力的提高

农业技术的革新，包括化肥、农药的使用以及机械化农业的发展，大大提高了粮食产量。这使得人类能够养活更多的人口，从而减少了饥荒的发生频率。绿色革命尤其在20世纪中期对全球人口增长产生了巨大的推动作用。粮食供应的增加使得人口得以大幅度增长，尤其是在那些以前因饥饿和贫困限制人口增长的地区。

（3）社会文化因素

在许多文化中，大家庭被视为财富和社会地位的象征，尤其是在传统农业社会。人口众多意味着劳动力的充足，这在农业为主要经济形式的社会中尤为重要。宗教信仰和社会传统也可能鼓励多子女家庭，从而促进人口增长。此外，性别不平等在某些社会中导致女性教育和就业机会的缺乏，使得生育率居高不下。

（4）城市化进程与经济发展

城市化通常伴随着人口的集中和生活水平的提高。在经济发展过程中，工业和服务业的扩展吸引了大量农村人口迁移至城市。这种人口集中往往导致城市人口的快速膨胀，同时也使得人们对未来生活的预期有所改善，进而影响生育率。然而，尽管城市化进程可能导致某些地区生育率下降，但在全球范围内，城市人口的增长仍然是人口膨胀的主要动力之一。

（5）政府政策与人口控制措施的失效

一些国家的政府虽然实施了人口控制政策，但由于种种原因，这些政策的执行效果并不理想。一些国家则因缺乏有效的计划生育措施和教育，导致人口继续快速增长。

2. 人口膨胀的主要危害

（1）资源短缺与环境恶化

人口的快速增长对自然资源的需求激增，包括土地、水资源、矿产和能源等。随着人口的增加，土地被过度开垦，森林被砍伐，水资源被过度抽取，

201

导致了土地退化、荒漠化和水资源枯竭等一系列环境问题。此外，矿产资源的过度开采和能源的消耗加剧了环境污染，导致空气、水和土壤的质量下降，生态系统的健康受到威胁。

（2）粮食安全问题

人口膨胀使得粮食需求急剧增加，给农业生产带来了巨大的压力。在许多发展中国家，农业技术和基础设施相对落后，难以应对人口膨胀带来的粮食需求增长。粮食短缺不仅导致饥饿和营养不良问题，还可能引发社会动荡和政治不稳定。此外，过度使用化肥、农药和水资源以提高粮食产量，也进一步加剧了环境问题，形成了粮食生产与生态环境的恶性循环。

（3）公共服务压力

人口膨胀导致城市和农村地区的公共服务系统面临巨大的压力。教育、医疗、住房、交通和社会福利等方面的资源短缺，使得政府难以满足不断增长的人口需求。这不仅影响了社会的稳定和发展，还加剧了贫困和社会不平等问题。尤其在发展中国家，由于基础设施不足和经济发展水平有限，人口膨胀导致的公共服务压力更加显著。

（4）社会不平等与贫困加剧

人口膨胀通常伴随着经济发展的不平衡。在许多国家，人口的快速增长集中在贫困地区或经济欠发达地区。这些地区的经济机会有限，基础设施落后，社会资源分配不公，使得大量人口陷入贫困，难以摆脱贫困循环。贫困不仅影响了个人和家庭的生活质量，还对整个社会的稳定和经济发展构成了威胁。

（5）全球气候变化

人口膨胀加剧了全球气候变化的问题。随着人口的增加，温室气体排放量也在不断上升，导致全球气温的上升和气候的极端化。人口增加意味着更多的能源消耗和更大的碳足迹，从而加速了气候变化的进程。气候变化带来的极端天气、海平面上升和生态系统退化，将对人类社会产生深远的影响，尤其是对那些最易受气候变化影响的发展中国家。

（6）生态系统的退化

随着人口的增加，人类活动对生态系统的干扰日益加剧。森林砍伐、湿地填埋、河流改道等行为破坏了原有的生态平衡，导致生物多样性减少，生态系统服务功能丧失。人口膨胀还导致了土地利用的变化，农业用地和城市建设用地的扩张进一步侵占了自然栖息地，加剧了生态系统的退化和物种灭绝的速度。

（7）社会冲突与移民问题

人口膨胀可能引发资源竞争、土地争夺和社会冲突。在资源有限的情况下，人口的快速增长可能导致不同群体之间的冲突，特别是在土地、水资源和就业机会等方面的竞争加剧。与此同时，人口膨胀导致的生活压力和环境恶化，可能促使人们寻求更好的生活条件，从而引发大规模的移民潮。这不仅对迁入国造成社会和经济压力，还可能引发新的社会矛盾和冲突。

二、人口膨胀对生态系统的压力

1. 土地资源的过度开发

（1）农业扩展与森林砍伐

随着人口的增长，对粮食和农产品的需求急剧增加，导致农业用地的扩展。这种扩展通常以森林、湿地等自然栖息地为代价，造成了大规模的森林砍伐和生态系统的破坏。森林的减少不仅导致了生物多样性的丧失，还削弱了生态系统的碳汇功能，进一步加剧了气候变化。尤其在热带雨林地区，人口压力导致的农业扩展是造成全球森林砍伐的主要原因之一。

（2）城市化进程与土地退化

随着人口的膨胀，城市化进程加快，大量土地被用于城市建设和基础设施的扩展。这不仅占用了大量的耕地和自然栖息地，还导致了土地的不可逆转的退化。城市化过程中的土地密集开发，破坏了土地的自然排水系统，导致水土流失和土地荒漠化。此外，城市扩张也增加了对周边生态系统的压力，导致生态系统服务功能的削弱。

（3）过度放牧与草地退化

在一些以畜牧业为主的地区，人口膨胀导致了牲畜数量的增加，进而加剧了草地的过度放牧问题。过度放牧破坏了草地的植被覆盖，使得土壤暴露在风蚀和水蚀的风险下，导致草地退化和荒漠化。草地退化不仅影响了牲畜的生存和牧民的生计，还破坏了草原生态系统的稳定性，影响了全球碳循环。

2. 水资源的紧张与污染

（1）淡水资源的短缺

人口的快速增长对淡水资源的需求不断增加，特别是在那些本已水资源匮乏的地区。农业、工业和生活用水的过度抽取，导致地下水位下降、河流断流和湖泊干涸等问题。淡水资源的短缺不仅威胁到了人类的基本生活需求，也对生态系统造成了巨大的压力。湿地和河流生态系统的退化，影响了水生生物的生存和繁殖，进而破坏了整个生态系统的平衡。

（2）水污染问题的加剧

人口膨胀伴随着城市和工业的发展，这导致了大量污染物被排放到水体中，造成水质的严重恶化。工业废水、农业径流和生活污水的排放，使得湖泊、河流和地下水体中的有害物质积累，导致水污染问题的加剧。水污染不仅危害了人类健康，也破坏了水生生态系统的稳定性，导致水生生物的死亡和物种多样性的减少。

（3）水资源管理的挑战

随着人口的增加，水资源的管理变得更加复杂和困难。不同地区和国家之间由于水资源的分配问题而产生的争端日益增多。此外，气候变化的影响进一步加剧了水资源管理的难度，增加了极端天气事件的频率和强度。如何有效地管理和分配水资源，成为应对人口膨胀和保障生态系统健康的关键挑战之一。

3. 生物多样性的减少

（1）栖息地的丧失

人口膨胀导致的土地开发和资源开采是生物多样性丧失的主要原因之

一。随着人类活动的扩展，许多自然栖息地被转变为农业用地、城市或工业区，这使得大量物种失去了生存空间。尤其是那些对栖息地条件要求较高的物种，在栖息地破坏后很难适应新的环境，最终面临灭绝的风险。

（2）生态系统的破碎化

人口增长导致的基础设施建设（如道路、铁路、管道等）将原本连续的生态系统分割成零散的小片。这种生态系统的破碎化使得物种之间的交流和基因流动受到限制，影响了物种的繁殖和生存能力。生态系统的破碎化还使得许多物种无法适应新的环境条件，导致种群数量的下降和生物多样性的丧失。

（3）外来物种的入侵

人口膨胀和全球化加速了外来物种的传播和入侵。人类活动（如贸易、旅游、农业等）使得外来物种得以进入新的生态系统，这些外来物种常常对当地的生物多样性构成威胁。外来物种的入侵可能通过竞争、捕食或传染疾病等方式，影响本地物种的生存和繁殖，进一步加剧了生物多样性的减少。

4. 气候变化的加剧

（1）温室气体排放的增加

人口膨胀直接导致了能源需求的增加，从而加剧了温室气体的排放。化石燃料的广泛使用、工业生产的增加和交通运输的发展，都是温室气体排放的主要来源。温室气体的增加导致全球气温上升，气候变化的影响日益明显，极端天气事件的频率和强度增加，对全球生态系统的稳定性构成了严重威胁。

（2）碳汇功能的削弱

森林和海洋等自然生态系统作为碳汇，吸收了大量的二氧化碳。然而，人口膨胀导致的森林砍伐和土地开发，削弱了这些自然碳汇的功能，使得更多的二氧化碳留在大气中，进一步加剧了气候变化。尤其是在热带雨林地区，森林砍伐不仅减少了碳汇，还释放了大量储存在植被和土壤中的碳，加剧了全球气候变化的进程。

（3）气候变化对生态系统的影响

气候变化对全球生态系统产生了广泛而深远的影响。气温的上升、降水模式的改变、海平面的上升等气候变化现象，正在改变着物种的生存环境和生态系统的结构。许多物种由于无法适应快速变化的气候条件，面临着生存压力和灭绝风险。生态系统的变化不仅影响了物种的多样性，还可能导致生态系统服务功能的丧失，进而威胁到人类社会的可持续发展。

第三节　信息化时代与生态危机

一、计算机与人工智能的发展

计算机与人工智能同样是工具。其发展进一步推动了机械工具的发展，并没有解决机械工具对生存环境的破坏问题。

1. 计算机技术的起源与演进

（1）计算机技术的诞生

计算机技术的起源可以追溯到 20 世纪中期。1940 年代，第一台通用电子计算机 ENIAC 在美国诞生，为现代计算机的发展奠定了基础。这一时期的计算机主要用于科学计算和军事应用，体积庞大、耗电巨大，但其强大的计算能力开启了人类进入信息化时代的第一步。

（2）计算机技术的演进

从 1940 年代到 21 世纪初，计算机技术经历了飞速的发展。晶体管的发明和集成电路的发展使得计算机逐渐小型化、功能化。1970 年代，个人计算机（PC）的出现标志着计算机技术从专业领域进入普通家庭和日常工作中。20 世纪末和 21 世纪初，互联网的普及进一步推动了计算机技术的发展，全球信息流动的速度和广度显著提升。

（3）现代计算机技术的多样化

进入 21 世纪，计算机技术不仅在硬件方面取得了巨大进步，如处理器速度的提升、存储技术的突破等，还在软件和应用领域得到了广泛应用。大数据、云计算、物联网等新兴技术的发展，使得计算机不再仅仅是信息处理工具，而是成为了连接全球经济、社会和文化的核心引擎。计算机技术的广泛应用推动了各行各业的数字化转型，改变了人们的生活方式和工作方式。

2. 人工智能的发展与应用

（1）人工智能的概念与历史

人工智能（AI）的概念最早提出于 1956 年的达特茅斯会议。起初，人工智能主要集中在开发能够执行类似人类思维的机器算法，如解决数学问题和逻辑推理等。尽管早期的 AI 发展缓慢，但随着计算机技术的进步和数据积累，AI 技术在 21 世纪初进入了快速发展阶段。机器学习和神经网络的出现，使得人工智能开始具备学习和适应的能力，应用领域逐渐扩大。

（2）人工智能的主要应用领域

现代人工智能技术广泛应用于各个领域，如自动驾驶、语音识别、图像处理、金融分析、医疗诊断等。自动驾驶技术依赖于复杂的 AI 算法和传感器网络，能够实时处理大量数据，以确保车辆在各种复杂环境中的安全行驶。语音识别和自然语言处理技术使得智能助理如 Siri 和 Alexa 能够理解和回应用户的语音指令，而图像处理技术则在医疗影像分析和安防监控中得到了广泛应用。

（3）人工智能的发展趋势

随着计算能力的提升和数据的积累，人工智能技术正朝着更加智能化和自主化的方向发展。深度学习技术的突破使得 AI 在复杂任务中的表现超越了人类，如在围棋和象棋等智力游戏中战胜世界顶级选手。此外，AI 技术正在从感知智能（如图像识别、语音识别）向认知智能（如情感分析、决策制定）过渡，未来的 AI 将能够更好地理解人类情感和社会行为，甚至在某些领域超越人类智慧。

3. 计算机与人工智能的社会影响

（1）工作与生活方式的变革

计算机与人工智能技术的普及彻底改变了人们的工作和生活方式。自动化技术在制造业中的应用大幅提高了生产效率，同时也引发了劳动者技能要求的变化。许多传统行业的低技能岗位被机器替代，人们必须不断提升技能以适应新的工作环境。在生活方面，AI 驱动的智能家居和数字助理使得家庭管理更加便捷，而社交网络和电子商务平台则改变了人们的社交和消费行为。

（2）伦理与隐私问题的挑战

随着计算机与人工智能技术的发展，伦理和隐私问题日益突出。AI 在决策过程中可能存在偏见和歧视，例如在招聘、信贷审批等领域可能导致不公平的结果。此外，大数据和 AI 技术的结合使得个人隐私面临前所未有的挑战。如何在享受技术便利的同时，保障个人隐私和数据安全，成为现代社会必须面对的重要课题。

（3）社会不平等的加剧

虽然计算机与人工智能技术推动了经济的发展，但也在一定程度上加剧了社会不平等。技术的发展通常集中在发达国家和少数技术公司手中，导致财富和资源的进一步集中。同时，低技能劳动者由于缺乏适应新技术的能力，可能面临失业和收入下降的风险，进一步拉大了贫富差距。

二、信息化技术的中性特征与生态影响

1. 信息化技术的中性特征

（1）中性化的工具

信息化技术本质上是一种工具，是一种增加判断能力的工具，具有中立性。它既可以用于推动社会进步和经济发展，也可能被滥用于破坏性目的。例如，互联网的出现促进了信息的自由流动和全球化进程，但同时也带来了网络犯罪和隐私泄露问题。信息技术本身没有道德属性，它的应用效果取决

于人类如何利用它。

（2）技术应用的双刃剑效应

信息化技术的中性特征意味着它可以产生积极和消极的效果。例如，AI
技术可以用于医疗领域，帮助医生更准确地诊断疾病，从而拯救生命；但同
时，AI 也可能被用于制造自主武器，威胁人类的安全。信息化技术的发展需
要在伦理、法律和社会规范的框架内进行，以确保其应用对社会和生态系统
的正面效应。

（3）社会与生态系统的互动

信息化技术不仅影响人类社会，也对生态系统产生深远影响。这种影响
既可能是正面的，例如通过精确农业技术提高资源利用效率，减少对环境的
破坏；也可能是负面的，例如，信息化技术的广泛应用加剧了资源消耗和废
弃物的产生，对生态系统造成负担。如何平衡信息化技术的应用与生态系统
的可持续性，是现代社会面临的重大挑战。

2. 信息化技术对生态系统的影响

（1）资源消耗与环境污染

信息化技术的发展依赖于大量的资源消耗和能源需求。计算机、服务器、
网络设备等信息化基础设施的制造和运行需要消耗大量的自然资源，如稀土
元素、金属材料等。同时，数据中心和通信网络的运行需要大量的电力供应，
增加了碳排放，进而加剧了气候变化。此外，电子废弃物的处理不当也对环
境造成了严重污染，特别是在发展中国家，电子废物管理不善导致土壤和水
资源的污染。

（2）信息技术对自然资源管理的影响

尽管信息化技术对资源消耗和环境污染造成了压力，但它也为自然资源
的管理和保护提供了新工具。例如，遥感技术和地理信息系统（GIS）使得生
态环境的监测和保护变得更加高效和精准。通过大数据分析和人工智能算法，
决策者可以更好地预测气候变化的趋势，制定更加科学的环境政策，优化自

然资源的利用，减少对生态系统的破坏。

（3）信息化技术对生物多样性的影响

信息化技术对生物多样性既有正面影响也有负面影响。一方面，信息技术可以帮助科学家更好地了解和保护生物多样性，通过数据库、基因测序和物种分布模型等工具，提升物种保护的效率。另一方面，信息技术的广泛应用可能会导致生物栖息地的破坏和生物多样性的减少。例如，电子产品制造过程中的资源开采和废物处理可能对某些物种的生存环境造成破坏，进而影响生物多样性。

（4）信息化技术与生态系统服务

信息化技术可以帮助增强生态系统服务的管理和利用。例如，通过智能农业系统，农民可以更精确地控制农作物的生长条件，从而提高产量和资源利用效率，减少农药和化肥的使用，保护土壤和水资源。然而，信息化技术的过度依赖可能导致对自然生态系统的忽视，削弱生态系统的自我调节能力。例如，大规模农业生产中的机械化和智能化操作可能导致土地退化，减少生态系统的长远生产力。

第四节　现代化社会的失序性

一、工业化、信息化与环境的冲突

1. 工业化进程与环境压力

（1）工业化对资源的过度开发

工业化作为现代化社会的主要推动力，在过去两个世纪中极大地提高了生产效率和经济增长。然而，这种增长是以对自然资源的过度开采和环境的持续破坏为代价的。矿产资源的过度开采、森林的大规模砍伐以及水资源的过度利用，导致了生态系统的严重退化。工业化所带来的资源消耗不仅增加了环境的负担，还引发了全球气候变化、物种灭绝等一系列生态危机。

（2）工业化污染对环境的冲击

工业化进程中产生的大量工业废弃物、温室气体和有害化学物质，直接威胁到了地球的生态平衡。工业生产过程中排放的二氧化碳、硫氧化物和氮氧化物等温室气体，导致了全球变暖、酸雨等环境问题。工业废水和固体废弃物的排放，污染了水源和土壤，进一步加剧了生态系统的退化。这些污染物的积累，长期以来对人类健康和生物多样性构成了严重威胁。

2．信息化时代的环境挑战

（1）信息化技术的资源消耗与废弃物问题

信息化技术的广泛应用使得全球经济和社会发展进入了一个新的阶段。然而，信息化技术的背后，隐藏着巨大的资源消耗和废弃物问题。电子设备的生产和使用需要消耗大量的稀有金属和能源，数据中心的运行需要消耗大量电力，这些都对环境造成了巨大的压力。此外，电子废弃物的处置不当，也成为了现代社会面临的严峻挑战。信息化技术在带来便利的同时，也对环境和资源提出了新的要求。

（2）信息化对环境监管的冲击

信息化时代的到来，使得企业和政府的生产和管理模式发生了深刻变化。然而，这种变化在提升效率的同时，也削弱了传统的环境监管手段。信息化技术的快速发展，使得许多生产过程和污染排放变得更加隐蔽，难以监测和控制。信息技术的滥用，特别是在数据和算法驱动的决策中，可能会导致环境保护的忽视，甚至是对环境问题的恶化。

3．工业化与信息化的协同效应

（1）工业化与信息化的双重影响

工业化和信息化作为现代化进程中的两大驱动力，它们对环境的影响是多重的。一方面，工业化带来的生产力提升和经济发展，加速了环境的退化；另一方面，信息化技术的应用，在一定程度上提高了资源利用效率，减少了

对环境的直接破坏。然而，这种协同效应并未完全抵消工业化带来的环境问题，反而在某些情况下加剧了环境的复杂性和脆弱性。

（2）协调工业化与信息化发展的必要性

面对工业化和信息化对环境的双重冲击，协调二者的发展变得尤为重要。必须在追求经济增长的同时，注重环境保护和资源的可持续利用。通过绿色技术的应用和生态文明建设，可以在一定程度上缓解工业化和信息化带来的环境压力，实现经济与环境的协同发展。只有在这一基础上，才能确保现代化社会的可持续发展。

二、生态系统的退化与现代社会的危机

1. 生态系统的退化表现

（1）生物多样性的减少

随着工业化和信息化的推进，全球生态系统正面临前所未有的压力。生物多样性作为生态系统稳定的基石，正在急剧减少。森林砍伐、土地开垦、污染排放等人类活动，使得大量物种面临灭绝的危险。生物多样性的减少，不仅削弱了生态系统的自我调节能力，也威胁到了人类赖以生存的自然环境。

（2）土壤和水资源的退化

现代农业和工业活动导致了土壤退化和水资源的污染。过度使用化肥和农药，破坏了土壤的结构和肥力；工业废水的排放，污染了河流、湖泊和地下水源。土壤和水资源的退化，不仅影响了农业生产和粮食安全，还对整个生态系统的稳定性造成了严重冲击。

（3）气候变化的加剧

温室气体的大量排放，导致了全球气候的急剧变化。气候变化引发的极端天气事件，如洪水、干旱和飓风，频率和强度都在增加，给全球生态系统和人类社会带来了巨大挑战。气候变化不仅影响了生态系统的平衡，也威胁到了人类的生存和发展。

2. 现代社会面临的生态危机

（1）粮食安全的威胁

生态系统的退化直接影响到粮食生产的稳定性和安全性。土壤退化、水资源短缺和气候变化，使得农业生产面临严峻挑战。全球范围内，粮食生产的风险增加，导致粮食价格波动，威胁到全球尤其是发展中国家的粮食安全。

（2）水资源的短缺

随着人口的增长和经济的发展，水资源的需求量不断增加。然而，水资源的过度利用和污染，使得许多地区面临严重的水资源短缺问题。水资源的短缺不仅威胁到人类的基本生活需求，也对工业生产和生态系统的健康运行构成了威胁。

（3）公共卫生的挑战

生态系统的退化和环境污染，使得人类面临着日益严重的公共卫生问题。空气污染、水污染和土壤污染，直接影响到人们的健康，导致呼吸道疾病、癌症和其他慢性疾病的发病率上升。此外，气候变化引发的极端天气和自然灾害，也增加了传染病的传播风险，加剧了公共卫生危机。

3. 寻求解决现代社会生态危机的途径

（1）加强环境保护政策

面对现代社会的生态危机，加强环境保护政策是当务之急。政府和社会应当制定和落实更加严格的环保法律和法规，限制污染物排放，保护自然资源，恢复退化的生态系统。同时，应加强国际合作，推动全球气候治理，减缓气候变化的速度和影响。

（2）推动绿色科技创新

绿色科技创新是解决现代社会生态危机的重要途径。通过研发和推广清洁能源、可再生资源和环保技术，可以减少工业生产对环境的负面影响。绿色科技的应用不仅可以提高资源利用效率，还可以促进经济的可持续发展，减轻生态系统的压力。

（3）倡导生态文明建设

生态文明建设是现代社会应对生态危机的长期战略。通过树立生态文明理念，倡导可持续发展的生活方式，可以改变人们对自然资源的利用态度，减少对环境的破坏。生态文明不仅是人类对自然的尊重和保护，也是人类社会长久发展的必然选择。

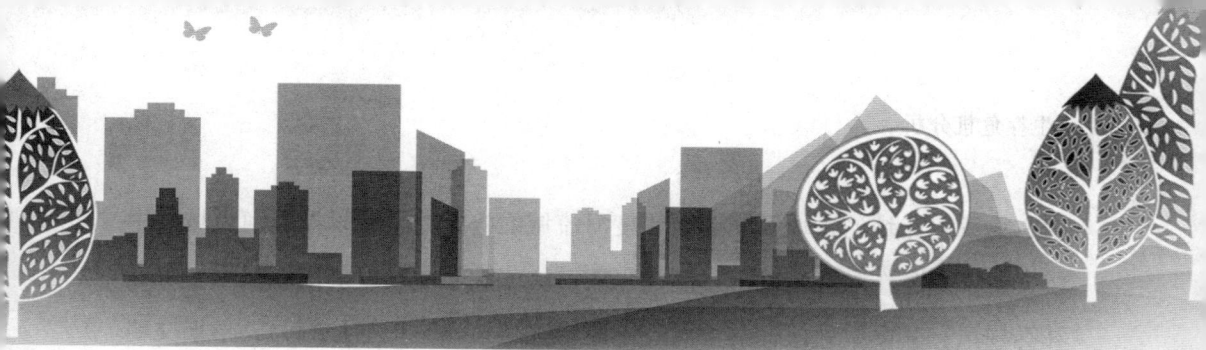

第七章　哲学、文明与生态系统的关系

第一节　人类文明的误导性

一、人类文明的出现与发展

1. 人类文明的起源

（1）早期人类的生存方式

人类文明的起源可以追溯到远古时代，当时的人类依靠狩猎、采集和渔猎来获取食物和维持生存。早期人类群体在小范围内活动，依赖于自然资源的直接供给，形成了与自然环境紧密联系的生存方式。此时的人类尚未掌握农业技术，也未形成复杂的社会结构，生活方式相对简单，与生态系统保持了较为平衡的关系。

（2）农业革命与文明的起步

大约在一万年前，人类逐渐掌握了农业技术，开始驯化植物和动物，农业革命由此展开。农业的出现使得人类能够定居下来，形成了较为稳定的聚落。随着农业生产的不断发展，人类逐渐积累了剩余的粮食，这为人口的增长和社会结构的复杂化奠定了基础。农业革命是人类文明发展的重要转折点，它标志着人类从依赖自然的生存模式向主动改造自然的方向转变。

（3）早期文明的兴起

随着农业的进步，早期文明在全球各地陆续兴起。两河流域的苏美尔文明、尼罗河流域的古埃及文明、印度河流域的哈拉帕文明以及黄河流域的中华文明，都是在农业基础上发展起来的。这些文明通过发展灌溉技术、制定社会规范、建立宗教信仰等方式，不断增强对自然环境的控制力。早期文明的兴起代表了人类开始大规模改造自然，但同时也为未来的生态问题埋下了种子。

2. 人类文明的扩展与复杂化

（1）城市化与社会分层

随着人口的增长和社会的复杂化，城市逐渐成为人类文明的中心。城市的出现标志着社会分工的进一步发展，人们开始从事农业以外的职业，如手工业、商业、政治和宗教等。城市化不仅推动了经济和文化的发展，也加剧了资源的集中和环境的改变。随着城市规模的扩大，自然资源的消耗和废弃物的排放也不断增加，环境压力随之加大。

（2）国家的形成与帝国的扩张

在早期文明的发展过程中，国家作为一种复杂的社会组织形式逐渐出现。国家的形成带来了更为有效的社会管理和资源分配机制，促进了生产力的提高和文化的繁荣。然而，国家之间的竞争和战争也随之而来。为了获取更多的资源和扩展领土，早期的国家和帝国通过征服和掠夺的方式，不断扩展自己的疆域。这种扩张不仅导致了社会的不平等，也对自然环境造成了巨大的破坏。

（3）技术进步与文明的繁荣

技术进步是推动人类文明发展的重要动力。在古代文明中，冶金术的发展、车轮的发明、文字的出现等一系列技术革新，极大地促进了社会生产力的发展和文化的传播。这些技术进步使得人类能够更高效地利用自然资源，推动了文明的繁荣。然而，这种技术进步也是一把双刃剑，一方面它带来了经济的增长和生活水平的提高，另一方面却导致了生态系统的退化和环境的恶化。

3. 人类文明的发展与生态系统的冲突

（1）文明扩展与生态系统的破坏

人类文明的发展历程中，文明的扩展往往伴随着生态系统的破坏。农业的普及导致了大规模的森林砍伐和土地开垦，城市的建设使得自然景观被人为改造，资源的过度开采引发了环境的恶化。这些活动虽然促进了文明的发展，却以牺牲生态系统的完整性为代价。人类文明的发展与自然环境之间的冲突逐渐显现，并在工业革命后达到顶峰。

（2）工业革命与环境问题的加剧

工业革命是人类文明发展的又一个重要转折点，它极大地提高了生产力，推动了经济的快速增长。然而，工业革命也带来了严重的环境问题。随着工业化进程的推进，化石燃料的大量使用导致了空气污染和气候变化，工业废水和固体废物的排放污染了水源和土壤，生态系统面临着前所未有的压力。工业革命不仅改变了人类与自然的关系，也加剧了文明发展与生态系统之间的冲突。

（3）现代文明的全球化影响

随着全球化的推进，现代文明的影响范围不断扩大。西方的工业文明模式在全球范围内传播，导致了资源消耗和环境问题的全球化。现代文明的发展使得全球生态系统面临着更加复杂和严峻的挑战。资源的过度开采、污染物的跨国传播、生物多样性的减少，都是全球化背景下文明发展与生态系统冲突的表现。现代文明的发展进一步加深了生态危机，并对人类的生存构成了威胁。

4. 人类文明的误导性及其反思

（1）文明优越感与自然征服观

人类文明的发展过程中，逐渐形成了一种文明优越感，即认为人类文明的发展是自然演进的顶点。这种优越感使得人类对自然的征服和改造行为具有正当性，忽视了人与自然之间的和谐共生关系。随着时间的推移，这种征服自然的观念逐渐深入人心，成为人类文明发展的主导思想。然而，这种思想的误导性在于它忽视了生态系统的复杂性和脆弱性，导致了对环境的破坏和生态危机的加剧。

（2）现代化与进步观念的局限性

在现代化进程中，进步观念成为推动社会发展的重要动力。人类通过技术进步、经济增长和社会变革，试图不断提升生活水平和社会福利。然而，这种进步观念的局限性在于，它过分强调物质的丰裕和经济的增长，而忽视了生态系统的承载能力和环境的可持续性。现代化与进步观念的误导性在于，它将自然环境视为无尽的资源供应者，而非需要保护和珍视的共同体。

（3）反思人类文明的发展路径

面对当今全球范围内日益严峻的生态危机，人类必须反思文明的发展路径。传统的以经济增长为核心的发展模式显然难以应对生态系统的挑战。人类文明的发展不应仅仅追求物质的富足和技术的进步，更应注重生态的可持续性和人与自然的和谐共处。通过反思人类文明的发展误区，我们可以重新审视现代化的目标和价值，探索一条更加符合生态系统规律的发展道路。

5. 走向生态文明的未来

（1）生态文明的理念与实践

生态文明是相对于工业文明的一种全新理念，它强调人与自然的和谐共生，倡导可持续发展。生态文明理念的核心在于尊重自然、顺应自然、保护自然，通过调整人类的生产和生活方式，减少对生态系统的负面影响。生态文明的实践需要从思想观念、社会制度和技术手段等方面进行全面转型，建立以生态为基础的社会经济发展模式。

（2）科技进步与生态保护的结合

虽然科技进步在历史上曾经加剧了环境问题，但未来的科技进步应当服务于生态保护和可持续发展。绿色科技、可再生能源、生态农业等技术手段，可以在提高生产效率的同时减少对环境的破坏。未来的人类文明发展应当在科技进步与生态保护之间找到平衡，通过创新技术手段，推动生态文明的发展，实现人与自然的和谐共处。

（3）全球合作与生态治理的未来

生态危机是全球性的问题，需要全球合作来应对。各国应当加强环境保护领域的合作，共同制定和落实全球环境治理的政策和措施。通过国际社会的共同努力，建立公平合理的资源分配机制，减少贫富差距，缓解因资源争夺而引发的冲突和战争。未来的人类文明应当以全球视野来审视生态问题，通过合作与共识，实现生态系统的可持续发展。

二、文明的不文明性与道德困境

1. 文明的双重性技术进步与道德迷失

（1）技术进步的利与弊

人类文明的进步在很大程度上得益于技术的发展。从古代的农耕工具到工业革命的机器，再到信息时代的计算机和互联网，技术的进步推动了社会生产力的提升，使人类生活发生了翻天覆地的变化。例如，现代医学技术的突破使得许多曾经不治的疾病得以治愈，交通工具的进化让世界变得更小，人们可以更快速地进行全球旅行与贸易。然而，这些技术进步的背后，也隐藏着巨大的环境代价。例如，工业化带来的空气和水污染、资源的过度开采、城市化进程中的生物多样性丧失等，这些都是技术发展带来的负面后果。技术进步的双重性提醒我们，在追求文明进步的同时，也要关注其对环境和社会的影响，寻求一种平衡的、可持续的技术发展路径。

（2）道德困境的加剧

技术的迅猛发展不仅带来了物质上的变化，也对人类的道德观念产生了深远影响。在现代社会中，人们越来越依赖于技术手段来解决问题，这导致了一种"技术至上"的思维模式，许多问题被简化为技术问题，而忽视了其中复杂的道德和伦理考量。以基因编辑技术为例，它在医学领域展现了巨大的潜力，但同时也引发了伦理争议。人类是否有权利对自然进行如此深刻的干预？技术的无限发展是否会带来伦理的失控？这些问题尚未有明确答案，且随着技术的进步，这些困境将愈发显现。现代文明正面临着一场前所未有

的道德危机，如何在技术进步的同时，维护社会的伦理与道德，这是未来文明发展的重大挑战。

2. 文明的不文明性对自然的剥削与后果

（1）自然资源的掠夺

现代文明的一个显著特点是对自然资源的广泛利用和掠夺。从工业革命开始，人类社会对煤炭、石油等能源资源的需求迅速增长，导致了大量的矿产开采和环境破坏。森林被砍伐、湿地被填平、河流被污染，大自然的平衡被打破。资源的过度开发不仅导致了生态环境的恶化，还加剧了资源短缺与社会不公。在某些国家和地区，资源的掠夺直接导致了生态系统的崩溃，甚至引发了社会动荡和战争。文明的不文明性在于，它以经济增长为目标，忽视了对环境的长期影响和对后代的责任。可持续发展的理念虽然逐渐被提上日程，但在许多情况下，仍然难以遏制对资源的过度开发。

（2）生态系统的失衡

随着自然资源的被掠夺，全球生态系统逐渐走向失衡。气候变化是最明显的表现之一。由于温室气体的大量排放，全球气温不断升高，极端天气事件频发，冰川融化，海平面上升，这些现象无不昭示着生态系统正在遭遇前所未有的挑战。此外，生物多样性的丧失也是生态失衡的一个重要方面。现代农业的大规模单一作物种植、森林砍伐、栖息地破坏等行为，使得许多物种面临灭绝的风险。生态系统的失衡不仅威胁着自然环境的稳定，也对人类社会的可持续发展构成了重大威胁。文明的不文明性体现在它忽视了生态系统的复杂性与脆弱性，将短期经济利益置于自然规律之上，导致了长期的生态危机。

3. 文明与人性的异化技术与人际关系的疏远

（1）技术对人性的冲击

技术的发展在改变人类生活方式的同时，也深刻影响了人类的心理与行为模式。以信息技术为例，互联网的普及使得信息获取变得前所未有的便捷，但也导致了信息过载和虚假信息的泛滥。社交媒体的崛起改变了人们的社交

方式，使得人们更依赖于虚拟交流，而忽视了现实生活中的人际互动。这种虚拟化的社交方式，使得人际关系变得更加表面化，情感联系变得脆弱。同时，技术的发展也导致了人们对自然的疏远。城市化进程的加速，使得越来越多的人生活在钢筋水泥的丛林中，与自然环境的接触日益减少。这种远离自然的生活方式，进一步加剧了人类与自然的疏离感，使得环境问题难以得到足够的关注和解决。

（2）消费主义的道德滑坡

消费主义作为现代文明的一个重要特征，推动了经济的发展，但同时也引发了一系列社会与道德问题。在消费主义的影响下，人们的价值观逐渐转向对物质的追求，将幸福感建立在消费的基础上。这种过度消费的行为，不仅对环境造成了巨大的压力，也导致了社会价值观的偏离。以快时尚产业为例，为了满足人们对时尚的不断追求，生产商采用廉价的原材料和低廉的劳动力，导致环境污染和劳工权益的被侵害。消费主义助长了环境的破坏，也加剧了社会的不公，使得文明的发展陷入了一种道德困境。

4. 文明的道德困境伦理失范与价值观冲突

（1）伦理的失范

现代社会的迅速发展带来了前所未有的伦理挑战。科技的进步使得许多传统的伦理观念变得过时，甚至无法应对新的问题。例如，人工智能的发展使得伦理学家们开始讨论机器是否应当拥有伦理权利，以及如何对待具有自主学习能力的人工智能。基因编辑技术则引发了关于人类是否应当"设计"后代的争论。这些新的伦理问题，既是科技进步带来的副产物，也是文明发展过程中必须面对的挑战。伦理的失范表现为，人类在追求科技进步和经济发展的过程中，逐渐忽视了对社会公正、个人权利和环境保护的基本伦理考量，导致了社会价值观的混乱和迷失。

（2）价值观的冲突

全球化的推进使得不同文化、不同社会体系之间的价值观冲突日益加剧。在某些国家，传统价值观与现代文明观念发生碰撞，导致社会内部的紧张局

势。例如，在一些发展中国家，现代化进程中的城市化、工业化对传统的农村社会结构和生活方式造成了巨大的冲击，导致了社会的断裂与矛盾。同时，不同国家和地区之间的环境伦理观念也存在巨大差异，一些发达国家强调环境保护和可持续发展，而一些发展中国家则更加关注经济增长和脱贫。这种全球范围内的价值观冲突，使得应对全球性环境问题和社会问题变得更加复杂和困难。

5. 走向可持续的未来重塑文明与道德

（1）生态文明的必要性

面对现代文明带来的种种问题，生态文明理念逐渐成为全球共识。生态文明不仅强调自然环境的保护，更关注人与自然的和谐共生。这一理念倡导一种以生态伦理为基础的发展模式，通过限制资源的过度消耗和环境污染，实现社会经济的可持续发展。生态文明的建设需要从多个层面进行，包括政策制定、技术创新、公众意识的提高等。在政策层面，政府应当制定严格的环境保护法规，推动绿色经济的发展；在技术层面，科技应当服务于环境保护，而非单纯追求经济效益；在公众层面，提升生态意识和道德责任感，使生态文明理念深入人心，成为社会发展的共识。

（2）全球合作与道德重建

生态问题的全球性特征决定了其解决需要全球合作。气候变化、生物多样性丧失、海洋污染等问题，都是超越国界的全球性挑战，只有通过国际社会的共同努力，才能有效应对。在这一过程中，国际合作机制的建立和加强显得尤为重要。例如，巴黎协定的签署标志着全球气候治理进入了一个新的阶段，各国在应对气候变化方面达成了初步共识。然而，全球合作的前提是道德和价值观的重建，各国应当超越狭隘的民族利益，站在人类整体福祉的角度，重新审视和定义文明发展的方向。通过加强国际合作，推动全球环境治理和社会公正，确保未来文明的发展走向可持续的轨道。

第二节 生态文明与人类未来

一、生态文明的内涵与重要性

1. 生态文明的定义与核心理念

（1）生态文明的基本定义

生态文明是一种以生态伦理为基础的社会发展模式，它强调人与自然的和谐共生。与传统的工业文明不同，生态文明不仅关注经济增长和物质财富的积累，更重视自然环境的保护和生态系统的可持续性。它不仅是对过去工业化发展模式的反思与批判，更是对未来社会发展方向的积极探索。生态文明的核心理念在于将自然视为与人类平等的存在体，尊重自然规律，减少人类活动对环境的负面影响，实现经济、社会与环境的协调发展。

（2）生态文明的核心理念

生态文明的核心理念包括尊重自然、绿色发展、可持续利用资源、生态平衡以及社会公平。首先，尊重自然是生态文明的基础，人类应当以谦卑的态度对待自然，认识到人类与自然是一个不可分割的整体。其次，绿色发展倡导一种低碳、节能、环保的经济发展模式，以减少对自然资源的过度依赖和环境的破坏。可持续利用资源要求人类在开发利用自然资源时，要考虑到后代的利益，避免资源的枯竭。生态平衡则强调保持生态系统的稳定性，防止因人类活动导致的生态系统失衡。最后，社会公平是生态文明的重要组成部分，要求在生态资源的分配和环境治理中，确保社会各阶层的公平参与和共享发展成果。

（3）生态文明的历史演变

生态文明的理念并非一夜之间产生，而是经历了漫长的历史演变。早在古代社会，人们就有了保护自然的初步意识。例如，中国古代的"天人合一"思想就强调人与自然的和谐共生；古希腊哲学家亚里士多德也提到过自然与

人类的关系。然而，随着工业革命的到来，科技的飞速发展带来了巨大的物质财富，但同时也引发了严重的环境问题。20 世纪后半叶，随着环境问题的日益严重，生态文明的理念逐渐被提上日程。尤其是在 1987 年，联合国发布了《我们共同的未来》报告，正式提出了可持续发展的概念，为生态文明的理论基础奠定了重要基础。21 世纪以来，生态文明的理念在全球范围内得到广泛认同，成为引领未来社会发展的重要方向。

2. 生态文明的重要性应对全球性挑战

（1）气候变化的严峻挑战

气候变化是当今世界面临的最严峻的环境挑战之一。全球气温的上升导致了极端天气事件的频发，如洪水、干旱、飓风等，这些灾害不仅对自然环境造成了严重破坏，也威胁着人类的生存与发展。生态文明的建设对于应对气候变化具有重要意义。通过推广绿色能源、减少温室气体排放、倡导低碳生活方式，生态文明能够有效缓解气候变化的影响。此外，生态文明还提倡建立全球性的气候治理机制，通过国际合作，共同应对这一全球性挑战。

（2）生物多样性保护的紧迫性

生物多样性是地球生态系统稳定的重要基石，它维系着地球上的各种生命形式。然而，由于人类活动的影响，如森林砍伐、过度捕捞、污染等，生物多样性正面临前所未有的威胁。大量物种的灭绝将对生态系统的平衡造成不可逆的破坏，从而影响到人类的生存与福祉。生态文明提倡在发展过程中保护生物多样性，通过制定严格的环境保护法规、建立自然保护区、推广可持续的农业和渔业等措施，确保地球生物多样性的延续。

（3）水资源短缺与污染问题

水是生命之源，也是生态系统的重要组成部分。然而，随着全球人口的增加和工业化进程的加速，水资源短缺与污染问题日益突出。许多地区面临着严重的水资源危机，尤其是在干旱和半干旱地区，水资源的短缺已经成为影响经济社会发展的主要瓶颈。生态文明的建设要求对水资源进行科学合理的管理和利用，通过节水技术的推广、废水的回收利用、污染的治理等手段，

缓解水资源的紧张局面。此外，生态文明还提倡通过国际合作解决跨国水资源问题，避免因水资源争夺引发的冲突与战争。

（4）土地退化与荒漠化的防治

土地退化与荒漠化是全球生态系统面临的另一大挑战。由于过度耕作、滥伐森林、过度放牧等人类活动，许多土地的生产力逐渐下降，甚至完全丧失，最终演变为荒漠化。荒漠化不仅影响了农业生产和粮食安全，还加剧了贫困和社会不稳定。生态文明的建设要求采取综合措施防治土地退化与荒漠化，如推广可持续的土地管理技术、恢复退化的生态系统、合理规划土地利用等。此外，生态文明还强调公众的参与和意识的提升，通过教育和宣传，使更多的人认识到土地保护的重要性，共同参与到防治荒漠化的行动中来。

3．生态文明的实现路径从理念到实践

（1）绿色经济的发展

绿色经济是生态文明的重要组成部分，它强调经济增长与环境保护的统一。绿色经济通过推动可再生能源的利用、发展循环经济、促进清洁技术的创新等方式，减少对自然资源的消耗和环境的污染。绿色经济不仅是实现生态文明的重要途径，也是应对全球环境危机、实现可持续发展的关键所在。各国政府应当通过制定有利的政策法规，如碳税、环保补贴、绿色金融等，推动绿色经济的发展。此外，企业也应当积极参与到绿色经济的转型中来，承担起应有的社会责任，为环境保护和可持续发展贡献力量。

（2）生态城市的建设

生态城市是生态文明在城市化进程中的具体体现。随着全球城市化的加速发展，城市已经成为资源消耗和环境污染的主要来源。生态城市通过优化城市规划、推广绿色建筑、发展公共交通、加强城市绿化等手段，努力减少城市对环境的负面影响，实现城市的可持续发展。生态城市不仅是解决城市环境问题的有效途径，也是提升城市居民生活质量的重要保障。各国政府应当加大对生态城市建设的投入，制定科学的城市发展规划，推动生态城市的普及与推广。

（3）生态教育与公众参与

生态文明的建设离不开公众的参与和支持。生态教育是提升公众生态意识的重要途径，通过学校教育、社会宣传、社区活动等方式，使人们了解生态文明的理念和重要性，增强环境保护的责任感和使命感。此外，公众参与是生态文明建设的重要组成部分，通过鼓励公众参与环境决策、推动环保志愿者活动、支持环保组织的工作等方式，充分发挥公众在生态文明建设中的积极作用。只有当生态文明的理念深入人心，转化为公众的自觉行动，生态文明的建设才能真正实现。

（4）全球合作与生态治理

生态问题具有全球性特征，需要全球范围的合作与治理。生态文明的建设要求各国在环境保护方面加强合作，共同应对气候变化、污染治理、生物多样性保护等全球性生态问题。国际社会应当通过加强环保国际公约的执行、建立跨国生态治理机制、推动绿色技术的全球共享等方式，推进全球生态文明的建设。全球合作不仅是解决生态问题的有效途径，也是实现全球可持续发展的必然要求。各国政府、国际组织、非政府组织和企业应当共同努力，为全球生态文明的实现贡献力量。

4. 生态文明与人类未来的关系共存共荣的美好愿景

（1）生态文明与可持续发展

生态文明是实现可持续发展的重要基础。可持续发展要求在满足当代人需求的同时，不损害后代人满足其需求的能力。生态文明通过倡导绿色发展、减少环境污染、保护自然资源，为实现可持续发展提供了有力支持。可持续发展与生态文明相辅相成，只有在生态文明的基础上，社会经济的发展才能真正持续、健康。人类未来的发展必须走生态文明的道路，才能在资源有限的地球上实现长久的繁荣与幸福。

（2）生态文明与人类生存

生态文明不仅关乎环境的保护，更直接关系到人类的生存与发展。随着环境问题的加剧，生态危机已经成为威胁人类生存的重大挑战。只有通过生态文明的建设，才能有效应对这些危机，确保人类社会的长久生存。生态文明提倡的可持续发展理念、绿色生活方式和全球合作精神，为解决人类面临的生存危机指明了方向。人类的未来与生态文明息息相关，只有在生态文明的指导下，人类才能实现与自然的和谐共存，共同创造一个更加美好的未来。

（3）生态文明与社会和谐

生态文明不仅关注环境保护，也强调社会的和谐与公平。生态文明的建设要求消除社会不公，确保资源的公平分配，提升社会的整体福祉。通过推动绿色经济的发展，创造更多的就业机会；通过加强环境教育，提升公众的生态意识；通过推动全球合作，缩小发展中国家与发达国家之间的差距，生态文明为实现社会的和谐与稳定提供了有力保障。社会的和谐与生态文明密不可分，只有在一个公平、公正的社会环境中，生态文明的理念才能得到广泛认同和实施。

（4）生态文明与全球治理

生态文明的实现离不开全球治理的支持。面对全球性的生态危机，单一国家的努力是远远不够的，必须通过全球性的合作与治理，共同应对这些挑战。生态文明的理念要求各国超越狭隘的国家利益，从人类整体福祉的角度出发，积极参与全球生态治理。通过加强国际合作，推动全球环境保护政策的制定与实施，建立全球性的生态治理机制，生态文明的建设将有望取得实质性进展。全球治理不仅是生态文明的重要保障，也是实现人类未来美好愿景的关键所在。

二、生态文明社会的构建

1. 生态文明社会的理念基础

（1）生态伦理与道德意识的觉醒

生态文明社会的构建首先需要生态伦理与道德意识的觉醒。传统社会发展模式以人类中心主义为核心，认为自然资源是无尽的，可以任意开发和利用。然而，随着全球环境问题的加剧，这种观念逐渐被生态伦理所取代。生

态伦理主张人类应当尊重自然，将自然视为与人类平等的存在体，倡导人与自然的和谐共生。道德意识的觉醒则要求人类对自己的行为负责，认识到人类活动对生态环境的影响，从而在日常生活和社会决策中遵循生态伦理的原则。

（2）可持续发展的理念支撑

可持续发展是生态文明社会的核心理念。它强调在满足当代人需求的同时，不损害后代人满足其需求的能力。可持续发展的理念要求在社会、经济和环境三者之间寻求平衡，避免过度开发自然资源和环境污染。为了实现可持续发展，社会需要转变传统的发展模式，推广绿色经济、循环经济等可持续的生产和消费方式，确保资源的高效利用和生态环境的保护。

（3）绿色经济与生态经济的引导

绿色经济与生态经济是构建生态文明社会的重要经济模式。绿色经济强调在经济发展中注重环境保护，通过发展清洁能源、推广环保技术、减少污染排放，推动经济与环境的协调发展。生态经济则更加注重经济活动与自然生态系统的良性互动，倡导以生态系统的健康和可持续性为前提的经济发展模式。两者相辅相成，为生态文明社会的构建提供了经济上的引导和支持。

（4）全球合作与多元治理的协同

生态文明社会的构建需要全球合作与多元治理的协同。环境问题具有跨国界的特性，单一国家或地区的努力无法解决全球性环境危机。因此，各国应当通过国际合作，共同制定和执行环境保护政策，加强跨国生态治理机制的建设。此外，多元治理要求政府、企业、非政府组织和公众共同参与生态文明的建设，形成多层次、多主体的生态治理格局。只有在全球合作和多元治理的框架下，生态文明社会的构建才能取得实质性的进展。

2. 生态文明社会的构建路径

（1）政策与法律框架的建立

构建生态文明社会首先需要建立健全的政策与法律框架。政府应当制定和实施一系列环境保护政策和法律法规，如碳排放交易制度、生态补偿机制、环境税收制度等，推动社会向生态文明方向转型。这些政策和法律框架不仅要涵盖污染治理、资源保护等传统环境议题，还应当涉及绿色经济、生态农业、可再生能源等新兴领域。此外，政府还应加强对环境法律的执行力度，确保各项政策措施的有效落实。

（2）绿色科技与生态创新的推动

绿色科技与生态创新是构建生态文明社会的重要技术支撑。绿色科技包括节能减排、清洁生产、可再生能源等技术，它们能够减少对自然资源的消耗和环境的污染，推动经济社会的可持续发展。生态创新则强调在经济活动中融入生态保护的理念，通过技术创新实现经济效益与生态效益的双赢。政府应当通过科研投入、技术推广、政策支持等方式，鼓励和推动绿色科技与生态创新的发展，使其成为生态文明社会建设的重要引擎。

（3）生态城市与绿色建筑的建设

生态城市与绿色建筑是构建生态文明社会的重要空间载体。随着全球城市化的加速发展，城市已成为资源消耗和环境污染的主要来源。生态城市通过优化城市规划、发展公共交通、推广绿色建筑、加强城市绿化等手段，努力减少城市对环境的负面影响，实现城市的可持续发展。绿色建筑则强调在建筑的设计、施工和运营中融入生态保护的理念，采用节能环保材料，利用可再生能源，减少建筑对环境的影响。通过生态城市与绿色建筑的建设，城市将成为人与自然和谐共生的重要场所。

（4）生态教育与公众参与的强化

生态教育与公众参与是构建生态文明社会的文化与社会基础。生态教育旨在提升公众的生态意识，使人们认识到生态文明的重要性，并在日常生活中自觉践行生态文明的理念。生态教育应当从学校教育入手，通过课程设置、课外活动、社会实践等多种方式，将生态文明的理念深入到各个年龄层次的学生群体中。同时，社会教育、媒体宣传和社区活动也应当发挥积极作用，扩大生态教育的覆盖面。此外，公众参与是生态文明社会建设的关键，政府和社会应当鼓励公众参与环境决策，支持环保志愿者活动，推动环保组织的发展，使公众成为生态文明社会建设的重要力量。

（5）农业生态化与可持续农业的发展

农业是人类赖以生存的基础产业，然而，传统的农业生产模式对生态环境造成了巨大的压力。构建生态文明社会要求推动农业生态化与可持续农业的发展。农业生态化强调在农业生产过程中遵循生态系统的规律，采用有机农业、循环农业等生态友好的生产方式，减少农药、化肥的使用，保护土壤、水源和生物多样性。可持续农业则主张在保障粮食安全的前提下，合理利用自然资源，避免资源的过度开发和浪费。通过农业生态化与可持续农业的发展，农业将成为生态文明社会建设的重要支柱。

（6）文化复兴与生态文化的培育

文化复兴与生态文化的培育是构建生态文明社会的精神动力。生态文化强调人与自然的和谐共生，倡导简朴、节约、尊重自然的生活方式。构建生态文明社会需要推动文化复兴，将传统文化中有益于生态保护的思想和观念重新发掘并加以弘扬，如中国古代的"天人合一"思想、印度的"非暴力"理念等。同时，还应当积极培育和推广生态文化，通过文学、艺术、宗教、哲学等多种形式，使生态文明的理念深入人心，形成全社会共识。

3. 生态文明社会的挑战与应对

（1）经济增长与环境保护的矛盾

在构建生态文明社会的过程中，经济增长与环境保护的矛盾是不可回避的挑战。传统的经济增长模式往往以资源的过度消耗和环境的破坏为代价，而生态文明社会则要求在经济发展中注重环境保护，实现绿色发展。为了应对这一挑战，社会需要探索新的经济增长模式，如绿色经济、循环经济等，通过科技创新和制度设计，实现经济增长与环境保护的双赢。

（2）社会公平与生态资源分配的冲突

社会公平与生态资源的分配是生态文明社会建设中的另一个重大挑战。在资源有限的情况下，如何在全球范围内实现资源的公平分配，避免生态资源争夺引发的冲突，是需要解决的重要问题。应对这一挑战，需要通过国际合作，建立公平、公正、透明的资源分配机制，同时加强对贫困地区的生态援助，缩小全球贫富差距，实现生态资源的合理利用和社会的可持续发展。

（3）文化传统与生态文明理念的融合

在不同文化背景下，生态文明理念的推广和落实面临着不同的挑战。有些文化传统中缺乏对生态环境的重视，或者存在着与生态文明理念相冲突的价值观念。为了应对这一挑战，需要通过文化对话和交流，促进不同文化之间的理解与融合，在尊重文化多样性的基础上，将生态文明理念融入到各国的文化传统中去，形成全球范围内对生态文明的共同认同。

（4）科技进步与生态风险的平衡

科技进步是推动社会发展的重要力量，但同时也带来了新的生态风险，如基因技术、纳米技术、人工智能等新兴科技可能对生态系统和人类社会产生不可预见的影响。在生态文明社会的构建过程中，需要对科技进步进行严格的伦理审查和风险评估，确保科技的发展不会对生态环境和人类健康造成不可逆转的损害。通过加强科技伦理教育、完善科技监管机制、推动科技创新与生态保护的协调发展，科技进步将在生态文明社会中发挥积极作用。

第三节　哲学的发展与人类社会的未来

一、哲学对社会发展的指导作用

哲学作为一种深刻的思想体系，贯穿了人类文明发展的各个阶段。它不仅为人类提供了理解世界、反思自我和探索存在意义的工具，还在政治、经济、文化和科学等领域发挥了举足轻重的指导作用。哲学思想通过塑造社会价值观、推动社会变革和引导未来发展，深刻影响了社会的进程和方向。本节旨在深入探讨哲学对社会发展的指导作用，分析其在历史上以及未来可能的影响。

1. 哲学作为社会价值观的塑造者

（1）伦理与道德规范的奠基

哲学为人类社会的伦理和道德规范奠定了基础。古希腊哲学家苏格拉底、柏拉图和亚里士多德通过对"美德"概念的探讨，提出了关于什么是"善"的理论。他们认为，美德是一种与理性相一致的行为，通过追求美德，人类可以实现内在的道德完善。苏格拉底的名言"未经审视的生活不值得过"强调了自我反省和道德思考的重要性。柏拉图的"理想国"提出了正义社会的理想模型，而亚里士多德的伦理学则提出了"中庸之道"，倡导人们在极端之间寻找平衡。这些思想至今仍影响着西方社会的道德观念，尤其在教育、法律和文化等方面发挥了重要作用。

在东方，儒家思想在塑造社会价值观方面发挥了同样重要的作用。孔子提出的"仁、义、礼、智、信"五常理念，强调人与人之间的道德责任和社会和谐。孔子认为，"仁者，爱人也"，提倡人与人之间的关怀和尊重。这种思想不仅在古代中国社会中深深扎根，还影响了整个东亚文化圈的道德观念和社会规范。

（2）社会正义与法律体系的指导

哲学不仅探讨个人行为的道德规范，还为社会整体的正义和法律体系提供了理论支持。17世纪英国哲学家约翰·洛克提出的社会契约论认为，政府的合法性来源于公民的同意，政府的主要职能是保护公民的生命、自由和财产。这一思想直接影响了现代民主制度的形成，并成为美国独立战争和法国大革命的理论基础。洛克的思想强调了政府必须基于公民的同意，并且在违反公民权利时，公民有权推翻政府。这种思想为现代法治社会提供了坚实的哲学基础，使法律不仅成为规范个人行为的工具，更成为维护社会正义的重要保障。

此外，德国哲学家康德提出的义务论（或称绝对命令理论）对法律体系的构建也有深远影响。康德主张道德行为应该以普遍适用的原则为指导，即"你应当只根据你可以同时期望它成为普遍法则的准则来行动"。这一原则强调了道德和法律的普遍性和客观性，为法律的制定和执行提供了理论依据。

（3）文化与教育的引导

哲学在文化和教育方面的影响尤为显著。文艺复兴时期，欧洲的文化复兴深受古典哲学尤其是柏拉图和亚里士多德思想的影响。人文主义思想家如皮科·德拉·米兰多拉、埃拉斯谟等人提倡"人是万物的尺度"，强调个人价值和人的尊严。这种思想促进了个体自由的发展，并推动了教育的普及和人文教育理念的形成。

在中国，儒家思想对教育的影响同样深远。孔子提倡"有教无类"，主张教育应该面向所有人，而不仅仅是贵族阶层。这一思想推动了古代中国科举制度的形成，使得平民子弟也有机会通过教育改变命运。儒家教育思想强调德行和道德教育，至今仍然是中国教育体系的重要组成部分。

2. 哲学对社会变革的推动作用

（1）思想启蒙与社会变革

历史上，许多重大的社会变革都源于哲学思想的启迪。18世纪的启蒙运动是一个典型的例子。启蒙思想家如伏尔泰、卢梭和孟德斯鸠，他们的思想激发了人们对自由、平等和民主的追求。伏尔泰提倡宗教宽容和思想自由，卢梭的《社会契约论》提出了人民主权的概念，孟德斯鸠的"三权分立"理论为现代民主制度提供了理论基础。这些思想成为法国大革命和美国独立战争的思想动力，推动了旧制度的瓦解和新社会的建立。

启蒙运动不仅在政治上产生了巨大影响，还推动了社会的整体进步。教育的普及、科学的发展、法律的改革等都深受启蒙思想的影响。启蒙思想家强调理性、知识和科学，他们相信通过教育可以使人类社会更加进步和文明。这一思想直接推动了现代教育体系的形成，并且在科学领域激发了无数的探索和发现。

（2）科学革命与技术进步的哲学基础

哲学为科学革命和技术进步提供了方法论基础。近代哲学家如笛卡尔、培根和休谟，他们对科学方法论的探讨推动了经验主义和理性主义的发展，为现代科学奠定了基础。笛卡尔提出的"我思故我在"不仅是对个人存在的哲学思考，更是一种认识论上的革命，强调了理性思考的力量。培根提出的归纳法则为科学实验提供了理论支持，推动了实验科学的发展。休谟的怀疑主义挑战了经验的可靠性，促使科学家在实验设计中更加谨慎和严格。

这些哲学基础推动了近代科学革命，改变了人类对自然界的认识，并为工业革命奠定了基础。科学技术的进步使得生产力得到了极大提升，但同时也带来了对自然环境的破坏和社会结构的剧烈变化。这些变化不仅改变了人类的物质生活方式，也深刻影响了社会的经济、政治和文化结构。

（3）社会改革与政治思想的推动

马克思主义哲学对 20 世纪全球社会变革的影响是显著的。马克思通过对资本主义的批判，提出了无产阶级革命的理论，为社会主义国家的建立提供了理论支持。马克思的历史唯物主义认为，社会的经济基础决定了上层建筑（包括法律、政治、宗教等），而生产关系的变化将不可避免地引发社会革命。这一理论不仅影响了苏联、中国等社会主义国家的建立，还在全球范围内引发了工人运动和社会改革。

尽管不同国家对马克思主义的理解和实践各异，但其对全球社会结构的影响是深远的，尤其是在推动社会改革和实现社会公平方面。马克思主义不仅提出了资本主义的弊端，还为工人阶级提供了一种理论武器，推动了劳工权益的保护和社会福利制度的建立。

3. 哲学对未来社会发展的引导

（1）全球化背景下的哲学思考

随着全球化进程的加速，哲学在解决全球性问题方面的重要性日益凸显。全球变暖、资源枯竭、贫富差距扩大等问题要求人类重新审视现有的发展模式。生态哲学、全球伦理和未来学等新兴哲学领域为我们提供了应对这些挑战的新思路。

生态哲学提倡人与自然和谐共存，主张人类应该尊重自然的固有价值，而不仅仅是将自然视为资源的来源。深层生态学（Deep Ecology）尤其强调

生态系统的整体性，认为所有生物都有其固有的价值，人类不应凌驾于自然之上。这种理念挑战了传统的以人类为中心的世界观，为人类社会未来的发展提供了一种新的哲学视角。

在全球伦理方面，哲学家们提出了全球责任和跨文化理解的理念。汉斯·昆提出的"全球伦理"概念主张，全球化背景下的伦理学应超越国家和民族的界限，关注人类共同体的福祉。这一思想在国际关系、环境保护和人权问题上具有重要指导意义，为构建一个更加公平、和平和可持续的世界提供了理论支持。

未来学（Futurology）作为一种跨学科的研究领域，探索了未来社会发展的可能路径。未来学不仅关注科技进步对社会的影响，还探讨了伦理、社会结构和全球治理的未来趋势。通过对未来可能性的哲学反思，未来学为人类社会的长远发展提供了战略指导。

（2）科技进步与伦理哲学的挑战

人工智能、生物工程和信息技术的飞速发展对伦理哲学提出了新的挑战。哲学家们需要回答如何在科技进步的同时，保持对人类尊严和自由的尊重。

人工智能的发展带来了自动化和就业问题。随着机器学习和自动化技术的进步，许多传统职业可能面临消失的风险。哲学家们探讨了自动化对社会公平的影响，以及如何在技术进步的同时确保社会的包容性发展。这些问题不仅涉及到经济和就业，还涉及到人类在自动化社会中的地位和意义。

生物技术的发展则引发了对人类基因编辑的伦理争论。基因编辑技术可以在治疗遗传病和提高人类健康方面发挥巨大作用，但也带来了对"设计婴儿"和人类基因改造的担忧。哲学家们探讨了基因编辑的伦理界限，提出了"生物伦理学"这一新兴领域，试图在科技进步与人类价值之间找到平衡。

此外，信息技术的普及和网络空间的迅速发展带来了隐私权、数据安全和网络伦理的新挑战。随着大数据和人工智能的广泛应用，个人隐私正面临前所未有的威胁。哲学家们探讨了如何在信息化社会中保护个人隐私和自由，以及如何在技术和伦理之间寻求平衡。

（3）多元文化共存与人类命运共同体的构建

当今世界多元文化的共存和交融，要求哲学提供新的视角和方法来解决文化冲突和社会分裂的问题。文化相对主义、跨文化哲学等领域的研究为我们提供了理解和尊重不同文化的理论基础。

文化相对主义主张，不同文化有其独特的价值体系，应该被平等对待和尊重。跨文化哲学则试图在不同文化之间建立对话和理解，通过相互学习和借鉴，促进文化间的和谐共处。这些哲学思潮在全球化背景下尤为重要，因为它们为解决文化冲突、宗教冲突和族群冲突提供了理论指导。

与此同时，构建"人类命运共同体"这一理念要求哲学超越民族和国家的界限，为全球和平与发展的共同目标提供思想支持。人类命运共同体的理念倡导全球范围内的合作与共赢，强调国家间的相互依赖和责任共担。这一思想为国际关系、环境保护和人权问题提供了新的哲学基础，推动了全球治理的理念创新。

哲学在这一过程中起到了桥梁和引导的作用，通过促进全球范围内的对话和理解，推动了人类社会的共同发展。哲学为我们提供了理解世界、反思自我和探索未来的工具，通过塑造社会价值观、推动社会变革和引导未来发展，深刻影响了社会的进程和方向。

二、哲学、科学与生态的互动关系

在当代社会，生态问题已成为全球关注的焦点，而哲学与科学在理解和解决这些问题中扮演着关键角色。哲学不仅为科学研究提供了理论基础和价值导向，还通过对生态伦理、环境美学等方面的探讨，促进科学在生态保护和可持续发展中的应用。科学则通过实证研究和技术创新，为哲学提供了新的思考素材和实践基础。

1. 哲学与科学在生态学中的历史互动

（1）早期哲学思想对生态学的影响

自古以来，哲学家们便对人与自然的关系进行了深入思考。古希腊哲学家亚里士多德提出了"目的论"的自然观，认为自然界万物皆有其内在目的，这一观点对后世生态学的形成产生了深远影响。中世纪的自然神学则将自然视为神圣的创造，强调人与自然的和谐共处。

（2）科学革命与生态思想的发展

17 世纪的科学革命标志着自然科学的崛起，哲学与科学的互动进一步深化。笛卡尔的机械论世界观将自然界视为一个巨大的机器，推动了对自然规律的探索。然而，这种机械论观点在生态学中也引发了对自然系统整体性和复杂性的反思。18 世纪的启蒙思想家如康德和黑格尔，强调理性和系统性思维，为生态学提供了理论支持。

（3）20 世纪生态哲学的兴起

20 世纪，随着生态学作为独立学科的发展，哲学在其中的角色愈加重要。生态哲学强调人与自然的相互依存，反对单纯的技术理性和人类中心主义。生态哲学家如阿尔多·利奥波德（Aldo Leopold）提出了"土地伦理"理念，强调人类对自然的道德责任，这对生态保护和可持续发展理念的形成起到了重要推动作用。

2. 哲学对科学生态学的指导作用

（1）生态伦理学的建立

哲学中的伦理学为生态学研究提供了价值导向和道德框架。生态伦理学探讨人类在自然界中的道德地位和责任，强调保护生态系统和生物多样性的重要性。诸如环境正义、代际公正等概念，帮助科学家在制定生态保护策略时考虑社会公平和长期影响。

（2）认识论与科学方法论的影响

哲学中的认识论探讨知识的本质和获取途径，这对科学研究方法有直接影响。生态学作为一门综合性学科，涉及复杂的系统和多层次的交互关系，哲学中的系统思维和整体观念为生态学研究提供了理论支持。同时，哲学中的批判性思维和反思性方法，促进了生态学研究的严谨性和创新性。

（3）哲学理论促进跨学科研究

生态问题的复杂性要求跨学科的研究方法，哲学在其中起到了桥梁作用。通过融合自然科学、人文社会科学和哲学的理论，生态学能够更加全面地理解和解决环境问题。例如，生态经济学结合了经济学和生态学的原理，探讨经济活动对生态系统的影响，并提出可持续发展的经济模式。

3. 科学对哲学生态观念的推动作用

（1）科学发现拓展哲学思维

科学的进步不断为哲学提供新的思考素材。生态学中的系统理论、复杂性科学和生物多样性研究等，为哲学提供了新的视角和理论基础。例如，生态系统的复杂性和自组织特性，引发了哲学中关于秩序与混乱、因果关系的新探讨。

（2）科技创新推动生态哲学的发展

科技进步带来了新的生态保护手段和工具，如遥感技术、环境监测系统和生态修复技术。这些技术的应用不仅提升了生态学研究的效率和精度，也促使哲学重新思考人与自然的关系。例如，基因编辑技术在生态修复中的应用，引发了关于自然干预和伦理边界的讨论。

（3）科学实证支持哲学理论

科学实证研究为哲学理论提供了支持和验证。例如，气候变化科学的实证研究，支持了生态哲学中关于人类活动对自然环境影响的论断。这种实证支持增强了哲学理论的可信度和应用性，促进了生态伦理和可持续发展理念的普及。

4. 哲学、科学与生态的综合互动

（1）可持续发展的哲学基础

可持续发展作为当前全球共同追求的目标，其理念源于哲学中的生态伦理学和整体观念。科学在可持续发展中的角色是提供技术和方法支持，而哲学则为可持续发展的目标和路径提供了价值指引。两者的结合，使得可持续发展不仅具有技术可行性，也具备伦理正当性。

（2）生态系统管理的理论支撑

生态系统管理是一种综合性的环境管理方法，强调在管理过程中考虑生态系统的整体性和复杂性。哲学中的系统思维和整体观念，为生态系统管理提供了理论基础。科学则通过生态模型和数据分析，提供了管理决策的依据。哲学与科学的互动，使得生态系统管理能够更加科学和合理。

（3）环境政策制定的理论与实证结合

环境政策的制定需要理论指导和实证支持。哲学提供了环境政策的伦理和价值基础，如环境正义和代际责任，确保政策具有道德合法性。科学则通过环境影响评估和数据分析，提供政策制定的实证依据。两者的结合，提升了环境政策的科学性和可行性，促进了环境保护和可持续发展目标的实现。

5. 案例分析：哲学、科学与生态互动的实际应用

（1）气候变化问题

气候变化是当今最紧迫的生态问题之一，其解决需要哲学与科学的紧密合作。科学提供了气候变化的实证证据和预测模型，揭示了气候变化的原因和潜在影响。哲学则探讨了气候变化带来的伦理问题，如气候正义、责任分配和代际公正。两者的结合，为制定有效的气候政策提供了全面的理论和实证支持。

（2）生物多样性保护

生物多样性是生态系统健康的重要指标，其保护需要科学与哲学的协同努力。科学研究揭示了生物多样性的重要性及其面临的威胁，提供了保护策略和技术手段。哲学则探讨了人类对生物多样性的道德责任，强调保护生物多样性不仅是生态需求，更是伦理义务。两者的互动促进了全球生物多样性保护行动的开展。

（3）可持续农业

可持续农业是解决粮食安全和环境保护的重要途径，其实施需要科学与哲学的双重支持。科学提供了可持续农业的技术方法，如有机农业、精准农业和农田生态系统管理。哲学则提供了可持续农业的价值基础，强调人与自

然的和谐共处和资源的可持续利用。两者的结合，推动了可持续农业实践的发展，促进了农业生产方式的转型。

6. 当代挑战与未来发展

（1）人类世与哲学反思

"人类世"是指人类活动对地球系统产生深远影响的时代，哲学在这一背景下需要进行深刻反思。哲学家们探讨了人类与自然的关系，重新定义了人类在地球系统中的地位和责任。人类世的概念促使哲学更加关注生态危机的根源，呼吁人类重新思考自身的发展模式和价值观。

（2）科技伦理与生态保护

随着科技的快速发展，新的生态保护技术不断涌现，如基因编辑、人工智能和大数据分析。这些技术在带来生态保护潜力的同时，也引发了新的伦理问题。哲学在科技伦理方面的探讨，帮助科学家和政策制定者在应用新技术时，考虑其伦理影响，确保科技进步与生态保护的协调发展。

（3）全球治理与跨文化哲学

生态问题的全球性和复杂性要求全球治理的协同努力。哲学在全球治理中的角色是提供跨文化的伦理框架和合作理念。通过跨文化哲学的对话与交流，不同文化背景下的国家和地区能够在生态保护和可持续发展方面达成共识，推动全球生态治理的进程。

（4）环境美学与生态意识

环境美学探讨自然环境中的美学价值，提升人们的生态意识和环境保护意识。哲学中的美学理论帮助科学家和政策制定者理解自然美的价值，促进生态保护与人类审美需求的协调。通过环境美学的推广，公众对自然环境的欣赏和珍视程度提高，从而增强生态保护的社会基础。

（5）教育与生态哲学的融合

生态哲学在教育中的应用，有助于培养具有生态意识和可持续发展理念的下一代。通过将生态哲学融入教育体系，学生不仅学习科学知识，还培养对自然环境的伦理责任感。哲学与科学在教育中的融合，促进了综合素质教育的发展，推动了社会整体生态文明的建设。

7. 哲学、科学与生态互动的未来展望

（1）生态哲学的创新发展

随着生态问题的日益严峻，生态哲学需要不断创新，发展出适应新时代需求的新理论和新方法。例如，深层生态学、生态女性主义和生态后现代主义等新兴生态哲学流派，提供了多元化的视角，丰富了生态哲学的内涵。

（2）科学技术与哲学的协同进步

未来，科学技术与哲学的协同进步将进一步推动生态学的发展。人工智能、区块链和生物技术等新兴技术，将为生态研究提供新的工具和方法，同时也带来新的伦理挑战。哲学需要及时回应这些挑战，指导科学技术的应用，确保其符合生态伦理和可持续发展目标。

（3）全球生态治理的哲学支撑

全球生态治理需要统一的伦理框架和合作理念，哲学在其中扮演着重要角色。通过跨文化哲学的对话与交流，建立全球生态治理的伦理基础，促进国际社会在环境保护和可持续发展方面的合作。哲学为全球生态治理提供了理论支持和价值指引，推动全球生态治理体系的完善和发展。

（4）跨学科合作与综合解决方案

未来，哲学、科学与生态的互动将更加注重跨学科合作，形成综合性的解决方案。生态问题的复杂性要求不同学科的知识和方法相互融合，哲学在其中起到了统领和协调的作用。通过跨学科的合作，生态学研究能够更加全面和深入地理解环境问题，提出更加科学和可行的解决方案。

（5）公共参与与生态哲学的普及

公共参与是生态保护和可持续发展的重要保障，哲学在其中起到了意识形态和价值观引导的作用。通过哲学普及和公众教育，提高社会公众的生态意识和环保责任感，促进全民参与生态保护行动。哲学与科学的互动，使得生态保护理念更加深入人心，推动社会整体生态文明的建设。

8. 结论

哲学、科学与生态之间的互动关系是复杂而深刻的。哲学为科学研究提供了理论基础和价值导向，指导科学在生态保护和可持续发展中的应用；科学通过实证研究和技术创新，推动哲学在生态思维和伦理反思方面的发展。两者的协同作用，促进了生态学的进步和生态文明的建设。在面对日益严峻的生态危机时，哲学与科学的紧密合作显得尤为重要。未来，随着全球生态问题的进一步复杂化，哲学、科学与生态的互动关系将更加紧密，共同推动人类社会向更加可持续和和谐的方向发展。

通过深入理解哲学与科学在生态学中的互动关系，我们能够更好地应对环境挑战，构建一个人与自然和谐共生的美好未来。哲学不仅提供了对自然界的深刻思考和伦理指导，科学则提供了应对生态问题的实证方法和技术支持。两者的结合，是实现生态保护和可持续发展的关键所在。

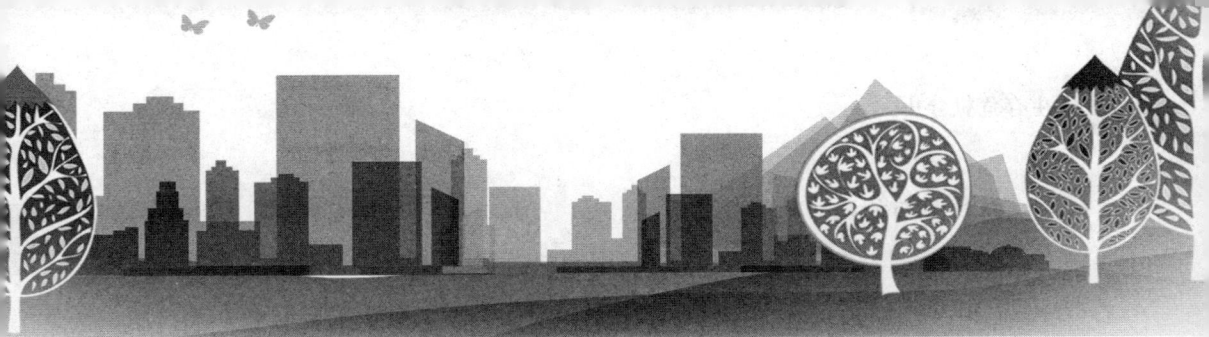

第八章　人类的选择与未来

第一节　有序与无序的选择

人类文明的发展在历史的长河中展示了其独特的力量，然而，随着工业化、资本主义和现代技术的迅猛扩展，生态系统的平衡受到了前所未有的挑战。在这一节中，我们将深入探讨生态系统的有序性和资本社会的失序性之间的鲜明对比，并分析为何人类必须在有序与无序之间做出明智的选择，以确保全球生态的持续稳定。

一、生态系统的有序性

生态系统的有序性是自然界中长期演化的结果，是生物与环境之间高度复杂的相互作用的表现。这种有序性不仅体现在生态系统内各生物种群之间的动态平衡，还反映在物质和能量的循环利用上。

1. 动态平衡与自我调节

在自然界中，生态系统的平衡是通过一系列复杂的食物链和食物网来实现的。这些食物链和食物网连接着各种生物，从生产者（如植物）到消费者（如食草动物和食肉动物），再到分解者（如细菌和真菌）。每个物种在生态系统中都扮演着特定的角色，这种动态平衡使得生态系统能够自我调节。例如，当某一物种数量过多时，其捕食者的数量也会随之增加，从而限制该物种的过度繁殖，维持生态平衡。

2. 物质与能量的循环

物质和能量在生态系统中的循环是维持生态平衡的另一关键因素。通过光合作用，植物将太阳能转化为化学能，为生态系统提供基础能量。动物通过摄食植物或其他动物获取能量，而分解者则将有机物分解为无机物，释放出能量并将养分重新返回土壤，供植物再次吸收。这样的循环过程确保了生态系统内能量和物质的连续流动，使得系统能够维持长久的稳定。

3. 自然灾害与生态恢复

即使面对自然灾害，如森林火灾、洪水或火山爆发，生态系统也显示出惊人的恢复能力。这种恢复能力依赖于生态系统的多样性和冗余性，不同的物种和生态位的存在使得生态系统能够在受到干扰后迅速重建平衡。例如，在一片森林被大火摧毁后，耐火植物的萌发以及种子的传播可以迅速覆盖土地，开启新的生态循环。

二、资本社会的失序性

与生态系统的有序性形成鲜明对比的是，资本社会展现了高度的失序性。资本主义社会以追求利润最大化为核心驱动力，导致资源被过度开发、环境被污染、人力资源被压榨和工具技术的失控发展。这种失序性不仅破坏了生态系统的平衡，还造成了深刻的社会不平等和生存危机。

1. 资源的过度开发与枯竭

在资本社会中，资源被视为可无穷尽开发的对象。随着全球化的推进，资源开发的速度和规模都达到了前所未有的高度，森林被砍伐，矿产被开采，渔业资源被过度捕捞，导致了自然资源的严重枯竭。例如，亚马逊雨林的快速消失不仅影响了全球的生物多样性，也破坏了地球的重要碳汇功能，直接威胁到全球气候的稳定。

2. 环境污染与生态退化

工业化进程带来的另一个重大问题是环境污染。从化石燃料的大量燃烧导致的空气污染，到工业废水排放造成的水体污染，再到农药和化肥的过度使用引发的土壤污染，资本社会中的各类经济活动严重污染了地球的生态环境。这些污染物不仅直接危害人类健康，还对生物多样性和生态系统的平衡造成了不可逆的破坏。例如，大量的塑料垃圾已经进入海洋，形成了"太平洋垃圾带"，对海洋生物构成了巨大威胁。

3. 工具、技术与人力的失序发展

资本社会中的技术进步和工具发展并没有得到合理的引导，反而因为利润驱动而失序发展。自动化和人工智能的兴起固然提高了生产效率，但也加剧了人力资源的无序配置，导致大规模失业和社会动荡。同时，技术的过度依赖还使得人类逐渐失去了对自然界的敬畏，进一步加剧了生态系统的退化。

4. 资本失序与社会不平等

资本的无序发展不仅破坏了自然生态，也加剧了社会的不平等。资本的过度集中导致财富分配不均，富者愈富，贫者愈贫。在这种情况下，贫困人口往往成为生态危机的最大受害者，因为他们缺乏应对气候变化、环境污染和资源枯竭的能力。此外，资本的全球化扩张还使得许多发展中国家陷入经济依赖和生态剥削的恶性循环，进一步加深了全球范围内的生态和社会危机。

三、选择的必要性

面对全球生态危机和资本社会的失序发展，人类社会正站在一个关键的十字路口。我们必须在有序与无序之间做出选择，以保障生态平衡和社会稳定。这一选择不仅关乎自然生态系统的持续发展，也关系到人类文明的存续。

1. 回归生态的有序性

生态系统的有序性为人类社会提供了宝贵的启示。我们必须重新审视人与自然的关系，将生态平衡和可持续发展作为社会发展的核心目标。通过保护自然资源、减少污染、推广生态友好技术，我们可以在尊重自然规律的基础上，实现社会的长远发展。

2. 重新定位资本的角色

资本的失序发展是当前生态和社会危机的核心问题。我们必须通过制度

改革和政策引导，重新定位资本的角色，将其从追求短期利益的工具转变为服务社会福祉和生态平衡的手段。具体而言，可以通过加强环境立法、推行绿色经济、鼓励企业社会责任等措施，限制资本的无序扩张，促进社会的有序发展。

3. 人类文明的自我反思

人类文明的发展进程需要进行深刻的自我反思。我们必须认识到，在追求物质财富的同时，忽视了精神文明和道德价值的建设。通过重建社会价值体系，提升人类的环境意识和社会责任感，我们可以引导文明发展走向有序，避免陷入资本失序带来的生存危机。

第二节 工具发展与生态系统的选择

随着人类社会的发展，工具和技术逐渐从简单的生产工具演变为复杂的技术系统，极大地推动了社会生产力的提升。然而，伴随这种发展而来的不仅是经济的繁荣，还有对生态系统的深远影响。通过回顾工具和技术的发展历史，我们可以更好地理解其对生态系统的破坏性影响，以及如何选择与生态系统相容的技术，以实现可持续发展。

一、工具与技术的膨胀

工具与技术的发展是人类文明进步的重要标志。在最初，工具的发明是为了满足人类基本的生存需求，如狩猎、农业和建筑。早期的石器工具、骨器工具等帮助人类在自然环境中获取食物和资源，确保了种族的繁衍和生存。随着时间的推移，技术逐渐从简单的手工工具演变为复杂的机械设备和自动化系统，推动了农业、工业和信息产业的飞速发展。

1. 工具的早期发展

在人类历史的早期阶段，工具的发展主要以满足基本生存需求为目的。石器、骨器和木制工具的出现，使得人类在采集、狩猎和农业方面取得了巨

大的进步。随着冶金技术的发展，青铜器和铁器的应用进一步提高了工具的坚固性和耐用性，推动了生产效率的提升。

2. 工业革命与技术膨胀

工业革命标志着工具和技术发展的一个重要转折点。蒸汽机的发明和广泛应用，促使大规模机械化生产成为可能，工厂制度逐渐取代了手工业生产模式。此时，工具和技术的膨胀不仅限于生产效率的提升，还引发了社会经济结构的深刻变革。随着电力、内燃机和化学技术的出现，工具的功能和效用达到了新的高度，推动了生产力的持续增长。

3. 信息化时代的工具与技术

进入信息化时代，计算机技术、互联网和人工智能的发展使得工具和技术进一步复杂化。数字技术的广泛应用不仅改变了生产和生活方式，还使得信息的获取和传播变得前所未有的快捷和高效。然而，这种技术膨胀也带来了前所未有的挑战，包括数据隐私、安全问题，以及对自然资源的消耗和生态环境的破坏。

二、对生态系统的影响

工具和技术的发展在促进经济增长和社会进步的同时，也对生态系统产生了深刻的负面影响。由于缺乏对环境的有效管理和规划，工具和技术的无序发展往往导致自然平衡的破坏，进而引发环境退化和资源枯竭的问题。

1. 自然平衡的破坏

工业化的迅猛发展使得人类对自然资源的需求大幅增加。大量的森林被砍伐以获取木材、开垦农田和建设城市，而矿产资源的过度开采则导致了地质结构的改变和生物栖息地的破坏。例如，煤炭、石油等化石燃料的广泛使用不仅引发了全球气候变化，还导致了空气污染、水污染和土壤污染的加剧，严重破坏了自然界的平衡。

2. 环境退化与资源耗竭

工具和技术的无序发展还导致了环境退化和资源的过度消耗。在农业方

面，化肥和农药的滥用导致土壤退化、地力下降和水体富营养化，而大规模工业生产带来的废水、废气和固体废弃物则进一步污染了环境。此外，随着全球人口的增长和消费水平的提升，矿产资源、能源资源和生物资源的消耗速度不断加快，许多资源面临枯竭的风险。尤其是在一些发展中国家，由于缺乏有效的环境保护政策和技术管理措施，生态环境的恶化更加严重。

3. 生物多样性的丧失

技术进步在某种程度上加速了生物多样性的丧失。工业化农业和现代化城市建设导致了大量自然栖息地的消失，许多物种因此面临灭绝的威胁。此外，污染、气候变化和外来物种入侵等因素也加剧了生物多样性的减少。例如，全球变暖导致的极地冰川融化，直接威胁到了北极熊等极地生物的生存，而滥伐森林则导致了许多热带雨林物种的濒危。

三、生态友好技术的选择

面对工具和技术对生态系统的种种负面影响，人类必须反思其发展路径，积极选择和开发与生态系统相容的生态友好技术，以实现可持续发展。这不仅是维护自然生态平衡的必要措施，也是确保人类社会长远发展的关键所在。

1. 可再生能源的应用

发展和推广可再生能源技术是实现生态友好发展的重要途径之一。太阳能、风能、水能和地热能等可再生能源相比传统的化石燃料，具有清洁、可持续和对环境影响较小的优势。例如，太阳能光伏技术的发展使得人类能够直接利用太阳能发电，减少了对煤炭和石油等传统能源的依赖，从而降低了温室气体的排放，有助于减缓全球气候变化的速度。

2. 循环经济与废物管理技术

循环经济的理念旨在通过资源的循环利用和废物管理，减少资源消耗和环境污染。在工业生产中，推广清洁生产技术、废物回收利用技术和资源再生技术，可以有效减少生产过程中产生的废弃物，并将其转化为新的资源投入到生产链中。例如，废旧电子产品的回收利用不仅可以减少电子垃圾对环境的污染，还可以回收其中的贵金属资源，降低对原生矿产的需求。

3. 生态农业与智能农业技术

生态农业强调农业生产过程中对自然环境的保护和资源的可持续利用。通过有机农业、保护性耕作、农田生态系统管理等技术手段，减少化肥和农药的使用，维持土壤的健康和生态多样性。此外，智能农业技术的发展也为生态友好型农业提供了新的可能。通过物联网、人工智能和大数据分析，农民可以更加精准地管理农田，提高资源利用效率，减少对环境的负面影响。

4. 绿色建筑与城市规划

在建筑和城市规划领域，绿色建筑技术和可持续城市规划理念的应用可以显著减少对环境的影响。绿色建筑通过使用节能材料、优化能源利用和废水处理系统，减少了建筑物的碳足迹和资源消耗。此外，城市规划中的绿色空间设计、公共交通系统优化和废物管理系统的建设，也有助于降低城市化对生态系统的压力。

第三节 唯物发展观与哲学发展观的选择

随着社会的发展，唯物发展观和哲学发展观在不同历史时期发挥了各自的作用。唯物发展观以物质为中心，推动了工业革命、科技进步和经济繁荣，但同时也带来了生态危机和社会失序。相比之下，哲学发展观注重价值观和思想的引导，为社会发展提供了更深层次的反思和指导。本书将探讨唯物发展观的局限性、哲学发展观的价值，以及在面向未来时人类应该如何通过哲学思考和价值重构引导社会朝着有序和可持续的方向发展。

一、唯物发展观的局限性

唯物发展观作为工业化和现代化的重要推动力，一直以来对社会进步起到了巨大的促进作用。它强调通过物质生产和技术进步来提升人类的生活水平，推动了经济的快速增长。然而，随着全球化的深入和资源的过度消耗，唯物发展观的局限性也逐渐显现。

1. 以物质为中心的失序

唯物发展观将物质财富的积累视为社会进步的核心目标，忽视了社会的伦理价值和生态环境的承载能力。在这种观念的驱使下，资本、工具、技术和人力等各方面的资源都被不加节制地投入到物质生产中，导致了严重的生态失序。例如，工业化生产方式的大规模推广加剧了环境污染和资源枯竭，使得生态系统的平衡遭到了严重破坏。

2. 资本的无序扩张

唯物发展观强调通过资本的积累来促进经济增长，但这种无序的资本扩张往往导致社会的不平等和资源的浪费。在全球范围内，资本的高度集中导致了贫富差距的加大，而资本对自然资源的过度开发则进一步加剧了生态危机。此外，金融资本的投机行为也常常引发经济不稳定，使得社会处于不断的动荡之中。

3. 技术与工具的异化

唯物发展观促进了技术和工具的发展，但这种发展并没有始终朝着有序和可持续的方向前进。在追求效率和利润的过程中，技术和工具逐渐异化为破坏生态系统的利器。现代工业化生产依赖于大量的能源消耗和资源开采，导致了全球气候变化、环境污染和生物多样性减少等问题。而且，技术的发展也带来了新的社会问题，如就业结构的变化、数字鸿沟的加剧以及数据隐私的风险。

二、哲学发展观的价值

相对于唯物发展观的物质中心倾向，哲学发展观强调思想和价值观对社会发展的指导作用。在生态危机和社会失序日益严重的背景下，哲学发展观为我们提供了重新思考人类发展方向的必要工具。

1. 价值观的引导作用

哲学发展观注重对人类社会价值观的思考和构建，强调人与自然、人与

社会之间的和谐共处。在面对资源枯竭、环境恶化等挑战时，哲学思考能够帮助我们认识到物质财富并不是唯一的追求目标，而是应当重视精神文明、社会公正和生态平衡等更为长远的价值。例如，儒家思想中的"天人合一"理念提倡人类与自然和谐相处，而西方哲学中的"生态伦理学"则呼吁对自然环境的尊重与保护。

2. 反思与批判的功能

哲学的发展观为社会提供了反思与批判的视角，使得人类能够在技术和物质发展过程中及时调整方向，避免陷入无序发展的陷阱。通过对现代社会中资本、技术、人力资源等领域的反思，我们可以识别出当前发展模式中的问题，并通过批判性思维寻找解决方案。例如，马克思主义哲学对资本主义经济模式的批判，揭示了资本无序扩张带来的社会不平等和生态危机，为社会主义和生态文明建设提供了理论支持。

3. 道德与伦理的重构

哲学发展观还强调道德与伦理在社会发展中的重要性。在当今社会，物质欲望的膨胀和工具理性的盛行导致了道德危机和伦理失范。哲学思考能够帮助人类重构道德伦理体系，确立新的社会共识，推动社会向着更加有序和可持续的方向发展。例如，现代生态哲学提倡的"生态伦理学"认为人类应当尊重自然界的固有价值，摒弃以人类为中心的思维模式，追求一种更加平衡的生态关系。

三、对未来的选择

在全球生态危机和社会失序的背景下，人类必须认真思考未来的发展方向。通过哲学思考和价值重构，我们可以引导社会朝着有序和可持续的方向发展，避免陷入唯物发展观带来的困境。

1. 重建生态文明

哲学发展观为构建生态文明提供了理论基础。在未来的发展中，我们应当摒弃以物质为中心的思维方式，重视人与自然之间的关系，倡导绿色发展、

低碳经济和可持续生活方式。通过重新审视和调整发展观念，我们可以在追求经济增长的同时，保护自然环境，维护生态系统的平衡。

2. 倡导社会公正

哲学思考不仅涉及人与自然的关系，还关注社会公正与公平。在未来的发展中，我们应当通过道德与伦理的重构，消除社会不平等，推动社会的共同进步。例如，发展更加公平的经济制度、健全社会保障体系、提升教育水平和机会均等等，都是实现社会公正的重要措施。

3. 塑造新的人类文明

最后，通过哲学的发展观，我们可以塑造一种新的文明形态，这种文明不仅注重物质财富的积累，更强调精神文明的建设和生态平衡的维护。在未来的发展中，人类应当在哲学思考的指导下，寻求与自然和谐共处的方式，探索更加有序和可持续的发展路径，为子孙后代创造一个更加美好的生存环境。

第四节　构建生态文明社会的可能性

一、生态文明的定义与内涵

在全球生态危机日益加剧的背景下，"生态文明"这一概念逐渐成为人们关注的焦点。生态文明不仅是对传统发展模式的挑战，更是对人类未来生存方式的深刻反思。以下将详细阐述生态文明的定义、内涵及其在现代社会中的重要性，并探讨它与传统资本主义社会的本质区别。

1. 生态文明的定义

生态文明是指一种将生态环境保护和可持续发展作为核心原则的发展模式。与传统以经济增长为中心的工业文明不同，生态文明强调人与自然的和谐共生，主张在发展经济的同时，最大限度地减少对环境的破坏，实现资源的可持续利用。生态文明不仅关注物质财富的积累，更注重精神文明和道德价值的提升，力求在经济、社会与环境之间达到动态平衡。

2. 生态文明的内涵

生态文明的内涵丰富而多元，它不仅包括对自然资源的合理利用和环境保护，还涵盖了社会的制度建设、文化价值观的塑造以及科技创新的发展方向。具体来说，生态文明主要体现为以下几个方面：

（1）环境保护与资源管理

生态文明要求社会在发展过程中尊重自然规律，合理利用资源，保护生态环境。它强调通过科学规划和管理，减少环境污染，恢复生态系统，确保资源的可持续性。生态文明主张以生态优先的原则指导经济活动，推动绿色经济和循环经济的发展。

（2）社会公平与公正

在生态文明中，社会公平与公正是实现可持续发展的重要基础。生态文明要求消除社会不平等，保障全体社会成员的基本权利和福利。通过公平的资源分配和机会平等，生态文明力求实现人与人、人与自然之间的和谐共处，创造一个更加公正的社会秩序。

（3）文化与价值观的转变

生态文明的建设需要全社会价值观的转变，特别是对自然的态度和对生活方式的反思。传统的资本主义社会强调物质财富的积累，而生态文明则提倡简约、低碳、环保的生活方式，倡导节制消费、尊重自然。生态文明主张在文化教育中融入生态伦理，培养公民的生态意识和责任感。

（4）科技与创新的引导

生态文明并非拒绝技术进步，而是倡导与自然和谐共存的科技创新。生态文明要求科技创新以环境友好为前提，推动清洁能源、绿色建筑、生态农业等领域的发展。通过引导科技创新方向，生态文明能够为人类社会的可持续发展提供技术支持。

3. 生态文明与传统资本主义社会的本质区别

生态文明与传统资本主义社会在核心理念和发展路径上存在本质区别。

传统资本主义社会以追求资本增值和经济增长为主要目标，往往忽视环境保护和社会公平，导致资源枯竭、环境恶化和社会不平等。而生态文明则主张将生态和社会因素纳入经济决策的核心，强调发展与环境、社会的协调统一。

（1）发展目标的不同

传统资本主义社会的核心目标是最大化资本和利润，经济增长往往凌驾于一切之上。这种单一的目标导向导致了资源的过度开发和生态环境的破坏。相反，生态文明强调可持续发展，将经济增长与环境保护、社会公平紧密结合，追求多元的社会发展目标。

（2）资源利用的方式

在资本主义社会中，资源被视为无限的、可以任意开采和利用的经济要素，这种对自然的掠夺性利用导致了生态失衡。而生态文明倡导资源的节约和循环利用，主张将生态价值纳入资源管理决策，确保资源的可持续性。

（3）社会结构的差异

传统资本主义社会的阶级分化严重，贫富差距扩大，社会不公成为难以解决的顽疾。生态文明则强调社会的平等与和谐，通过建立公正的社会制度，减少社会不平等，促进社会的整体进步。

（4）文化价值观的转变

资本主义社会的文化价值观以个人主义和物质主义为主导，过度消费成为普遍现象。生态文明倡导生态伦理和公共精神，提倡节制与责任，鼓励人们重新审视自己的生活方式，做出对环境和社会更友好的选择。

二、实现路径

构建生态文明社会不仅需要理念上的认同，更需要在政策、技术、文化以及全球经济体系等多个层面进行全面的实践与转型。以下将详细探讨如何通过政策制定、技术创新、社会文化重塑以及构建世界统一货币体系等具体路径，推动生态文明社会的实现。

1. 政策制定与政府引导

政策是生态文明建设的核心驱动力。政府在推动生态文明社会建设过程中，应承担起主导责任，通过制定和实施一系列生态友好的政策法规，引导社会各界向可持续发展的方向转型。

生态税收政策：政府可以通过征收环境税、碳税等手段，内化外部环境成本，将环境保护的成本纳入经济活动的核算体系。通过经济杠杆作用，促使企业和个人减少资源浪费和污染排放。

环境法制建设：完善环境保护相关的法律法规，建立健全的环境治理体系，确保各类生态破坏行为受到应有的法律制裁。推动环境司法的独立性和权威性，确保生态文明建设的法治化和规范化。

绿色发展规划：政府应制定长期的绿色发展规划，将生态文明建设纳入国家发展战略中。通过设定清晰的目标和路线图，逐步推进能源转型、绿色交通、生态城市建设等领域的发展。

公共资源管理：政府应加强对公共资源的管理与调控，通过土地、森林、水资源等自然资源的合理分配和保护，确保资源的可持续利用。

2. 技术创新与可持续发展

技术创新是实现生态文明的重要引擎。在构建生态文明社会的过程中，技术的发展方向和应用方式需要进行根本性的转变，推动绿色技术的研发和应用，促进经济活动的生态化。

清洁能源的开发与应用：大力发展和推广太阳能、风能、地热能等清洁能源，逐步替代传统的化石能源，减少温室气体排放，降低对环境的破坏。政府应支持清洁能源技术的研发和基础设施建设，推动能源结构的绿色转型。

绿色生产技术：企业应通过技术创新，提升生产过程的资源利用效率，减少废弃物的排放。比如推广绿色建筑技术、发展低碳制造业、采用节能环保设备等。绿色生产不仅能降低环境负担，还能提高经济效益，形成双赢局面。

循环经济模式：倡导"资源—产品—废弃物—再生资源"的循环经济模

式，通过废物的资源化利用和再生，减少资源消耗和环境污染。循环经济强调全生命周期管理，从资源开采到产品设计、生产、消费和回收，实现闭环管理。

生态友好型创新：鼓励在农业、交通、建筑等各个领域的生态友好型技术创新，如生态农业、绿色建筑、智能交通系统等。通过技术手段的革新，减少生态足迹，提升生态系统的承载能力。

3. 社会文化重塑与生态价值观

社会文化的转变是生态文明建设的基础。只有通过全社会的文化重塑，才能从根本上改变人们的行为方式和消费模式，实现与生态文明相适应的生活方式。

生态教育与意识培养：在教育体系中融入生态文明理念，通过学校教育、社区宣传、公共媒体等多种途径，提升全民的生态意识和环保责任感。教育应强调人与自然和谐共处的价值观，培养年轻一代的生态伦理和可持续发展观念。

社会责任与公民参与：构建生态文明社会需要每个公民的积极参与。政府应倡导企业和个人承担环境责任，积极参与环境保护和社会公益活动，形成全社会共同推进生态文明建设的良好氛围。

生态友好型生活方式：提倡简约、低碳、环保的生活方式，如减少塑料制品的使用、推广公共交通、支持可持续消费等。通过改变日常生活中的消费模式和行为习惯，减少对环境的负面影响。

传统文化与生态文明的融合：发掘和弘扬传统文化中与自然和谐共处的智慧，如中国的道家文化、日本的自然崇拜等。将传统文化中的生态观念与现代生态文明建设结合起来，为现代社会提供精神支持和文化根基。

4. 构建世界统一货币体系

构建世界统一货币体系是实现全球生态文明的重要经济基础。当前，全球货币体系的混乱和不平等加剧了资源的无序流动和生态失衡。因此，建立一个公平、稳定、可持续的全球货币体系，对于生态文明社会的构建至关重要。

全球货币的必要性：当前的货币体系以美元为主导，导致全球经济的失衡和金融市场的动荡。美元霸权的存在，使得资源配置效率低下，生态系统承受了巨大的压力。一个统一的世界货币可以消除货币之间的竞争和投机，促进资源的合理分配和可持续利用。

货币与生态价值的挂钩：统一的世界货币应与生态价值挂钩，即货币的发行和流通应以生态保护和资源可持续性为基础。通过货币政策的调控，推动全球经济向低碳、绿色的方向发展，减少对环境的负面影响。

全球金融监管与合作：为了确保世界统一货币体系的稳定和有效运行，全球金融监管和国际合作至关重要。各国应加强金融市场的监管，防止投机行为对生态造成破坏，同时通过国际合作，协调各国的货币政策，确保全球经济的可持续发展。

分配机制的公平性：统一货币体系下的资源分配机制应更加公平，特别是对发展中国家的支持。通过公平的资源分配和技术转移，帮助欠发达国家实现可持续发展，共同推进全球生态文明的建设。

通过政策制定、技术创新、社会文化重塑以及构建世界统一货币体系等多层面的实践路径，生态文明社会的构建将不仅是理论上的设想，更是切实可行的发展方向。这些路径的实施，将为人类社会在全球生态危机面前找到一条平衡发展与环境保护的新道路。

三、资本的重新定位

资本在现代社会中扮演着重要的角色，既是推动经济发展的动力，也可能是造成生态失衡的主要因素之一。因此，如何重新定位和引导资本的发展，使其服务于生态文明建设，成为减少生态破坏和实现可持续发展的关键。以下将探讨资本的重新定位，通过资本的有序发展，推动生态文明社会的建立。

1. 资本的社会责任与生态约束

资本的本质应服务于社会整体利益，而不仅仅是追求利润最大化。当前，

资本在逐利过程中常常忽视了环境成本和社会责任，导致资源过度开发、环境污染加剧和社会不平等加深。因此，重新定位资本，要求其承担更多的社会责任，特别是在生态保护和可持续发展方面。

环境、社会与治理（ESG）投资：推动资本市场将环境、社会与治理（ESG）因素纳入投资决策中，通过设立严格的 ESG 标准，引导资本流向对环境友好、社会责任感强的企业和项目。ESG 投资不仅能减少环境和社会风险，还能促进企业的长期可持续发展。

绿色金融与绿色债券：发展绿色金融，通过发行绿色债券、建立绿色投资基金等手段，吸引资本投资于生态友好型项目，如清洁能源、生态恢复、可持续农业等。绿色金融机制能够将资本引导到对环境有积极影响的领域，促进生态文明的建设。

资本的生态税收与激励政策：政府可以通过生态税收政策，约束资本的无序扩张。例如，对高污染、高能耗的产业和企业征收重税，同时对节能环保型企业和项目提供税收减免或补贴，以此引导资本向有利于生态保护的方向流动。

2. 资本与技术的协同创新

资本与技术的结合是推动生态文明的重要动力。现代社会的很多技术进步都是由资本驱动的，然而，资本在追求短期利益时，往往忽视了技术对环境的长期影响。因此，重新定位资本，需要通过政策和市场机制，促进资本与绿色技术的协同创新。

资本支持绿色技术研发：引导资本投向绿色技术的研发和应用，如清洁能源、资源循环利用、生态修复技术等。通过设立专项基金、提供投资优惠等方式，鼓励企业和科研机构加大对绿色技术的投入，推动技术创新与生态保护的协同发展。

资本推动生态友好型产业升级：通过资本的投入，推动传统高污染、高能耗产业向生态友好型产业转型升级。例如，通过资本的支持，推广可再生能源汽车、智能节能设备、绿色建筑材料等新兴产业，从而减少对环境的负面影响。

创新资本市场机制：资本市场可以通过创新机制，如碳交易市场、环境资产证券化等，将生态价值量化并纳入资本运作体系。通过这些机制，促进企业减少碳排放和环境污染，同时为绿色技术和项目提供更多融资渠道。

3. 资本的全球治理与公平分配

资本的全球流动性要求在全球范围内进行有效的治理和公平的分配。当前，资本的无序流动不仅加剧了全球资源的不平衡分配，还造成了环境负担向发展中国家的转移。因此，重新定位资本，要求在全球范围内进行资本治理和分配机制的优化，以减少资本失序对环境和社会的负面影响。

全球资本监管与合作：加强国际社会对跨国资本的监管和合作，防止资本流动对环境造成的跨国负面影响。建立全球范围内的生态保护和可持续发展资金池，鼓励发达国家向发展中国家提供资本支持，帮助其进行生态文明建设。

促进公平的资本分配：在全球范围内推动资本的公平分配，特别是确保发展中国家能够获得足够的资本支持，实现绿色发展。通过国际援助、技术转移和市场准入等方式，帮助发展中国家解决生态保护与经济发展的双重挑战。

资本与生态价值挂钩：在全球范围内推动将资本的价值评估与生态价值相挂钩，通过资本市场的调控，引导全球资本流向有利于生态保护的领域。这不仅有助于缓解全球生态危机，还能促进资本在全球范围内的有序流动和可持续分配。

4. 资本的伦理与价值观重构

资本的重新定位需要以伦理与价值观的重构为基础。在资本主义社会中，资本常被视为一种纯粹的经济工具，而忽视了其对社会和环境的责任。因此，重新定位资本的过程中，必须对资本的伦理观念和价值体系进行深刻反思与重构。

资本伦理的建设：提倡资本在运作过程中遵循生态伦理和社会伦理，强调资本在追求经济利益的同时，必须考虑其对环境和社会的长期影响。通过资本伦理的建设，引导资本承担更多的社会责任，促进生态文明的建设。

资本价值观的转型：推动资本从追求短期利润转向追求长期可持续价值，将环境保护、社会福祉纳入资本运作的核心目标。在教育、宣传和政策引导下，逐步形成以生态文明为导向的资本价值观。

资本与社会共益：倡导资本与社会共益的理念，推动企业在追求经济效益的同时，积极参与社会公益和生态保护项目。通过企业社会责任（CSR）计划和社会企业模式，资本可以在创造经济价值的同时，提升社会和环境的整体福祉。

第五节　人类社会的未来发展方向

随着全球资本失序与生态危机的日益加剧，人类社会正站在一个历史性的十字路口。如何应对当前的生存危机，寻求可持续的发展路径，成为了摆在人类面前的重要课题。这一节将探讨人类社会未来发展的可能方向，提出在社会、经济、文化等多方面的多维选择，强调走向有序、和谐、可持续发展的必要性。

一、走向生态文明的必然性

1. 资本失序的挑战与警示

资本主义的发展在推动经济增长的同时，也带来了严重的生态破坏和社会失序。随着全球资本的无限扩张，自然资源被过度消耗，环境污染日益严重，生物多样性急剧下降，甚至威胁到人类的生存基础。资本的失序不仅表现在经济领域，还渗透到社会的各个方面，导致了资源不平等、社会不公正以及人类与自然关系的严重失衡。

在这样的背景下，人类社会正面临前所未有的生态危机。如果继续沿着资本主义的发展轨道前进，不仅会进一步加剧生态恶化，还可能引发更严重的全球性危机。资本的失序已经成为威胁人类可持续发展的主要因素，必须重新审视和调整资本的发展路径。

2. 生态文明的历史必然性

生态文明并不仅仅是一个新兴的社会形态概念，更是人类文明发展的历史必然。随着工业化和全球化的推进，传统的资本主义模式已无法适应现代社会的需求，更无法解决当下的生态危机。因此，人类必须寻求新的发展模式，而生态文明正是这一模式的核心所在。

生态文明强调人与自然的和谐共生，主张经济发展与生态保护并重。它不仅要求在物质层面减少对自然资源的掠夺，更要求在精神和文化层面重新定义人类的价值观和发展观。在生态文明的框架下，经济增长不再是唯一的目标，社会公平、生态保护、文化传承等因素也将成为衡量社会进步的重要标准。

走向生态文明，不仅是应对当前危机的必要选择，更是未来人类社会持续繁荣的必由之路。只有通过生态文明的建设，才能实现人类与自然的真正和谐，确保社会的长期稳定与发展。

二、多维选择与未来构想

1. 经济发展的新模式

在未来的发展中，经济模式的转型是实现生态文明的重要基础。传统的以资源消耗为主导的经济增长模式已经不可持续，未来需要探索绿色经济、循环经济等新型经济模式，以实现经济与生态的双赢。

绿色经济：绿色经济主张在经济活动中充分考虑环境成本，通过绿色技术的应用和绿色产业的发展，减少对自然资源的依赖。绿色经济不仅能带动新的经济增长点，还能为社会提供更多的就业机会，推动社会的全面进步。

循环经济：循环经济强调资源的高效利用和循环使用，通过对废弃物的再利用，减少资源浪费和环境污染。发展循环经济需要在生产、消费、回收等各个环节进行全方位的优化和创新，从而实现资源的可持续利用。

生态产业：未来的经济发展将更加注重生态产业的培育和发展，如生态农业、生态旅游、生态服务等。这些产业不仅能带动区域经济的发展，还能促进生态环境的保护和恢复，实现经济效益与生态效益的双赢。

2. 社会文化的多元选择

社会文化的转型是生态文明建设的重要支柱。未来社会的发展不仅需要经济的转型，更需要在文化、教育、伦理等方面进行全面的重构和创新。

生态文化的普及：未来的社会文化将更加注重生态意识的培养，通过教育、宣传和社会活动，普及生态文化理念，推动全社会形成生态文明的共识。生态文化不仅要求人们在日常生活中践行生态理念，还要求在社会的各个层面推广生态文明的价值观。

伦理与价值观的重构：在资本主义社会中，物质利益往往被置于伦理和价值观之上，导致了社会的失序和生态的破坏。未来需要通过伦理与价值观的重构，推动社会回归到以人为本、以生态为核心的价值体系。伦理与价值观的重构不仅是社会文化的重塑，更是社会文明的提升。

教育体系的改革：未来的教育将更加注重生态意识的培养和生态知识的传授。通过教育体系的改革，将生态文明理念融入到各级教育中，从小培养学生的生态意识和社会责任感，为未来的社会发展储备人才。

3. 全球合作与治理的新格局

生态文明的建设不仅是一个国家或地区的任务，更需要全球范围内的合作与治理。未来的人类社会需要在全球层面加强合作，共同应对生态危机，实现全球的可持续发展。

全球环境治理：生态问题具有全球性特征，单一国家的努力难以解决全球性的生态危机。因此，未来需要在全球范围内加强环境治理，建立健全全球环境保护机制，推动国际社会共同应对气候变化、资源枯竭等问题。

国际合作与技术共享：未来的发展需要加强国际合作，特别是在绿色技术的研发和应用方面。通过国际技术合作和技术共享，推动全球范围内的绿色技术创新，促进各国共同实现可持续发展。

构建世界统一货币体系：为了应对全球资本的无序流动和经济失衡问题，未来可以探索构建世界统一货币体系，通过货币的统一和资本的有序流动，实现全球经济的稳定和可持续发展。

4. 人类社会的未来构想

未来的人类社会将是一个更加注重生态文明和社会公正的社会。在这样的社会中，人与自然和谐共处，经济发展与生态保护相互促进，文化多元与伦理价值相辅相成。

和谐社会的构建：未来的人类社会将是一个和谐的社会，强调人与人、人与自然、人与社会之间的和谐关系。通过社会机制的创新和文化价值的提升，实现社会的和谐发展和持续繁荣。

可持续发展的实现：未来的可持续发展不仅体现在经济领域，更体现在社会、文化、生态等各个方面。通过综合施策，推动社会在各个层面实现可持续发展，确保未来世代的福祉。

全球命运共同体的构建：未来的人类社会将更加注重全球命运共同体的构建。通过全球范围内的合作与治理，实现人类社会的共同发展，确保全球范围内的和平与繁荣。

人类社会的未来发展方向，不仅关乎当代人的福祉，更关乎未来世代的生存与发展。在资本失序和生态危机的背景下，走向生态文明已成为历史的必然选择。通过经济模式的转型、社会文化的重构、全球合作的加强，人类社会将能够实现和谐、可持续的发展，迎接一个更加美好的未来。

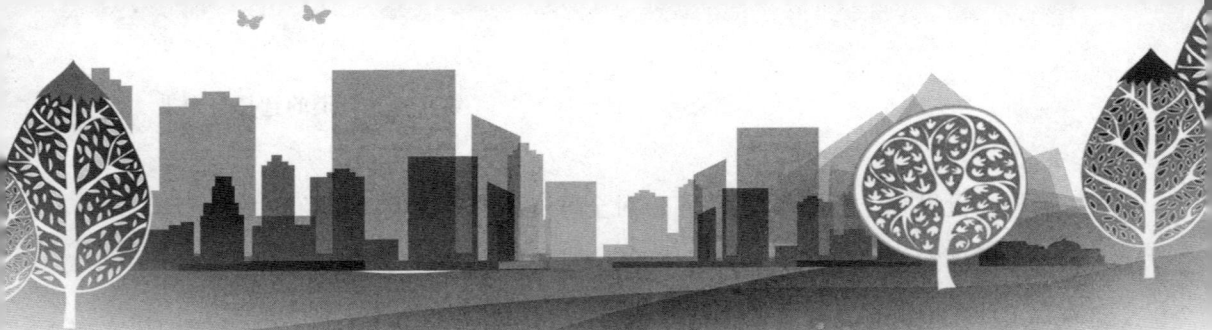

第九章　构建生态文明社会

构建生态文明社会，需要具备几个重要要素支撑。

具有强大的社会力量支持。强大的科学社会主义与生态文明社会具有共性。它是强大的社会力量支持。

构建世界统一货币体系。它是构建生态文明社会必备的条件。如今的技术条件，已经完全具备构建世界统一货币体系。

世界广大的农耕社会国家。它是构建生态文明社会的社会基础。

从以上内容看，如今的社会环境，具有构建生态文明社会的可能性。

第一节　以劳动者为依托的社会

19 世纪马克思和恩格斯创立的科学社会主义理论，在人类社会有等级划分以来，第一次构建以广大劳动者为依托的社会，恢复了广大劳动者为社会主体的地位。响亮地喊出了"全世界无产者，联合起来！"。这是人类社会有阶级划分以来最重要的贡献。

生态文明社会是以生态系统为依托的社会，它是科学社会主义社会的升华。一是以广大劳动者为依托的社会；二是以生态系统为依托的社会。二者存在共性。

马克思构建的科学社会主义与资本社会，都是构建在以生产力为基础的社会。一是以"劳动者"为主体的社会主义社会，二是以少数资产所有者为

主体的资本主义社会。两种社会是水火不相容的社会体制。由此决定了，资本主义社会与科学社会主义社会之间的相互斗争，不可能轻易解决。在强大的资本社会抵制的环境中，科学社会主义仍然不断发展壮大，说明了构建以劳动者为依托的社会，符合于人类社会的发展，符合于自然发展规律。

一、马克思主义理论的重大贡献

马克思主义理论自诞生之日起，在新旧思维理念的斗争中，不断发展壮大，受到世人广泛关注、传播。随着资本社会的发展，锻造的无产阶级革命势力不断发展壮大。

马克思科学社会主义理论，从社会结构方面说来，其重要意义在于如下几个方面。

1. 劳动者从客体变为主体

人类社会的发展历程中，自等级划分出现以来，劳动者的地位一直是一个重要的话题。历史上，劳动者通常处于社会的底层，他们的物质生活往往得不到充分的保障，人格尊严也时常被忽视。早在几千年前，儒家学说就提出"劳心者治人，劳力者治于人"的观念，这反映出社会对不同劳动形式的认知。劳动者通过辛勤劳动为社会创造了丰富的物质财富，满足了人们的生活需求，但他们的地位却往往较低，这种社会现象值得我们深思。

随着时间的推移，社会的变革不断发生，尤其是在农耕社会末期，农民起义的爆发反映出社会的不公和劳动者的反抗。尽管新的统治者往往会建立新的社会秩序，但经济基础和社会结构的变化并不显著，劳动者的地位和生活条件没有得到根本性的改善。

进入资本主义社会后，工业革命带来了生产方式的巨大变革，自动化生产线取代了手工作坊，生产效率大幅提高。这一过程中，资产阶级逐渐崛起，掌握了大量的经济资源，而广大的无产阶级则陷入了被剥削的境地。社会财富的集中加剧了阶级对立，社会逐渐分化为资产阶级和无产阶级两大对立群体。资产阶级的统治地位使得社会关系变得功利化，金钱成为衡量一切的标准。

尽管社会的物质财富在增加，但劳动者的生活条件并未显著改善。自动化工具的发展虽然提高了生产效率，但也使得劳动者被束缚在机械设备上，进一步加剧了社会的不平等。劳动者在社会中的地位依然较低，他们的尊严和价值往往被忽视，这种社会现象引起了广泛的关注和反思。

随着资本主义社会的发展，资本家为了扩大市场，不断向世界各地扩展业务。世界市场的形成改变了全球的生产和消费模式，工业企业的迅速崛起使得城市对农村的影响力增强。城市的扩张和大型城市的出现进一步改变了社会的空间结构，也影响了劳动者的生存环境。

马克思和恩格斯创立的科学社会主义理论，对资本主义社会的本质进行了深刻的分析。他们指出，资本主义社会的发展孕育了无产阶级，而无产阶级的壮大和觉醒将成为改变社会的力量。科学社会主义理论提出了构建无产阶级专政、实现社会公平的目标，这为解决社会不公问题提供了新的思路。

2. 共产党的成立

广大劳动者寻求解放和改善自身地位，需要有组织的领导、明确的行动纲领以及构建新社会的目标。马克思和恩格斯在 1847 年发布的《共产党宣言》标志着共产党的成立，旨在为无产阶级的解放提供组织和指导。从此，共产党成为推动社会变革的重要力量。

（1）共产党的性质

共产党与其他无产阶级政党有所不同，主要体现在以下两个方面：首先，共产党在无产阶级的国际斗争中，强调并坚持无产阶级超越民族界限的共同利益。其次，在无产阶级和资产阶级的斗争的不同阶段中，共产党始终关注整个运动的利益。

在实践上，共产党人是各国工人政党中最坚定、最具推动力的部分。在理论上，他们比其他无产阶级群众更了解无产阶级运动的条件和进程。共产党的最终目标是实现无产阶级的自我解放，通过和平手段争取多数支持，并最终实现无产阶级的自我管理。

共产主义的特征并不是要废除所有形式的所有制，而是要改革资产阶级所有制，使其更符合社会公平的原则。无产阶级的联合行动，尤其是各文明国家的协同努力，是实现无产阶级解放的重要条件之一。当人对人的剥削被消除，民族之间的剥削也会随之减少。

为了在关键的历史时刻拥有足够的力量取得胜利，必须建立一个不同于其他政党的组织，这个组织以无产阶级先进分子为主体，致力于为广大劳动者的利益服务。共产党没有任何与整个无产阶级利益相悖的私利；他们不提出任何特殊的要求。在无产阶级争取权益的各个阶段，共产党始终代表整个运动的利益，关注广大劳动者的福祉。

在您提供的这段文字中，确实存在一些激进的表述和不完全准确的用词。我们也需要确保内容不含有伪科学或不正确的观点。以下是对您提供的文本

（2）共产党的使命

共产党的最终目标是推动社会的公平与进步，主张通过民主和和平的手段实现社会变革。废除资产阶级所有制的目的是实现社会资源的公平分配，建立一个无阶级、公有制占主导的社会。共产党强调和坚持无产阶级的共同利益，不论其来自哪个民族。共产党在各国工人政党中起着最坚决的领导和推动作用，致力于通过和平的方式取得政权，并逐步实现私有产权的公有化。无产阶级在斗争中争取的是更好的生活条件和社会公正，而不是简单地用新制度替换旧制度。

在理论方面，共产党深入了解无产阶级运动的条件、进程和结果，旨在寻求和平与协商的解决方案。

经济系统和人类社会系统都具有其自身的稳定性要求。为保持经济系统稳定运行，需要减少影响稳定性的外部因素。同样，对于人类社会系统，也需要识别并减少影响其稳定运行的外部因素。广大劳动者生产的物质财富归少数不劳动者所有，这种现象常常被认为是经济系统不稳定的根源之一。这也是历史上社会动荡的潜在原因。改变这种不公平的社会制度，被视为实现社会长期稳定的关键。马克思的理论指出了这一问题，并提出了改革的路径、

组织形式以及实施策略。

（3）创建共产党的重要意义

在农耕社会中，农民运动虽然带来了政权更迭，但并未显著推动社会进步。资本社会中，虽然资产所有者占据了主导地位，但其领导下的社会变革并未显著改善。这种情况下，社会往往经历了政治权力的频繁更迭，但社会的根本性质并未发生改变。

马克思主义理论强调创建为广大劳动者服务的政党——共产党，其宗旨是通过推进社会变革逐步实现共产主义。这一目标旨在消除阶级和私有制，实现社会资源的公平分配。共产党的建立对于解放广大劳动者，使他们成为社会的主人，具有重要意义。

虽然共产党的长期目标是实现共产主义，这被视为人类社会中前所未有的目标。这一过程中，将逐步消除阶级差异，最终实现共产党的自然消亡。

建立共产党的意义不仅限于此。共产党的使命还包括恢复广大劳动者在社会中的主体地位，并构建生态文明社会。当前的人类社会中，人类活动往往被视为生态系统中的主体，这导致了人与自然关系的失衡。恢复生态系统为社会的主体地位，将有助于解决当前社会存在的多种问题。因此，马克思创建共产党，不仅着眼于社会制度变革，更具有挽救人类命运的深远历史意义。

3. 马克思理论的实践——创建社会主义国家

20 世纪初，马克思主义理论指导下，列宁领导俄国共产党创立了世界上第一个以劳动人民为国家主体的社会主义国家——苏联。这一变革推翻了以私有制为基础的沙俄帝国，开启了新的政治和经济体系。

第二次世界大战之后，社会主义势力在全球范围内不断扩大，在东欧的波兰、捷克斯洛伐克、匈牙利、罗马尼亚、保加利亚、阿尔巴尼亚以及德国东部，建立了多个社会主义国家。同时，在世界的东方，蒙古人民共和国、朝鲜人民共和国和越南人民共和国相继成立。1949 年，中国共产党领导下的中华人民共和国的成立，标志着以苏联为核心的社会主义阵营的形成。由此，马克思主义理论得到了具体实践，成为人类文明进步的重要组成部分。

改变旧世界标志着人类社会发展史上首次大规模废除私有制的重要历史事件。在强大的私有制体系的影响下，社会主义的发展并非一帆风顺。在这一过程中，难免会遭遇各种旧势力的抵抗，产生波折是普遍现象。资本主义体制的力量相对强大，对科学社会主义的发展采取了各种阻挠措施，这导致一些东欧社会主义国家的解体。同时，资本主义的影响逐渐渗透，最终对苏联的解体也产生了深远影响。

以广大劳动者为主体的科学社会主义，符合自然发展的社会规律。在面对资本主义的强大影响时，周期性的波动是可以理解的。然而，科学社会主义的目标依然是在长期实践中追求资源的公平分配与社会的整体福祉，相信通过不断努力，科学社会主义能够实现对以私有制为基础的资本主义社会的超越。

4. 马克思理论的升华

人类与生态系统的关系可以与劳动者和资产所有者的关系进行类比。人类本质上是生态系统的一部分，生态系统应视为主体，而人类则应视为其一部分。这一关系强调了人类在生态系统中的依赖性，表明无论社会如何发展，人类都不应脱离土地和生态环境。然而，随着人类掌握了工具与技术，传统的主客体关系发生了变化，人类往往将自己视为主体，生态系统则被视为可供利用的客体。这样的颠倒关系可能导致生态环境的问题加剧。

科学的社会理论为开创生态文明社会奠定了理论基础。在私有制社会中，阶级差别的形成与对生产资料的不同占有密切相关。《共产党宣言》中指出："当阶级在发展进程中已经消失，全部生产资料集中在联合起来的工人手里的时候，公共权力就失去政治性质。"这段话强调，在阶级对立的背景下，政治权力常常是一个阶级压迫另一个阶级的工具。

人类作为生态系统的一部分，生态系统是人类赖以生存的基础。同样，劳动者也是人类社会运转和发展的基础。当阶级差别消失后，资产所有者与劳动者之间的关系也会随之改变。由此可以推断，人类社会中的主体与生态系统的关系应更加协调与平衡。

构建以生态系统为主体的社会与构建以广大劳动者为主体的社会是相辅相成的目标。实现生态文明的发展，不仅能促进社会的可持续发展，也将有助于提升人类对生态环境的认知与尊重。这种以生态系统为主体的社会构建，"生态文明"与劳动者为主体的社会的进步具有相似的结构与目标。

5. 中国社会主义

在马克思科学社会主义理论的指引下，中国共产党于 1921 年成立。从此，中国共产党领导中国革命，经过艰难险阻，不断发展壮大。成立初期，中国共产党面临诸多挑战，包括井冈山的艰苦斗争、国民党的围剿以及长征中的艰难跋涉。这些经历成为了共产党人宝贵的精神财富。

在党的领导下，中国革命最终取得成功，这不仅是推动广大劳动者解放的重要事业，也是人类社会战胜旧体制的一次重要尝试。中国革命改变了长期以来的社会体制，推动了广大劳动者成为国家的主要力量。1949 年，中华人民共和国成立，以中国共产党为领导核心，标志着新时代的开启。

中华人民共和国的发展历程充满挑战，但中国共产党始终坚持马克思主义理论，显示出强大的生命力与适应力。在经历了多次困难与挑战后，中国共产党引领国家走向稳定与发展，为中国特色社会主义奠定了坚实的基础。

自 1978 年实行改革开放以来，中国采取了一系列政策，引入外资和技术，推动劳动密集型产品的生产与出口。这一政策利用了国际市场的机会，使中国的劳动密集型产品在全球市场中占据了重要地位，为国家创造了资本积累，推动了经济和科技的全面发展。

市场经济与计划经济有本质上的区别。计划经济常常因人为干预造成经济运行的不协调，而市场经济则依赖于市场需求的自然变化。在强大的中国共产党的领导下，经济系统逐步实现了平衡与协调发展。

截至 2023 年，中国共产党拥有超过 9800 万名党员，致力于代表人民群众的根本利益。党的宗旨是为人民服务，努力维护劳动者的权益与尊严。中国经济的发展旨在满足广大人民的生活与生存需求，强调可持续发展而非单纯的资本积累。

党的使命不仅在于消除私有制，更在于建立人与生态系统和谐的关系。人类社会的发展需要充分考虑到生态环境的影响，并由强有力的党和国家承担起责任，积极参与全球生态保护。当前，只有在党的领导下，才能更好地应对人类与生态系统面临的挑战，这是共产党人长期奋斗的目标。

作为世界第二大经济体，中国在全球范围内积极参与生态保护与可持续发展工作。一个强大的国家与政党是实现这些目标的重要基础。在面对全球化的挑战时，各国之间的合作至关重要。

唐太宗曾言："为君之道，必需心存百姓。"这一理念强调了治国者应关注民生，正如中华文明在历史上千年延续所体现的"天人合一"的发展理念，对今日中国社会发展的深远影响。

二、改变现状的可行性

回归自然的生活方式，并非要求人们回到原始社会或农耕社会，而是提倡人与自然和其他生物和谐共处。人类生活质量的提升不应以牺牲生态系统为代价。农耕社会的生活方式证明，与其他生物平等相待并不会降低生活质量，而是摒弃奢侈、挥霍和浪费的生活方式。从而改变人类生存方式对其他生物生存的影响。在发展工业、科技、金融和教育等领域时，也应以不影响其他生物生存为前提。

北欧国家的生活方式值得借鉴。这些国家人均 GDP 高，通过高税收政策调节财富分配，工资收入差异较小，避免了过度消费。国家利用积累的财富提供广泛的社会福利，形成良好的社会风气。人们重视资源利用率，不轻易丢弃物品，爱护自然资源，假期喜欢到自然环境中休闲。他们崇尚简单生活，更多使用公共交通，幸福指数居世界前列。北欧的实践表明，实现现代化生活的同时，也可以摒弃其不良习惯，这凸显了经济体制与精神文明建设的重要性。

为了实现人与生态系统的平衡发展，首先需要制定人与其他生物和谐共处的法律条文。以法律形式保障这种平等关系，有助于促进人类与生态系统的可持续发展。

三、构建生态系统为依托的社会

构建以生态系统为依托的社会，是全球性的需求，中国同样需要关注。这一目标需要一定的条件和基础。中国社会现代化的兴起和成功，已积累了许多宝贵的理论和物质条件，为生态文明社会的建设奠定了基础。

首先，恢复广大劳动者为国家和社会的主人地位是核心。马克思理论强调废除剥削制度，恢复劳动者的地位。自中华人民共和国成立以来，中国确立了劳动人民是国家和社会主人的地位。习近平主席提出的"人民是江山，江山就是人民"进一步强调了这一点。构建生态文明社会，意味着这一理念需要扩展到"生态系统是江山，江山就是生态系统"。中国拥有 14 亿人口，这将为生态文明社会的建设提供强大的支持。

其次，强大的中国共产党是实现这一目标的关键。任何社会变革都需要强大的核心力量支持。中国共产党作为代表劳动人民的政党，具有推动这一变革的坚定立场。构建生态文明社会，需要党的领导和全社会的共同努力，确保生态系统的地位得到提升。

此外，经济实力也是实现生态文明社会的必要条件。当前全球经济体系中，资本的力量占据主导地位。中国作为全球第二大经济体，有能力在生态文明建设中发挥重要作用。资本社会同样关注生存危机问题，因此在生态文明社会建设中，可能存在共同关注的基础。

摆脱以生产力为核心的传统发展理念，构建以生态系统为基础的生态文明发展理念，是应对人类生存危机的必由之路。这不仅是全球共同关注的课题，也是延续人类生存的重要途径。资产所有者同样关注这一课题，共同推动生态文明社会的建设。

第二节　构建世界统一货币体系

一、资市社会的失序

资本社会的兴起，虽然在一定程度上推动了经济发展和技术进步，但也带来了一些问题和挑战。早期资本主义国家如葡萄牙、西班牙，通过殖民扩张和财富掠夺，建立了强大的经济基础。随后，英国、法国乃至 20 世纪的美国，都延续了类似的扩张和发展理念。这些国家在追求资本积累和物质财富的同时，往往忽视了自然发展规律和对环境的破坏。这种以资本为核心的发展模式，与以土地为基础的农耕社会有着显著区别。

随着资本社会的进一步发展，动力工具的发明和应用，确实在一定程度上改善了人们的生存环境。然而，这些技术的初衷被资本社会扭曲，成为了扩大资本积累的手段。尽管资本社会在工业技术、科学技术、金融技术等方面取得了显著成就，如计算机技术、原子弹、导弹的发明，以及庞大的经济帝国和富裕生活的建设，但这些成就背后隐藏的是对资本社会的过度崇拜和迷信。人们往往忽视了资本社会本质上的不合理性和潜在风险，缺乏对基本需求的深入思考。

如今，资本社会发展的负面效应逐渐显现。环境破坏、资源枯竭、生态危机等问题日益严重，威胁着人类的生存环境。历史上，地球曾遭遇过五次重大自然灾害，导致大量生物毁灭。而如今，人类自身制造的危机可能成为第六次生态系统的大破坏，将人类引向毁灭。尽管如此，资本社会的本质特征并未根本改变，其潜在的危害仍在持续。

二、现代化社会的反思

资本社会对人类社会的影响是深远而复杂的。过去几十年中，人们对资本社会的看法经历了从批判到崇拜，再到逐渐学习的过程。许多国家在模仿资本社会的发展模式后实现了现代化，但这过程中也伴随了一些问题和挑战。

首先，资本社会的发展模式带来了经济繁荣和技术进步，但同时也忽视了一些重要问题。例如，对生态环境的破坏、资源的过度消耗、生存环境的恶化等，这些问题在现代化的过程中被忽视或被淡化。人们过于专注物质财富的积累，而忽略了可持续发展的重要性。

其次，现代化社会在追求经济发展的同时，往往放弃了传统农耕社会的一些宝贵理念。亲近自然的发展模式被忽视，"天、地、人"合一的发展理念被遗忘。在追求物质财富的过程中，现代社会似乎陷入了迷茫，缺乏对长远发展的深刻思考。

因此，现代社会需要在追求现代化的同时，重新审视资本社会的本质特征，并结合传统智慧，构建更加平衡和可持续的发展模式。只有在经济、生态和社会发展之间找到平衡，才能实现真正意义上的现代化。

三、农耕社会的反思

资本社会和现代化社会都以资本为核心，追求资本积累的过程中，往往带有一定的虚浮性。相比之下，农耕社会以土地为基础，更加注重自然和生态系统的保护。两种社会在发展理念和模式上存在显著差异。

资本社会通过发展工业、科技和金融，追求物质财富的积累，往往忽视了对自然环境的保护。现代化国家通过向农耕社会倾销工业产品、建立跨国公司等方式，对农耕社会产生了深远影响。这种影响并不总是积极的，有时会导致农耕社会在经济和文化上的依赖。

农耕社会的发展理念更加顺应自然，与生态系统保持密切联系。然而，在现代化过程中，农耕社会国家的这种传统发展模式往往被认为是保守和落后，容易受到资本社会的控制和影响。这种情况并不意味着人类社会的进步，反而反映了社会发展中的矛盾和失衡。

因此，理解两种社会模式的本质区别至关重要。只有在经济、生态和社会发展之间找到平衡，才能实现真正意义上的可持续发展。尊重和保护农耕社会的发展模式，有助于缓解现代化带来的生态危机，避免走向灾难。

四、货币的混乱局面

1. 货币

国家及其货币具有地域性和区域性。而世界货币具备普遍性和全局性的特性。这两者是不同的，不应混淆。

世界经济和金融的混乱局面具体体现在货币的混乱。国家货币作为通用货币在世界上流通，一定程度上导致了经济和金融的混乱现象。世界统一货币的缺失加剧了这种混乱。

金融业本应管理国家的金融运行，但由于金融与经济系统的关系较为松散，需要政府的严格监管。然而，当前经济大国的金融业在一定程度上替代了世界的金融业，缺乏有效的监管机制。这种局面造成了局部与全局概念的混淆，经济大国的金融业为应对全球市场的需求，不断创新金融产品，扩大资本积累，剥削其他国家的财富。国家的金融业失去了有效控制，导致全球经济和金融的混乱。

2. 货币的基本属性

（1）性质

货币是一种信用工具，是用于购买力、记账单位和价值储藏的工具，在产品和服务支出以及债务偿还中发挥重要作用。

（2）主权

政府有权决定并控制经济系统中的基础货币，构建货币秩序。因此，货币是国家主权的象征。同时，货币也是国家综合国力的象征。例如，美国的综合国力强大，美元在全球的信誉度较高。其他国家的货币如英镑、法郎、日元等信誉度次之。随着我国经济的发展，人民币在国际上的信誉度显著提高。

（3）数量

货币包括国家货币和作为债务支付证券的银行货币，本质上都是计算货币，其总和构成流通货币的总和。货币发行量

$$M = PY/V$$

其中 M——货币发行量；P——物价水平；Y——总产出；V——货币流通速度。

（4）形式

货币经济是一种特殊的经济形式。经济系统中其他各种产品之间的关系受相互制约、相互依存和市场需求的影响，而货币具有相对的独立性，并具备价值储存的功能。因此，如果管理不善，货币可能泛滥，影响经济系统的稳定性。这说明国家需要对货币实施严格管理。

3. 混乱的货币系统

当前人类社会的混乱局面体现在多个方面，特别是资本社会在全球推广工具技术、科学技术和金融技术的行为。世界经济的混乱局面集中体现在货币的混乱现象上。尽管存在国际货币基金组织、世界银行和世界贸易组织等全球管理机构，但这些机构并未能完全解决世界金融和经济混乱的问题。经济大国的货币在世界上流通，造成了国家间的不平等和货币的不平等。人与生态系统的关系也因此变得更加疏远。

世界经济和金融混乱的根源在于国家和世界是两个不同的概念。国家代表局部概念，而世界代表全局概念。同样，国家货币和国际货币也是两个不同的概念。国家货币代表国家的主权性，而国际货币代表世界组织的主权性。局部与全局概念的混淆，是导致当前世界混乱局面的根本原因。用国家货币替代世界统一货币使用，导致了国家主权的不平等，造成了货币的不平等，也使得经济大国利用其货币剥削他国财富，侵犯他国主权。这表明世界需要一个全局概念的世界统一货币体系，来消除混乱局面。因此，构建世界统一货币体系是势在必行的。

经济全球化同样需要建立有秩序的、有制度保障的世界秩序。世界的宝贵财富，同样包括制度文明。需要在共同利益的基础上，世界各国共建世界秩序，使得各国经济体之间的互补程度进一步提高，实现合作共赢发展。

例如，西方世界普遍采用负债的方式发展经济，尽管"负债"听起来像是不景气的表现，但实际上是通过债券进行隐蔽式剥削的一种重要手段。

五、构建世界统一货币体系的探讨

1. 构建世界统一货币体系的重要意义

构建世界统一货币体系，是改变世界上货币混乱局面的必由之路，也是促进全球经济秩序稳定的重要举措。这一问题始终是人们关注的核心之一。早在 1944 年，著名经济学家凯恩斯就曾提出构建世界统一货币的构想，但由于直接触动了资本社会的利益，加之当时技术条件尚不成熟，这一提议未能实现。随着计算机技术的快速发展，构建世界统一货币体系变得更加可行。

2. 局部与全局的关系

如今世界上的混乱局面，具体体现了局部与全局概念的混淆。国家作为局部概念，负责管理自身事务，而世界则代表全局概念，涉及全球事务。同样，国家货币是局部的，而世界货币是全局的。国家货币的数量应与本国 GDP 相匹配；而世界货币应与全球经济的总产出量相匹配。将国家货币用作世界货币的替代，造成了国家概念与世界概念的混淆，是导致当今世界混乱局面的根本原因。

3. 国际组织需要具备独立性

世界各国（局部）之所以能够维持独立性，在于它们拥有本国货币（局部）作为支撑。国际组织（全局）作为管理世界事务的机构，也需要一种专用的世界统一货币（全局）来增强其处理全球事务的独立性。当前的国际组织经费由各国按经济水平分担，这可能导致它们受到经济大国的控制，而难以保障其独立运作。因此，构建世界统一货币体系，有助于赋予国际组织处理世界事务的实际权力。

4. 消除通用货币的负面影响

构建世界统一货币体系，能够消除通用货币替代世界统一货币所带来的种种弊端。经济大国将失去利用通用货币控制全球的能力，从而确保各国无论大小和经济实力如何，都能公平享有独立和均等的货币权利，建立起公平的世界贸易关系。

5. 解决货币的混乱问题

国家货币是国家主权的象征，而世界统一货币则代表国际组织的主权。构建世界统一货币体系，是解决全球经济混乱的主要手段。这一体系能够提供一个稳定的货币环境，促进国际贸易与投资。

6. 应对虚拟化货币的挑战

通过构建世界统一货币体系，可以实现国家货币之间的独立和平等。这将有助于恢复货币的本质属性，有效应对经济体虚膨胀的问题，避免由虚拟化货币引发的潜在风险。

7. 提升外部因素的控制能力

构建世界统一货币体系，还能有效控制各类外部因素的失序发展，包括工具、科学技术，以及货币本身的失序。通过统一货币体系，可以间接改善生态系统的稳定性，控制人为因素造成的生态破坏。

六、构建世界统一货币体系的初步设想

（一）利用现有的网络技术构建世界统一货币体系

借助现代网络技术，我们可以建立一个专门的世界统一货币体系网络。这个网络将由联合国下属的金融机构负责管理和控制。需要强调的是，这个网络不是一种实际的货币，而是一个各国金融往来的网络控制系统。

这个世界统一货币网络的流量来源于各国货币与经济系统之间的关联。具体来说，世界货币网络的流量可以用下面的公式来表示：

$$世界统一货币网流量 = \sum_{i=1}^{N} (\alpha \times \text{GDP})_i$$

这里，N 代表世界上所有国家和地区的总数，而 α 是各国货币需求的一个系数。

每当一个国家的个人、公司或政府机构进入其他国家时，他们需要在海

关通过世界货币网络申请所需的货币数量，依据当年的汇率及限额 GDPi 进行兑换。这也意味着，各国的货币只能在本国使用，要在他国使用则必须通过世界货币网络进行申请。回国时，同样也能够通过这个网络将余额换回本国的货币。这种方式类似于我们在网络上购物，非常便捷。

联合国的费用按其占世界 GDP 的比例计入到这个世界统一货币的流量中。

构建世界统一货币体系所面临的主要问题

1. 资源与人口问题

在一些人均土地面积小、人口众多的国家，工业发展会受到很大限制，导致无法大量进口农产品。在这种情况下，我们需要联合国提供政策支持，帮助解决人员和农产品的需求问题。因此，控制人口增长始终是人类社会必须关注的重要议题。

2. 公平分配的问题

尽管构建世界统一货币体系能解决货币混乱的问题，但我们仍需关注社会的公平。当前，很多国家存在严重的分配不公现象。发达国家往往利用金融工具剥削发展中国家。为了改善这种状况，可以考虑减少发达国家在"网络货币"上的流量，让其可用的货币流量变为：

$$[(\alpha - \delta) \times \text{GDP}]i$$

其中，$\delta \times \text{GDP}i$ 的部分由联合国控制，用于帮助经济落后国家购买所需的生产资料，推动全球范围内的共同富裕。

七、构建世界货币网络的重要意义

建立世界统一货币体系的意义在于，它能够有效解决当今世界在多个方面的混乱局面。

1. 解决货币混乱

当前货币市场的混乱局面，是全球混乱的一个重要体现。通过建立统一的货币体系，可以令人满意地解决这个问题。

2. 恢复平等

这个体系有助于恢复国家之间和货币使用的平等，消除通过货币虚拟化剥削其他国家的现象。

3. 保护生态

通过构建统一货币体系，可以控制破坏生态系统的外部因素，改善人与自然之间的关系，保障人类与生态系统的长久共存。

4. 促进生态文明

构建一个生态文明社会离不开世界统一货币体系的支持。只有明确了国家货币与全球货币之间的关系，才能真正应对现代社会的种种挑战。在解决这一重要问题之前，生态文明的构建是难以实现的。这两者的关系密切，构建统一货币体系是实现生态文明的必要前提。

第三节　构建生态文明社会

构建生态文明社会，是一个复杂而多维的过程，其目标是实现人与自然的和谐共生。其中，货币体系的改革是一个重要的环节，但它并非是生态文明社会的唯一象征。生态文明的核心在于理念与实践的结合，而非单一制度的设立。

人类社会的发展经历了原始社会、农业社会和工业社会等多个阶段。工业社会，尤其是资本社会，虽然在短短几百年内取得了巨大成就，但也带来了诸多环境和社会问题，使人类面临前所未有的生存挑战。我们需要反思这些问题产生的根源，并探索人类未来的发展方向。生态文明社会并不是某种"发明"或"创造"，它更多是对现有社会的反思与调整，旨在恢复人与自然之间的平衡。

自人类社会进入阶级社会以来，广大劳动者一直处于社会的底层，受到剥削和压迫。马克思主义理论在人类历史上首次提出了改变劳动者命运的思想，使其成为社会的主人。这一理论至今仍然具有重要的现实意义，但实现

这一目标需要更加细致和全面的制度设计。

　　自人类开始使用工具以来，人类在生物链中的地位逐渐提升，但这并不意味着我们可以无视生态系统的价值。人类虽然是生态系统中的一部分，但这并不意味着我们有权忽视其他生物的生存权益。生态系统已经存在了数亿年，人类的出现和活动对生态系统的影响日益显著。我们需要重新审视人与生态系统的关系，承认生态系统的主体地位，并以此为基础调整人类的行为和政策。

　　人类社会的发展历程中，人与生态系统的关系不断变化。生态系统为我们提供了生存所需的基础资源，如碳水化合物等。我们应该认识到，生态系统是地球生命支持系统的核心，而不仅仅是人类活动的背景。构建以生态系统为依托的社会，是人类社会发展的必然方向，也是实现可持续发展的关键。

　　综上所述，生态文明社会的构建不仅需要制度上的创新，更需要人类价值观的转变。我们应当从自身的生存需求出发，尊重和保护生态系统的完整性，以此为基础实现社会的长期稳定与繁荣。

一、人类与生态系统的关系

　　千万年来，人类社会经历了不断的演变，人类与生态系统的关系也在动态发展中调整。

　　1. 紧致耦合关系

　　在人类尚未掌握制造和使用工具的能力之前，人类与其他生物之间保持着自然的平等。没有人为制造的外部因素干扰，生态系统与人类的关系处于紧密耦合的状态。这一历史时期持续了超过 1 000 万年，表明这种有序状态是符合自然规律的。

　　2. 松散耦合关系

　　约 180 万年前，人类开始能够制造和使用工具，这标志着人类与其他生物关系的一个重要转折点。工具的使用赋予了人类"强取"食物的能力，逐渐拉大了人类与其他生物之间的差距。随着工具技术的进步，人类与生态系统的关系逐渐疏远，由紧致耦合变为松散耦合。

近几百年来，随着工具技术的发展，人类社会经历了显著的变革。近代史上，葡萄牙和西班牙利用航海技术打开了世界市场，开启了资本社会。工业革命后的英国和法国的自由化运动，进一步促进了资本社会的形成。在这一过程中，工具技术的变革不仅仅是改善生活质量的手段，更成为资本积累的重要工具。这一性质的转变，极大地影响了人类的行为和社会结构，特别是资本积累成为了社会发展的唯一目标。

资本社会的扩张带来了诸多负面效应。忽视环境破坏和生态系统稳定性的行为愈演愈烈，导致资源枯竭和生态环境恶化。这一切在短短数百年的时间里，将生态系统和人类社会推向了危机的边缘。

与资本社会不同，农耕社会是以土地为基础的社会，与生态系统的关系相对协调，工具技术的进步主要是为了提高生活质量。而资本社会则更加依赖资本和科技发展，忽视了生态系统的稳定性。人类作为生态系统的一部分，应该认识到人与自然的相互依存关系，并以此为基础重建社会结构。

构建生态文明社会，并不是要求人类回归原始状态，而是要求人类在改善生活的同时考虑到对生态系统的影响。北欧国家的生活方式，提倡节俭和可持续发展，为我们提供了一个接近生态文明社会的范例。这表明，生态文明社会的构建主要在于改变以人类为中心的发展理念，倡导适度的生活和资源利用。

生态文明社会的核心理念是以生态系统为主体，人类为客体。它摒弃了人类"唯我独尊"的传统观念，强调人与其他生物的平等。在物质需求方面，生态文明社会并不意味着缩减生活水平，而是杜绝铺张浪费和奢侈的生活方式。资本社会的过度消费和资源浪费，已经远远超出了基本生活需求，造成了资源和能源的枯竭，严重破坏了生态环境。

生态文明社会的理念是基于自然发展规律的哲学指导，而非盲目追求物质发展的模式。它遵循人与自然和谐相处的原则，确保人类与其他生物能够长期共存，实现可持续发展。生态文明社会并不是遥不可及的梦想，而是人类社会发展的一种必然趋势，是对现有社会模式的深度反思与调整。

二、现代社会的主要问题

1. 现代化社会的失序性

资本社会在推动经济快速发展的同时，也产生了诸多问题和混乱现象。生态系统历经数亿年的演化，形成了丰富多彩、种类繁多的生态系统。这种系统是在自然规律引导下有序发展的。相比之下，资本社会和现代化社会的失序性显得尤为突出。工具发展、科学技术发展、金融发展、人口发展、社会秩序等方面都存在失序现象，使得人类社会发展面临严重的生存危机。然而，尽管联合国和国际组织不断发出警告，许多国家仍然陷入经济发展的恶性循环，对环境治理的实际行动不足，这使得生存危机难以得到有效缓解。

2. 资本统治集团占社会的主导地位

在人类社会的发展历程中，从原始社会、奴隶社会到农耕社会，人类与其他生物共同生活在以土地为依托的环境中，彼此之间的关系较为和谐。然而，资本社会的崛起，使得资本积累成为社会发展的核心驱动力。在全球市场不断扩张的背景下，资本的积累和集中导致了社会的扭曲，使得人类与自然的关系进一步疏远。

3. 以人类为中心的发展理念

自人类掌握制造和使用工具的能力以来，人类在生态系统中的地位逐渐提升。这种提升发展为以人类为中心的文明，忽视了生态系统的存在和人类作为生态系统一部分的基本事实。这种发展理念的极端化，最终导致了人类和生态系统共同面临的生存危机。这正是自然对人类违反自然规律的警示，也是资本社会发展模式缺乏监管的必然结果。

4. 片面应用哲学

哲学是全面认识世界的科学，唯物论和唯心论是辩证统一的整体。唯心论侧重于理性认识，而唯物论侧重于感性认识。现代社会的问题在于过度追求物质发展，忽视了精神生活的重要性。资本社会的发展理念几乎将唯物的发展理念推向了极致，导致社会发展偏离正轨，面临生存危机。然而，单纯追求精神生活也同样可能带来负面影响。哲学的重要性在于它能够全面理解和指导人类的生活，物质和精神同等重要，不可偏废。

5. 人为制造的外部因素畸形发展

任何系统都存在于外部环境之中，受到外部环境的影响而变化。生态系统在自然和人为制造的外部环境中，往往处于不稳定状态。当前，人为制造的外部因素已成为破坏生态系统稳定性的主要因素，使得生态系统和人类自身面临严重威胁。我们需要认识到这些问题的严重性，并采取有效的应对措施。

三、生态文明社会

1. 构建生态文明社会的主要内容

构建生态文明社会的目标并不复杂，其宗旨是维护生态系统的稳定运行。人为制造的外部因素是破坏生态系统稳定性的主要因素。因此，构建生态文明社会的核心宗旨是控制和减少人为制造的外部因素。这些因素只能由人类自己来控制。

（1）重视人是生态系统的一部分。人类与生态系统唇齿相依。人与生态系统的关系不应越来越疏远。控制和减少那些与人类基本生活所需关系不大的产业，是改善人与生态系统关系的重要手段。

（2）维持人们过着温馨、亲近自然的生活。这种方式可以改变人们的虚狂心态，延长生态系统的存在时间。世界上广大农村地区以及北欧诸国富而不奢的生活方式，为构建生态文明社会提供了重要参考。

2. 构筑生态文明社会的必然性

为了保护生态系统的稳定运行，唯一的办法是控制和减少人为制造的破坏生态系统的外部因素。这些因素正是推动经济发展的生产要素，说明经济发展与破坏生态系统的稳定性此消彼长。随着现代化经济体的失序发展越严重，对生态系统的破坏也越严重。

　　构建生态文明社会类似于构建以广大劳动者为依托的社会主义社会，都是恢复社会基础根基的重大历史事件。科学社会主义社会改变了社会结构，使劳动者成为社会主体；生态文明社会则改变了生态系统成为生物链主体地位的社会结构。这些都是改变近代社会主客体关系的重大历史事件。这些问题是拯救人类和生态系统命运的紧迫课题。首先，它将以人类为中心的发展理念转变为以生态系统为中心的发展理念。地球上不仅仅有人类，人类只是生物链中的一个环节。没有其他生物的存在，也就没有人类的存在。虚拟化货币、工具等外部因素的不受制约的非正常发展，是人类行为的最大失误。它不仅严重破坏了生态系统的生存环境，大量灭绝了生物物种和生物数量，也直接危害到人类自身的生存。资本社会的发展理念对人类危害至深，表明资本社会的发展模式不能代表人类社会的进步，而是人类社会的畸形发展。构建生态文明社会是拯救人类自身和生态系统的必由之路，是迫在眉睫的出路。

　　3. 构建统一货币体系

　　货币是国家主权的象征。构建生态文明社会同样需要有世界统一货币体系的支撑。

　　4. 政府职能的改进

　　生态文明社会具有全局属性。构建生态文明社会需要改进政府职能，使其更多地考虑对世界全局的影响。政府职能应重视生态效益，依据科学研究部门提供的数据行使控制破坏生态系统的人为制造的外部因素。

　　控制人口增长。人口失序增长问题已成为威胁人类生存的主要问题之一。20世纪初，世界人口总数是20亿。据2022年的统计，现在世界人口是80亿。据预测，到本世纪末，世界人口将达到100亿。人口数量的增长直接侵占了其他生物的生存空间，是破坏生态系统稳定性的另一重要因素。20世纪80年代，世界农业的产出、水产品的供应能力已经达到了峰值。为了实现人类与生态系统的均衡发展，构建生态文明社会势在必行。生物链对各种生物数量形成了相互制约的作用，但生物链无法制约人口的失序发展。构建生态

文明社会，必须人为控制人口的非正常增长。

四、人类社会的回归

人是动物的一种，是生态系统的一部分，人类离不开生态系统。人类的生存、生活需求离不开大自然，离不开地球。人只能将货币、工具、科学技术用于改善人与生态系统的关系之处。构建生态文明社会，实际上是人类社会的回归，回归到人与生态系统均衡、和谐发展的社会。维护生态系统稳定运行的社会，只有这样才能保持人类社会延续生存下去。

1. 回归生态文明社会

生态文明社会不是人类新的发明创造，它是人类社会的回归。符合自然发展规律。地球母亲一代一代繁衍生息。在数亿年的时间里，共孕育了六代生物系统。据考古分析，前五代生物的灭绝是由于火山爆发以及巨型流星撞击地球所致，都是天然的外部因素造成的。唯独发展到第六代，是由于资本社会违背自然发展规律的社会结构造成的后果。

资本社会出现之后，破坏生态系统稳定性的外部因素发展严重失序，导致人类走向绝境的问题。为了挽救人类的命运，面对现实的状况，需要认识到控制外部因素失序发展的重要意义。

2. 回归生态文明社会的可行性

构建生态文明社会，是人类遵循自然发展规律的回归。控制人为制造的破坏生态系统稳定性的外部因素。推行天人合一的思维理念。以北欧国家为例，他们富有，但他们具有生态文明社会的基本素质——富而不奢。说明构建生态文明社会，具有许多有利的、可参照的案例。

2008年的金融危机可谓严重，几乎影响到全世界。但是虚拟化的货币蒸发了之后，世界经济发展又恢复了常态。另外从经济结构可以看出，经济发达国家的经济发展，主要体现在经济体虚膨胀，各类服务行业占GDP的比重显著增加。实体经济：农业、工业等变化并不大。也就是说，控制和缩小影响生态系统稳定性的外部因素，基本不影响人们的基本生活需求。说明构建生态文明社会是可行的。

基础力量。当人们了解到危害人类生存的外部因素影响的严重性时，人们关注的焦点自然转向关注人类生存问题。当认识到生态文明社会是符合于自然发展规律、是温馨、和谐的社会时，自然会联系到构筑于土地上的农耕社会群体，至今他们仍然占世界的大多数。当人们认识到构建生态文明社会的优点之后，就会自发地行动起来，抵制违背常规的、不合理的资本社会体制。为建设理性的、理想的生态文明社会而努力奋斗。回归生态文明社会，就是废除以资本为依托的社会。控制和减少破坏生态系统稳定性的外部因素。回归以土地为依托的社会，回归到以生态系统为依托的社会。

危害生态系统运行稳定性的主要因素，是人为制造的外部因素。可以废除，也只能由人去废除。

构建生态文明社会，需要人们认识到在经济系统结构中，农业经济永远是主体、是根基。农耕社会已经解决了人类的基本生活需求。保护农耕经济的发展，在现有的世界经济实力和技术条件下，提高农耕经济的经济效益，改善农民劳动条件，是完全可以实现的。现代社会的失误，主要在于在世界经济的大环境下，只看到资本积累可以无制约的扩张。看不到它是国家货币与世界经济不匹配产生的后果。

回归生态文明社会是一项改变人们思维方式的系统工程。它是将以"人类为核心"的社会发展理念，改变为以"生态系统为核心"的社会发展理念。改变数百年来形成的，并不断扩大影响的发展理念。改变这些问题，是一项宏大的系统工程。它是将构筑在生产力基础上的人类文明，改变为以生态系统为基础为依托的生态文明。它是改变人们发展理念的问题，其艰难性可想而知。但是重要认识到，产生社会混乱现象的主要原因，在于以国家货币（局部属性）代替世界统一货币产生的严重后果。甚至造成人类和生态系统即将毁灭的命运。改变危机命运的重要手段是，构建世界统一货币体系。它是改变现实的必由之路。构建生态文明的社会力量，普遍存在，符合于自然发展规律的需求，势力是强大的。现在需要的是，构建世界统一货币体系。它是构建生态文明社会至关重要的一步；充分发挥科学社会主义国家在构建生态文明社会中的作用；团结世界上大多数国家，为实现生态文明社会而奋斗。而且延续人类生存的问题与资本社会国家存在共同需求，是人类的共同需求。说明构建生态文明社会，一定能够实现。

北欧诸国的发展理念。关于构建生态文明社会，北欧诸国的发展模式具有重要参考价值。北欧诸国包括丹麦、瑞典、荷兰、芬兰、挪威等国。北欧是高收入、高税收、高福利、高平等和高均衡性的社会。

（1）高税收的重要意义

北欧国家普遍实行高税收政策。这些国家在根据基尼系数评估全球贫富差距时，通常显示出相对较小的差距。企业高管的薪酬与底层员工的收入差异相对较小，通常仅为 2 到 3 倍。同时，部分国家的最高税率可达到 80% 以上。高税收不仅是实现财富再分配的重要手段，也是提高社会福利水平的有效途径。通过高税收，政府能够聚集资源，改善公共福利，推广节俭生活方式，从而营造出一种简朴且高效的社会风气。这一政策反映了国家运行机制中的哲学思考，对构建生态文明社会具有重要的参考价值。

（2）减少社会等级差别

北欧的社会结构相对平等，这种体制有助于减少等级差别，使人们更加踏实地发展生产，形成了诚信、淳朴的社会风气。在这样的环境中，信誉与品德受到重视，诚实的人在社会中受到尊重，而依靠投机取巧的人则难以立足。这样的社会氛围无疑符合生态文明社会的理念，为建立和谐社会打下了基础。高水平的社会福利保障，如失业补助（相当于失业前工资的 80%，最长可达 4 年），进一步巩固了这一优势。

（3）亲近和爱护自然的良好风气

北欧国家对自然环境的保护与建设持重视态度，大片森林覆盖以及良好的生态环境是其显著特征。节假日里，人们乐于投身自然，享受休闲时光。这种尊重和保护自然的生活理念已融入社会经济、政治与教育的各个方面。

（4）关注环保

在环保方面，北欧国家采取了积极措施。例如，许多孩子都是徒步或骑自行车上学，这不仅是出行方式的选择，也反映了人们节俭而不追求豪华消费的生活态度。旧货商店随处可见，促进了资源的再利用与环保意识的提升。

（5）正确看待金钱问题

北欧国家的高税收政策在某种程度上解决了"钱"的问题，使人们不再过于关注金钱的积累，而是更加重视生活品质和社会福利。这种现象在全球范围内都是相对少见的。在北欧，努力工作的价值观被强调，节俭和勤劳被视为美德，社会福利的完善为居民提供了支撑，形成了富裕而温馨的生活环境。

正如诺贝尔奖获得者 A·R·诺贝尔所言，"金钱只需足够满足生活所需，过多反而可能导致人们的懒惰和依赖。"面临的一个重要问题是，怎样理解人类社会进步？如果在 2050 年前后出现生存危机，简单追求物质财富的发展模式可能会加速人类的灭亡。因此，人类社会的进步应与自然规律相符合，控制快速破坏生态系统的外部因素。

这一目标并非遥不可及。只要人类能够有意识地减少人为因素对生态系统的恶劣影响，就能够实现与自然的和谐共处，从而促进人类的长期生存。可持续发展的最终目标在于认识到外部因素的危害并加以控制，确保人与生态环境的和谐共存。

3. 回归生态文明社会的艰难性

实现生态文明社会的回归，需控制和减少人为破坏生态系统稳定性的外部因素。这一任务的艰巨性在于，它触及了当前占据主导地位的经济大国的利益和生活方式。这些国家在经济、政治、文化、教育等方面拥有强大的影响力，其发展模式和资本积累宗旨与生态文明社会的构建存在直接冲突。改变这种运行机制非易事。此外，货币虚拟化、工业及科学技术的失序发展，使得人们的贪婪属性进一步失控，改变这些陋习同样艰难。这表明，构建生态文明社会的主要阻力来自这些国家。

然而，面对人类生存危机，世界各国，包括经济大国，都在关注生存问题。构建生态文明社会不仅是全球共同关注的问题，也是缓解人类社会众多矛盾冲突的途径。为此，需要经济大国和国际组织及早行动，承担起改革的责任，为人类生存危机的挽救做出实际贡献。

回归生态文明社会的发展理念虽然艰难，但如果希望改变人类避免毁灭的结局，就必须打破资本社会的发展模式和人口失序增长的问题。生态文明社会的构建，不仅是人类社会恢复常态的发展之路，也是拯救人类命运的唯一出路。只有在世界统一货币体系的基础上，实现人与生态系统的均衡发展，才是人类社会的必然归宿。

4. 生态文明社会的曙光

构建生态文明社会并非全新的发明创造，人类社会发展到今天，已有许多可参考的经验。

（1）主客体关系的矫正

构建生态文明社会，核心在于调整人与生态系统之间的主客体关系。恢复自然的正常状态，拯救生存危机，是人类社会的共同期盼。许多现实社会的基础表明，构建生态文明社会是可行的。

（2）构建生态文明社会的核心内容

构建生态文明社会，需控制或减少人为制造的破坏生态系统的外部因素。货币是国家主权的象征，世界统一货币体系可作为生态文明社会主权的象征。这需要联合国的支持以及各国政府的合作。

（3）生态文明社会政府的构建

在现有政府基础上，增加对人与生态系统关系问题的关注，构建以联合国为首、联合世界各国政府的生态文明社会政府。该政府的职能包括控制和减少人为制造的危害因子，以及恢复人与生态系统主客体关系的合理状态。

（4）货币体系与生态文明社会的建设

货币是国家主权的象征，为实现生态文明政府的有效运作，需要构建世界统一货币体系。这不仅是生态文明社会的基础条件，也自然控制了破坏生态系统稳定性的外部因素。

（5）生态文明党的政治宗旨

生态文明党的宗旨是调整人类与生态系统的关系，将人类作为主体、生态系统作为客体的关系颠倒过来，以顺应自然发展规律。这一理念与共产党旨在改变少数资产所有者为主体、广大劳动者为客体的宗旨存在共性。通过联合其他政党及宗教组织，组建生态文明党，旨在实现控制和减少人为制造的危害生态系统的外部因素，力求恢复人与生态系统的合理关系。

附录一 《地球母亲权利世界宣言》

序　言

我们，地球的人民和国家：

考虑到我们都是地球母亲——一个由相互联系、相互依赖又有着共同命运的生命体组成的不可分割、活生生的共同体的一部分。

感恩地球母亲作为生命、食物、知识之源，为我们更好地生活提供一切。

认识到资本主义制度和各种形式的掠夺、开发、虐待和侮辱，对地球母亲造成巨大的破坏、退化和瓦解，并通过气候变化等现象将我们知道的生命置于危险境地。

已确信在一个相互依赖的生命共同体中，人类享有的权利使地球母亲招致失衡。

申明确保人类权力现实的必要途径是认可及保护地球母亲和地球上的所有生物的权力，而必要的文化、实践和法律是有效的实现手段。

意识到采取果断的行动，采取共同性的行动以转换气候变化或其他威胁地球母亲的组织结构和法律制度已尤为迫切。

发表这份《地球母亲权利世界宣言》，请求在联合国大会上获得通过，作为世界上所有人们和所有国家努力实现的共同标准，以期每个人和机构努力通过教诲、教育和意识觉醒来促进对本宣言确定权利的尊重，通过国家和国家间便捷、渐进的措施和机制，确保这些权利在世界上所有人民和国家中得到普遍和有效的承认和遵守。

第一条　地球母亲

一、地球母亲是一个生命有机体。

二、地球母亲是一个独一无二的、不可分割的、自我调节的共同体，其中相互联系的生命体处在存续、包容和繁荣过程之中。

三、每个生命由它所处的关系而被界定为地球母亲整体的一个部分。

四、地球母亲的固有权利不容剥夺，因为权利与存在方式同源产生。

五、地球母亲和所有生命体具有本宣言确定的所有固有权利，除非对某些种类的生命体区别对待，如可能对生命体、物种、起源、对人类的利用价值及其他情形所做的有机与无机的区别。

六、如同人类有人权，所有其他生命体也应当有专属于它们物种及适合于它们在共同体中据以存在的角色和功能的权利。

七、每一生命体的权利受制于其他生命体的权利，权利之间的冲突应通过维系地球母亲的整体性、平衡性和健康的方式解决。

第二条 地球母亲的固有权利

一、地球母亲和他据以形成的所有生命体享有以下固有权利：

（一）生命权和生存权。

（二）受尊重的权利。

（三）免受人类破坏而持续进行生命循环和自主演化的权利。

（四）作为一个独特、自我调节、相互联系的生命体，维系其自身特性和整体性的权利。

（五）取用作为生命之源的水的权利。

（六）清洁空气权。

（七）整体性健康权。

（八）免受污染、公害及毒性、放射性扩散的权利。

（九）不受基因结构修改或破坏，以至于威胁自身完整性或关键的致命损害，以及维护健康的权利。

（十）因人类活动侵害本宣言确认的权利而补足和促进恢复能力的权利。

二、每一生命体享有在某一地区为地球母亲的和谐运行发挥作用的

权利。

三、每个生命体享有幸福的权利，和免受人类折磨和残暴对待，自由社会的权利。

第三条　人类对于地球母亲的义务

一、每个人都有责任尊重地球母亲并与之和谐共存。

二、全人类，所有国家，以及一切公共的或私有的组织必须：

（一）依照本宣言的权利和义务行事。

（二）承认并推动本宣言确定的权利与义务的全面实施和履行。

（三）根据本宣言，参与学习、分析、理解和交流等推动与地球母亲和谐共存的活动。

（四）无论现在或将来，确保人类对幸福的追求有助于地球母亲的幸福。

（五）制定有效的标准和法律，并以其捍卫，保护和保存地球母亲的权利。

（六）尊重、保护、保存，以及在必要领域恢复地球母亲的重要生态循环、生态流程和生态平衡的完整性。

（七）确保因人类对本宣言确定的固有权利造成的损失能够得到救济，且责任人应为恢复地球母亲的健康和完整性负责。

（八）给人类和相关组织赋予权利，以捍卫地球母亲和一切生物体的权利。

（九）确立预防性、约束性措施，防止人类活动造成的物种灭绝、生态系统毁灭或生态循环的破坏。

（十）维护和平，消除核武器、化学武器和生物武器。

（十一）依照不同文化、传统和习俗，推动与支持敬畏地球母亲和所有生命体的活动。

（十二）推动与地球母亲和谐共荣，并且符合本宣言确定相关权利的经济制度的发展。

第四条 定义

一、"生物"一词包括生态系统、自然共同体、物种，以及其他作为地球母亲的一部分而存在的自然集合体。

二、本宣言的任何条款，丝毫没有限制所有生命体或特定生物其他固有的权利。

附录二　《奥斯陆宣言》

经世界自然保护联盟环境法委员会，于 2016 年 6 月在奥斯陆大学举办的研讨会上讨论。

从环境法到生态法：呼吁法律和治理的重构。

当下，环境法正处在重大决策的关头。作为一种法律规则，环境法向来以保护自然环境和生态系统为宗旨。然而，在 50 年的发展历程中，环境法收效甚微且不断远离其宗旨。地球生态系统在加速恶化，而没有回向完整性和可持续性的迹象。

生态危机的日益增多有多重原因。其中包括经济发展、人口增长和过度消费的影响。这被形象地描述为"伟大的加速度"。然而，还有一些特别原因，与环境法据以立基的哲学和方法论有关。

环境法根植于现代西方法律，发端于人类中心主义宗教观、笛卡尔二元论、个体主义哲学以及道德功利主义。在当下我们的生态时代，此类世界观是落后的，而且会产生适得其反的后果。然而，它们依然主宰着我们思考和解读环境法的方式。尤为显著的是自然界被视为对生态依赖性和人与自然相互关系的"另类"悖论。总览环境法的诸种不足，其人类中心主义的碎片化的以及还原论式的特征不仅对生态依赖性熟视无睹，而且在政治上也无以对抗个人财产权、企业权利等更为强势的法律领域。其结果是，法律制度将变得失衡，且无以维系所有人类社会所依赖的物理和生物环境。

欲想克服环境法的诸多种不足，微小的变革无济于事。我们无需太多的法律，但尚无法律制度（予以规制）的领域除外。法律中的生态方法，以生态为中心主义和整体论为基础。从这种视觉或世界观出发，法律将承认生态依赖性，并不再偏爱人类胜过自然，偏爱个人权利胜过共同责任。就本质而

言，生态法内化了人类在的真实自然环境，并使自然环境成为包括宪法、人权、财产权、企业权利和国家主权在内的所有法律的基础。

环境法与生态法的差异性并不是阶段性的，而是根本性的。前者认可人类的活动和愿望可决定生态系统的完整性是否应当得到保护。而后者却要求人类的活动和愿望应取决于保护生态系统完整性的需要。生态完整性是人类愿望存在的一项先决条件，也是法律的一项根本性原则。因此，相对于环境法中的概念以及与环境法相关的概念都倾向于强化人类对自然责任的逻辑而言，生态法颠覆了人类主宰自然的固有逻辑。这种相反的逻辑或许将是对人类中心主义的主要挑战。

从环境法到生态法的革新离不开那些致力于这项事业的人。对于环境法学者来说，这项事业需要批判性的自我反思、想象力，以及勇气。只有通过这种方式，环境法律人才能自己变成"生态法律人"。

然而，生态法的理念并不是时新的。其基础性价值和原则已在引导世界各地的古老文化和原住民，并且还是前工业阶段西方文明的组成部分。毕竟，如果已故的世代没能成功地维系（至少）一个可持续的水平，那么就不会有我们当下世代。因此，承认生态性价值和原则的历史性和延续性是极为重要的。这些生态性价值和原则尽管表现为一种更为初级的形式，并隐藏在现代性的主流价值（人类中心主义、二元论、功利主义等）背后，但仍然启发着现代环境法。

生态法的价值和原则体现在生态中心主义法理（如自然段＝的权利、"地球母亲"的权利、地球法理、生态法理论的"环境法方法论"）中，也反映在宪法和国际关系理论（生态性人权、"生态宪法国家"、"地球母亲"宪法、生态可持续性和完整性、生态灭绝运动、公地运动、全球公域理论、生态宪政主义）之中。尽管路径方法和侧重点各异，但它们都是有着共同的基础，因而被视为是谦逊并互为促进的。

以提高法律实效和治理为目的而创建的统一框架，是一种确定"环境法的生态性方法"的可能方式。现如今，到了严正检验环境法 50 年发展的时候

297

了，也就是说，这是一个非常不确定的时代，正面临着日渐撕裂的生态和社会经济制度。而今，正是创建替代方案的时候。

为此，成立一个"生态法律和治理联盟"的路线图被提上日程。这应被视作是既有生态性方法迈向环境法的一个统一、包容的平台，其还将提高相同效应并进而为一如往常的法律和治理制定生态性替代方案。

路线图的第一阶段包括创建工作小组、制作网页，为新型研究和更高教育项目的发展而推广集思广益的活动，发起国际会议（关于环境法向生态法的转变）以及"生态法律和治理联盟"的普遍性发展（以个人会员和公共机构性会员的方式）。

参考文献

［1］王嘉谟. 虚拟资本导致金融系统失序［M］. 北京：中国原子能出版社，2017.

［2］张尧然. 人工智能革命［M］. 北京：机械工业出版社，2017.

［3］刘近长，等. 人工智能改变世界［M］. 北京：中国水利水电出版社，2017.

［4］王彩凤，等. 马克思的世界历史理论与全球化［M］. 哈尔滨：东北林业大学，2016.

［5］（英）亚历山大·莫里斯·卡尔–桑德斯. 人口问题［M］. 宁嘉风，译. 北京：商务印书馆，2016.

［6］胡鞍钢. 中国进入世界舞台中心［M］. 杭州：浙江人民出版社，2017.

［7］马辉，等. 美国政党政治透视［M］. 北京：当代世界出版社，2016.

［8］苏言. 地球悬念［M］. 南京：江苏人民出版社，2011.

［9］新玉言，等. 崛起大战略［M］. 北京：台海出版社，2016.

［10］张超. 跨国公司在华并购问题研究［M］. 南京：中山大学出版社，2016.

［11］（英）克里斯·英庇著. 万物终有时［M］. 周敏，译. 上海：上海科学技术出版社，2015.

［12］（英）安东尼·吉登斯. 资本主义与现代社会理论［M］. 郭忠华，等译. 上海：上海译文出版社，2007.

［13］马克思，恩格斯. 共产党宣言［M］. 北京：人民出版社，2014.

［14］（英）安东尼·吉登斯. 资本主义与现代社会理论［M］. 郭忠华，

等译. 上海：上海译文出版社，2007.

[15]（东周）子思. 中庸（全解）[M]. 北京：中国华侨出版社，2016.

[16]（春秋）李耳. 老子 [M]. 北京：中国文史出版社，2003.

[17] 殷展，老子为道 [M]. 兰州：甘肃文化出版社，2005.

[18]（美）约翰·C·黑文斯. 失控的未来 [M]. 同琳，译. 北京：中信出版集团，2017.

[19] 凌立. 人类大历史 [M]. 北京：中国友谊出版社，2018.

[20] 哈马蒂亚森. 生活水准 [M]. 徐大建，译. 上海：上海财经出版社2007.

[21] 本田直之. 少即是多 [M]. 李雨潭，译. 重庆：重庆出版社，2015.

[22] 乔治·拉里. 意识形态与文化身份 [M]. 戴从容，译. 上海：上海教育出版社，2005.

[23] 大卫·雷·格里芬. 后现代宗教 [M]. 孙慕天，译. 北京：中国城市出版社，2003.

[24] S·N·艾深斯塔特. 反思现代性 [M]. 旷新年，等译. 北京：生活·读书·新知三联书店，2006.

[25] 比尔·麦吉本. 即将到来的地球末日 [M]. 束宇，译. 北京：中信出版社，2010.

[26] 奥斯瓦尔德·斯宾格勒. 西方的没落 [M]. 张兰平，译. 西安：陕西师范大学出版社，2008.

[27] 科马克·卡利南. 地球正义宣言 [M]. 郭武，译. 北京：商务印书馆，2017.

[28] 鲍宗豪. 社会现代化模型比较研究 [M]. 上海：学林出版社，2015.

[29] 江斌锋. 资本速度与社会转型研究 [M]. 上海：学林出版社，2015.

[30] 朱雪尘. 资本奴役全人类 [M]. 南京：凤凰出版社，2010.

[31] 克里斯·应庇. 万物终有时 [M]. 周敏，译. 上海：上海科学技术出版社，2015.

［32］杨立雄. 生态文明与生态学校建设［M］. 北京：北京教育出版社，2017.

［33］艾思奇. 大众哲学［M］. 北京：人民出版社，2017.

［34］张汝伦. 我们需要什么样的文明［M］. 北京：商务印书馆，2017.

［35］德内拉梅多斯，等. 增长的极限［M］. 李涛，等译. 北京：机械工业出版社，2013.

［36］金骁英. 人类的未来［M］. 长沙：湖南科学技术出版社，2019.

［37］大卫·爱登堡. 我们地球上的生命［M］. 林化，译. 北京：中信出版社，2021.

［38］亚历山大·亚历山德罗维奇·登金. 2035年的世界［M］. 杨成，译. 北京：时代出版社，2019.

［39］查尔斯·古德哈特. 人口大逆转［M］. 廖岷，译. 北京：中信出版社，2021.

［40］王嘉谟. 剖析生存危机的根源［M］. 北京：中国原子能出版社，2023.

［41］Odum E P. Fundamentals of Ecology［M］. W.B.Saunders Company，1971.

［42］Leontief W. (1936). Quantitative Input and Output Relations in the Economic Systems of the United States［J］. The Review of Economics and Statistics, 1936, 18(3): 105-125.

［43］Costanza R, et al. The value of the world's ecosystem services and natural capital［J］. Nature, 1997, 387(6630): 253-260.

［44］Daly H E, Farley, J. Ecological Economics: Principles and Applications［M］. Island Press, 2004.